감정의 뇌과학

감정의 뇌과학

지금 느끼는 이 감정은 어디에서 오는가

레오나르드 믈로디노프

장혜인 옮김

Emotional : How Feelings Shape Our Thinking
by Leonard Mlodinow

역자 장혜인(張慧仁)
과학 및 건강 분야의 책을 우리말로 옮기는 번역가. 서울대학교 약학대
학 및 동 대학원을 졸업하고 제약회사 연구원을 거쳐 약사로 일했다. 현
재 바른번역 소속 번역가로 활동하고 있다. 옮긴 책으로는 『내가 된다는
것』, 『본능의 과학』, 『다이어트는 왜 우리를 살찌게 하는가』, 『푸드 사이언
스 150』, 『집중력』 등이 있다.

감정의 뇌과학 :
지금 느끼는 이 감정은 어디에서 오는가
저자/레오나르드 플로디노프
역자/장혜인
발행처/까치글방
발행인/박후영
주소/서울시 용산구 서빙고로 67, 파크타워 103동 1003호
전화/02 · 735 · 8998, 736 · 7768
팩시밀리/02 · 723 · 4591
홈페이지/www.kachibooks.co.kr
전자우편/kachibooks@gmail.com
등록번호/1-528
등록일/1977. 8. 5
초판 1쇄 발행일/2022. 10. 14
    3쇄 발행일/2022. 11. 25
값/뒤표지에 쓰여 있음
ISBN 978-89-7291-782-3 03400

어머니 이렌 믈로디노프(1922-2020)를 추억하며

차례

서론

아이가 선을 넘어 잘못된 행동을 하면 잠시 내버려두는 부모가 있다. 아이 앞에 앉아서 왜 말을 잘 들어야 하고 버릇없이 행동해서는 안 되는지 설명해주는 부모도 있다. 아이가 올바로 나아가도록 뒤에서 밀어주는 부모도 있다. 홀로코스트 생존자인 나의 어머니는 이런 부모가 아니었다. 내가 집 안을 난장판으로 만들거나 라디오를 변기에 넣기라도 하면, 어머니는 미친 듯이 성을 내고 눈물을 터뜨리며 내게 소리를 질렀다. "더는 못 참겠어! 그냥 콱 죽어버릴걸! 괜히 살았어! 히틀러 손에 죽었으면 좋았을걸!"

나는 고래고래 소리를 지르는 어머니가 무서웠다. 하지만 이상하게도 나는 어머니의 이런 반응을 당연하게 생각했다. 성장하면서 얻는 여러 가르침들 중에서 부모님의 말씀은 모두 옳고 집에서 일어난 일은 모두 정상이라는 생각은 가장 깊이 뇌리에 박힌다. 이런 생각을 지우려면 오랫동안 치료를 받아야 할 정도이다. 나는 어머니의 절규를 받아들였다. 물론 홀로코스트를 겪지 않은 친구들의 부모님은 히틀러 이야기를 끌어오지 않으리라는 사실을 알고 있었다. 하지만 나는 친구들의 부모님도 비슷하게 화를 내리라고 상상했다. "왜 살지? 그냥 버스에 치여 죽어버릴걸!" "차라리 토네이도에 쓸려가버렸으면!" "심장마비로 쓰러져 그냥 죽어버리는 편이 나았을 텐데!"

고등학생이던 어느 날 저녁 식사 도중에, 마침내 나는 어머니가 조금 이상하다고 생각하게 되었다. 어머니는 그날 아침에 정신과 진료를 받은 이야기를 했다. 독일 정부에 홀로코스트 보상금을 신청하려면 꼭 필요한 절차였다. 전쟁이 시작되고 나치가 가족의 재산을 대부분 몰수하자 어머니의 집안은 매우 가난해졌다. 하지만 보상금은 당시 경제적 상황이 아니라 홀로코스트를 겪으며 싹튼 정신적 문제에 따라서 결정되었다. 어머니는 진료를 받아야 한다는 사실을 못마땅해했고, 당신이 정신적으로 아무런 문제가 없으니 보상금 신청도 거절되리라고 확신했다. 하지만 나와 남동생이 접시에서 맛없는 닭고기를 집어든 순간, 어머니는 의사가 당신에게 감정에 문제가 있다고 진단했다며 갑자기 화를 냈다.

"말도 안 돼! 내가 미쳤대! 내가 아니라 의사가 미친 거겠지." 그러고는 갑자기 내게 소리를 질렀다. "그 닭 다 먹어!" 나는 싫다고 했다. 닭이 너무 맛없다고 불평했다. "다 먹으라고!" 어머니는 소리쳤다. "아침에 일어났는데 가족이 다 죽어 있어 봐라! 먹을 게 하나도 없어서 쫄쫄 굶다가 진흙탕을 기어가 웅덩이에서 냄새나는 더러운 물이나 마셔야 할걸! **그렇게 되면** 남길 음식도 없어. 하지만 그땐 늦다고."

다른 부모라면 멀리 가난한 나라에서는 굶주리는 사람들도 있으니 음식을 낭비하면 안 된다고 가르칠 것이다. 하지만 어머니는 내가 바로 그런 상황에 맞닥뜨릴 수도 있다고 소리쳤다. 어머니가 그렇게 감정을 표현한 일이 처음은 아니었지만, 이번에 나는 정신과 의사가 현명하다고 생각하며 어머니의 정신 상태를 의심하기 시작했다.

지금은 어머니가 고문당한 경험이 있고, 그런 일이 다시 일어날까봐 두려워 내게 경고한 것이라는 사실을 안다. 어머니는 지금은 괜찮아 보이는 삶도 실은 교묘한 속임수에 불과하며, 금세 악몽으로 바뀔지도 모른다고 두려워했다. 미래에 재앙이 일어날지도 모른다는 예측은 사실이 아니라 두려움에 뿌리를 두고 있다는 점을 어머니는 알지 못했고, 당신의 끔찍한 예측에는 분명한 근거가 있다고 믿었다. 그래서 어머니는 항상 불안과 두려움을 겪었다.

레지스탕스 투사이자 부헨발트 수용소의 생존자인 아버지도 비슷한 트라우마를 겪었다. 아버지와 어머니는 전쟁 직후 난민으로 만나 평생 온갖 일을 함께 겪었다. 하지만 아버지와 어머니의 반응은 사뭇 달랐다. 아버지는 항상 낙관적이었고 자신감으로 가득 차 있었다. 왜 우리 부모님은 같은 상황인데도 서로 다르게 반응했을까? 더 일반적으로 말해보자. 감정이란 대체 무엇일까? 왜 우리는 감정을 가질까? 감정은 뇌에서 어떻게 발생할까? 감정은 우리의 생각, 판단, 동기, 결정에 어떤 영향을 미칠까? 그리고 우리는 감정을 어떻게 제어할 수 있을까? 이 책에서는 바로 이런 질문을 다룬다.

인간의 뇌를 흔히 컴퓨터에 비유하지만, 뇌라는 컴퓨터에서 실행하는 정보처리는 느낌이라는 매우 신비한 현상과 떼려야 뗄 수 없는 관계에 있다. 우리는 모두 불안, 두려움, 분노를 느낀다. 격노, 절망, 당혹감, 외로움도 느낀다. 기쁨, 자부심, 흥분, 만족, 성욕, 사랑도 느낀다. 하지만 내가 어렸을 때만 해도 과학자들은 감정이 어떻게 형성되는지, 감정을 어떻게 다루어야 하는지, 감정의 목적은 무엇인지, 같은 계기에 대해 두 사람이—또는 한 사람이 다른 상황에서는—어째서 전혀 다르게 반응하는지 잘 알지 못했다. 당시 과학자들은 이성적 사고가 행동에 주로 영향을 미치며, 감정은 역효과를 낸다고 믿었다. 그러나 오늘날 우리는 감정에 대해서 더 잘 알고 있다. 생각과 결정을 이끌 때 감정은 이성만큼 중요하지만 이성과는 다른 방식으로 작동한다. 우리는 목표와 데이터를 바탕으로 이성적으로 사고하여 논리적인 결론을 도출해낼 수 있지만, 감정은 그보다 추상적인 수준에서 작동한다. 감정은 우리가 목표에 부여하는 중요성과 데이터에 부여하는 가중치에 영향을 미친다. 감정은 건설적이고 필수적인 평가 틀을 만들고, 지식과 경험을 바탕으로 현재 상황과 미래 전망에 대한 사고방식을 미묘하지만 결정적으로 바꾼다. 우리가 감정의 작동방식에 대해서 알게 된 지식의 대부분은 지난 10여 년간 유례없이 증가한 감정 연구에서 비롯한다. 이 책은 인간의 느낌을 이해하려는 바로 이런 혁명을 다루고 있다.

감정 혁명

감정 연구가 지금처럼 폭발적으로 증가하기 전에 과학자들은 대부분 감정을 모두 찰스 다윈의 생각으로 거슬러올라가는 사고체계 안에서 이해했다. 전통적인 감정 이론에는 다음과 같은 몇 가지 그럴듯한 원칙이 있었다. 모든 문화에는 보편적으로 서로 다른 기능을 하는 몇몇 기본 감정—두려움, 분노, 슬픔, 혐오, 행복, 놀람—이 있고, 각 감정은 외부 세계의 특정 자극에 반응하여 유발되며, 개별 감정은 그 감정에 고정된 특정 행동을 유발하고, 뇌에 할당된 특정 구조에서 발생한다는 원칙이다. 이런 감정 이론은 마음에 대한 고대 그리스의 이분법적 견해에 바탕을 둔다. 그 이론에 따르면, 마음은 서로 경쟁하는 두 가지 힘으로 이루어져 있다. 하나는 논리적이고 이성적이며 "냉정한" 힘이고, 다른 하나는 열정적이고 충동적이며 "격렬한" 힘이다.

이런 생각은 수천 년 동안 신학에서 철학, 과학에 이르기까지 마음을 다루는 다양한 분야에 영향을 미쳤다. 프로이트는 자신의 연구에 전통적인 이론을 끌어들였다. 존 메이어와 피터 샐러베이가 제안하고 1995년 대니얼 골먼이 집필한 책의 제목으로도 널리 알려진 "감성 지능emotional intelligence" 역시 부분적으로는 이런 전통적인 감정 이론에 바탕을 둔다. 그리고 우리 대부분도 이런 전통적 개념에 근거하여 느낌을 이해한다. 하지만 이런 개념은 잘못된 것이다.

과학계에서 원자 세계를 밝히는 도구가 개발되면서 뉴턴의 운동법칙이 양자 이론으로 대체되었듯이, 뇌를 살펴보고 실험할 수 있는 신경영상 기법 등 다양한 기술이 놀라울 정도로 발전하면서 옛 감정 이론은 이제 새로운 관점에 자리를 내주고 있다.

과학자들은 지난 몇 년간 개발된 여러 기술로 뉴런 사이의 연결을 추적하여 "커넥톰connectome"이라는 일종의 뇌 회로도를 만들었다. 과학자들은 커넥톰 지도를 이용해서 전에는 불가능했던 방식으로 뇌를 탐색한다. 이제 과학자들은 필수 회로를 비교하고, 뇌의 특정 영역을 구성하는 세포를 탐색하며, 생각과 느낌 및 행동을 만드는 전기신호를 해독할 수 있다. 광유전학optogenetics이 발전하면서 동물의 뇌 속 개별 뉴런을 제어할 수도 있게 되었다. 뉴런을 선택적으로 자극해서 두려움, 불안, 우울 같은 특정 정신 상태를 만드는 미세한 뇌 활동 패턴을 밝힐 수도 있다. 또다른 기술인 경두개經頭蓋 자극법을 이용하면 전자기장이나 전류를 사용하여 피험자에게 영구적인 영향을 미치지 않으면서 뇌 속의 정확한 지점에서 일어나는 신경 활동을 자극하거나 억제하여 뇌 구조의 기능을 평가할 수 있다. 다양한 기법과 기술들로 수많은 통찰을 얻고 연이어 새로운 연구가 진행되면서 "정서 신경과학affective neuroscience"이라는 완전히 새로운 심리학 분야도 등장했다.

정서 신경과학자들은 인간의 느낌을 다룬 그간의 연구에 현대적 도구를 적용해 감정을 바라보는 방식을 재편했다. 감정을 살펴보는 옛 관점은 기본적인 질문에 대해서 그럴듯한 답을 주었지만, 인간의 뇌가 작동하는 방식을 정확하게 밝혀내지는 못했다. 각 "기본" 감정은 사실 단일한 감정이 아니라 느낌의 범위나 범주를 일컫는 두루뭉술한 용어이며, 이런 범주는 다른 범주와 반드시 구별되지도 않는다. 예를 들면 두려움은 다양한 형태로 나타나며 불안과 구별하기 어려운 경우도 있다.[1] 게다가 오랫동안 "두려움"의 중추로 여겨진 편도체가 사실 다른 감정에도 중요한 역할을 하며 모든 두려움에 꼭 관여하지는 않는다는 사실도 밝혀졌다. 오늘날 과학자들은 대여섯 가지의 "기본" 감정을 넘어 당혹감, 자부심, 기타 사회적 감정, 그리고 배고픔이나 성적 욕망 등 충동으로 간주되었던 감정까지 포함하는 수십 가지 감정에 주목한다.

감정 건강의 측면에서 정서 신경과학은 우울증이 단일 장애가 아니라 네 가지의 서로 다른 하위 감정으로 이루어진 증상이며, 다양한 치료에 반응하고, 여러 신경적 특징을 가진다는 사실을 밝혔다. 연구자들은 이 결과에서 새로운 통찰을 얻어 휴대전화 앱을 개발하여 우울증 환자 중 4분의 1이 증상을 완화하는 데에 도움을 주기도 했다.[2] 이제 과학자들은 뇌 스캔을 통해서 우울증 환자에게 약이 효과적일지 심리치료가 나을지 미리 파악할 수 있다. 비만이나 흡연 중독, 거식증 같은 감정 관련 증상을 완화할 새로운 치료법도 활발히 연구되고 있다.

이런 연구의 성공에 힘입어 정서 신경과학은 학술 연구에서 가장 인기 있는 분야 중 하나가 되었다. 국립정신건강 연구소는 물론 국립암 센터처럼 마음을 주요 연구 분야로 삼지 않는 여러 기관도 정서 신경과학을 주요 연구 기조로 삼는다.[3] 컴퓨터 과학 센터, 마케팅 조직, 경영대학원, 하버드 대학교 케네디 스쿨같이 심리학이나 의학과 거의 관련 없는 기관에서도 이 새로운 과학에 자원과 일자리를 쏟아붓고 있다.

정서 신경과학은 느낌이 일상생활과 경험에서 차지하는 위치에 중요한 의미를 부여한다. 한 저명한 과학자는 다음과 같이 말했다. "전통적인 감정 '지식'은 가장 근본적인 수준에서부터 의심받고 있다."⁴ 이 분야의 다른 선도적 인물은 이렇게 말했다. "많은 사람이 그렇듯, 당신도 감정이 있으므로 감정과 감정의 작동방식을 잘 안다고 생각할 것이다. ⋯⋯그러나 그런 생각은 대체로 틀렸다."⁵ 다른 사람은 이렇게 말하기도 했다. "우리는 감정, 마음, 뇌를 이해하는 혁명의 한가운데에 있다. 우리는 이 혁명을 거치며 정신적, 신체적 질병 치료, 인간관계의 이해, 자녀 양육 방식, 궁극적으로 우리 자신에 대한 견해라는 사회의 중심 기조를 재고해보아야 한다."⁶

우리는 감정이 효과적인 사고와 결정을 방해한다고 믿었지만, 이제는 감정의 영향을 받지 않고는 결정을 내리거나 생각조차 할 수 없다는 사실을 안다. 과거 인간이 진화해온 환경과 너무나 다른 현대 사회에서 감정은 때로 역효과를 내기도 하지만, 우리를 올바른 방향으로 이끄는 경우가 훨씬 더 많다. 앞으로 살펴보겠지만, 사실 우리는 감정 없이는 어떤 방향으로든 나아가기가 힘들다.

감정의 미래

홀로코스트를 겪었다는 점에서 나의 부모님이 보통의 부모는 아니라고 생각할 수도 있다. 하지만 근본적으로 우리는 모두 우리 부모님과 비슷하다. 우리 부모님처럼 우리 뇌의 깊숙한 곳에서는 어두운 무의식적 마음이 과거에서 얻은 교훈을 계속 끌어와서 현재 상황의 결과를 예측한다. 사실 뇌를 이런 예측 기계로 보는 관점은 뇌를 특징짓는 방식 중의 하나이다.

아프리카 초원에서 진화한 우리의 조상들은 식량, 물, 피난처를 두고 끊임없이 결정을 내려야 했다. 저 앞에서 바스락거리는 동물은 잡아먹을 수 있는 동물일까, 아니면 나를 잡아먹을 동물일까? 주변 환경을 제대로 분석한 동물은 생존하고 번식할 가능성이 더 높았다. 뇌는 생존과 번식이라는 목적을 달성하기 위해서 감각 입력 신호와 과거의 경험을 이용해 주변 환경을 분석하고 행동을 결정한 다음, 각 행동의 결과를 예측했다. 죽거나 다칠 가능성이 가장 낮고, 영양분이나 물 또는 생존에 필요한 자원을 얻을 가능성이 가장 높은 행동은 무엇일까? 앞으로 우리는 감정이 이런 계산에 어떤 영향을 미치는지 살펴볼 것이다. 감정이 어떻게 발생하는지, 우리의 생각과 결정에 어떤 역할을 하는지, 현대 사회에서 번영을 누리고 성공하려면 감정을 어떻게 활용해야 하는지도 살펴볼 것이다.

제1부에서는 감정이 진화해온 방법과 그 이유를 알아본다. 생존을 위한 기본 계획에서 감정이 어떤 역할을 하는지 이해하면 우리가 상황에 어떻게 반응하는지, 왜 불안이나 분노, 사랑이나 미움, 행복이나 슬픔으로 반응하는지, 왜 때로는 부적절하게 행동하거나 감정을 통제하지 못하는지를 알 수 있다.

"핵심 정서"라는 개념도 살펴볼 것이다. 나도 모르는 사이에 모든 감정에 영향을 미치는 핵심 정서는 특정 상황에서 느끼는 감정은 물론이고 상황에 대한 반응이나 결정에도 영향을 미치는 심신 상태이다. 핵심 정서는 같은 상황에서도 상당히 다른 감정적 반응이 일어나는 원인 중의 하나이다.

제2부에서는 인간의 기쁨, 동기, 영감, 결정에서 감정이 하는 주요 역할을 살펴본다. 재미나 난이도, 중요도가 비슷한 두 과제 중에서 어느 것은 성취하기 어렵고 다른 것은 쉬워 보이는 이유는 무엇일까? 목표를 이루려는 열망에는 무엇이 영향을 미칠까? 비슷한 상황에서 왜 어떤 경우에는 엄청난 노력을 기울이고 다른 경우에는 금방 포기할까? 왜 어떤 사람은 일을 진취적으로 밀어붙이고, 다른 사람은 중간에 그만둘까?

제3부에서는 감정 유형과 감정 조절을 살펴본다. 우리는 어떤 감정은 잘 표현하지만 다른 감정은 드러내기를 꺼린다. 과학자들은 몇 가지 주요 감정을 스스로 평가해볼 수 있는 설문지를 개발했다. 제8장에서는 이 중 일부를 소개할 것이다. 제9장에서는 오랫동안 입증된 감정 관리 전략이자, 최근 엄밀한 과학적 연구를 거쳐 검증되고 급성장 중인 "감정 조절" 분야를 살펴볼 것이다. 일단 느낌이 어디에서 오는지를 이해하면, 감정을 어떻게 다룰지, 왜 어떤 사람은 다른 사람보다 감정을 조절하기가 더 어려운지를 살필 수 있다.

우리는 식당이나 영화를 고를 때는 고민하지만 정작 자신에 대해 숙고하고 어떤 감정을 느끼는 이유를 살피는 데에는 그다지 시간을 들이지 않는다. 사실 우리는 오히려 그 반대로 행동하고, 감정을 억제하고 느끼지 말아야 한다고 배웠다. 하지만 감정을 억제할 수는 있어도 "느끼지 않을" 수는 없다. 느낌은 인간의 일부이자 다른 사람과 맺는 상호작용의 일부이다. 감정과 마주하지 않으면 자신과도 마주할 수 없고, 다른 사람을 대하는 데도 어려움을 겪으며, 내 생각이 어디에서 왔는지 제대로 이해하지도 못한 채 섣불리 판단하고 결정을 내리게 될 것이다.

이 글을 쓰는 지금 나의 어머니는 아흔일곱 살이다. 성격은 훨씬 수더분해졌지만 기본적으로는 전혀 변하지 않으셨다. 새로운 감정 이론을 연구하면서 나는 어머니의 행동을 점차 이해하게 되었다. 게다가 자신에 대한 통찰이라는 중요한 교훈도 얻었다. 자신을 아는 일은 수용과 변화로 나아가는 첫걸음이다. 감정 과학을 탐구하는 이 여정을 통해서 감정이 역효과를 낸다는 잘못된 믿음을 깨고, 인간의 마음을 새롭게 이해함으로써 느낌을 탐색하고 제어할 힘을 얻게 되었으면 한다.

제1부

감정이란 무엇인가

1

생각 대 느낌

2014년 핼러윈 날 아침, 특이한 모양의 비행기가 황량한 모하비 사막 하늘로 날아올랐다. 이 탄소 섬유 비행기는 기본적으로 한 쌍의 화물용 제트기로, 한쪽 날개를 이어 나란히 비행하도록 주문 제작된 수송기였다. 이 거대한 수송기에는 「스타 트렉Star Trek」에 대한 오마주로 "엔터프라이즈Enterprise"라는 별명이 붙은 작은 우주선이 매달려 있었다. 수송기가 엔터프라이즈 호를 15킬로미터 상공으로 운반하면, 이곳에서 우주선이 분리되어 재빨리 엔진을 점화한 다음 활강하여 착륙하기로 되어 있었다.

이 우주선은 "우주 관광객"을 준궤도 비행에 실어 나른다는 목표로 리처드 브랜슨이 설립한 회사인 버진 갤럭틱의 소유였다. 20만 달러에서 25만 달러에 이르는 우주선 탑승권은 2014년까지 700장 넘게 판매되었다. 이날 비행은 엔터프라이즈 호의 35번째 시험비행이었지만, 최근에 더욱 강력하게 재설계된 로켓 작동으로 따지면 4번째에 불과했다.

이륙은 순조로웠다. 조종사 데이비드 매카이는 정해진 순간에 수송선 하부에서 엔터프라이즈 호를 분리했다. 그다음 엔터프라이즈 호의 로켓 엔진에서 연기가 뿜어져 나오는지 보려고 허공으로 눈을 돌렸다. 하지만 아무것도 보이지 않았다. "아래를 내려다보며 '좀 이상한데'라고 생각했던 기억이 납니다."[1] 예기치 못한 상황이 일어날까 봐 예의 주시했던 노련한 조종사 매카이는 당시 상황을 이렇게 회상했다. 그러나 아무 일도 일어나지 않았다. 그의 시야 밖에서 우주선은 분명히 로켓을 점화하고 가속하여 약 10초 만에 음속 장벽을 통과했다. 임무는 별 탈 없이 진행되고 있었다.

엔터프라이즈 호의 기장은 비행 경력이 30년이나 된 시험 조종사 피터 지볼트가 맡았다. 부기장 마이클 앨스버리는 여덟 가지의 시험비행기를 조종한 적이 있었다. 어떤 면에서 두 사람은 상당히 달랐다. 동료들이 보기에 지볼트는 냉정한 편이었지만, 앨스버리는 언제나 친절하고 유머 감각이 있었다. 그러나 같은 로켓의 좌석에 함께 묶여 있는 동안 두 사람은 한 팀이었고, 각자의 생명은 서로의 행동에 달려 있었다.

음속에 도달하기 직전, 앨스버리는 우주선의 공기 제동장치 잠금을 풀었다. 공기 제동장치는 우주선이 지구로 돌아올 때 방향과 속도를 제어하는 데에 매우 중요한 장치였지만, 14초나 더 기다릴 필요가 없다고 판단한 앨스버리가 원래보다 일찍 잠금을 푼 것이다. 나중에 미국 연방 교통안전위원회는 조기 잠금 해제를 방지할 안전장치를 두지 않아 사람이 저지를 수 있는 실수를 예방하지 못했다며 우주선을 설계한 노스럽 그러먼의 자회사 스케일드 콤퍼짓을 비판했다.

버진 갤럭틱과 달리 정부가 후원하는 우주 개발계획은 "이중 결함 허용"을 요구한다. 서로 독립적이고 관련 없지만 동시에 일어날 수 있는 두 가지 오류—예를 들면 사람의 두 가지 오류, 기계적인 두 가지 오류, 또는 각각 하나씩의 오류—를 방지할 보호장치를 마련해야 한다는 의미이다. 버진 갤럭틱 팀은 시험 조종사들이 워낙 잘 훈련된 덕분에 그런 실수를 할 리 없다고 자신했고, 보호장치를 빼는 데에 분명 이점이 있다고 믿었다. 버진 갤럭틱 팀원 중 한 명은 이렇게 말했다. "우리에게는 나사NASA 같은 정부기관이 요구하는 제약 따위는 없었습니다. 그래서 훨씬 빨리 성과를 낼 수 있었죠."[2] 하지만 그 핼러윈 아침, 조기 잠금 해제라는 실수의 대가는 컸다.

공기 제동장치 잠금을 성급하게 해제한 탓에 앨스버리가 공기 제동장치를 작동시킬 보조 스위치를 건드리기도 전에 대기압으로 제동장치가 일찍 작동했다. 제동장치가 즉시 작동하면서 아직 점화 중이던 로켓이 우주선 동체에 엄청난 압력을 가했다. 4초 후, 시속 1,500킬로미터로 비행하던 우주선은 산산조각이 났다. 지상에서 보기에도 엄청난 폭발이었다.

아직 탈출 좌석에 앉아 있던 지볼트는 우주선에서 튕겨나왔다. 그는 영하 55도에다가 산소량은 해수면의 10분의 1에 불과한 대기 중으로 음속보다 빠른 속도로 떨어졌다. 그런데도 그는 어떻게든 벨트를 풀었고, 낙하산이 자동으로 펼쳐졌다. 지볼트는 구조 당시에 대한 기억이 전혀 없었다. 앨스버리는 그다지 운이 없었다. 그는 우주선이 폭발하면서 현장에서 즉사했다.

감정과 생각

조종사가 새 우주선을 시험할 때는 충분한 예비시험을 거쳐 일련의 절차를 밟아야 하지만, 보통 이 절차는 순조롭게 진행되므로 그저 기계적인 반복이라고 여기기 쉽다. 하지만 그것은 완전히 잘못된 생각이다. 엔터프라이즈 호가 모선에서 분리되어 계획대로 맹렬하게 로켓 엔진을 점화하기 시작하면서, 조종사는 물리적 상황 때문에 갑자기 혼란에 빠졌을 것이다. 어떤 느낌일지 상상하기는 힘들지만 로켓은 제어되더라도 폭발하는 폭탄 같았을 것이고, 통제할 수 있더라도 폭발은 폭발이다. 로켓 점화가 몹시 격렬한 사건인 데 비해, 엔터프라이즈 호는 상대적으로 빈약했다. 우주왕복선의 무게는 2,000톤에 달하지만, 엔터프라이즈 호의 무게는 가득 실어도 10톤에 불과했다. 타고 있을 때의 느낌이 전혀 다를 수밖에 없다. 우주왕복선을 타고 비행하는 일이 캐딜락을 타고 고속도로를 달리는 느낌이라면, 엔터프라이즈 호를 조종하는 일은 미니 경주용 자동차를 타고 시속 250킬로미터로 질주하는 느낌과 비슷하다. 성능이 대폭 향상된 로켓이 점화되면서 엔터프라이즈 호의 조종사들은 엄청난 굉음, 격렬한 흔들림과 진동, 맹렬한 가속력을 경험했을 것이다.

앨스버리는 그때 왜 스위치를 작동했을까? 비행은 예정대로 진행되고 있었으므로 당황해서 그러지는 않았을 가능성이 크다. 그가 어떤 생각으로 그런 결론에 이르렀는지는 알 수 없다. 아마 앨스버리 자신도 몰랐을 것이다. 그러나 극도의 스트레스를 받는 물리적 상황에서 불안해지면, 비행 시뮬레이션에서는 예측하지 못한 방식으로 데이터를 처리할 수도 있다. 이것이 미국 연방 교통안전위원회가 엔터프라이즈 호 사고의 원인이라고 판단한 대략적인 결론이었다. 이들은 최근 비행 경험이 없는 앨스버리가 평소보다 스트레스를 많이 받았다고 추정하며, 그가 18개월 전 마지막 시험비행 이후 경험하지 못했을 시간적 압박과 동체의 강한 진동 및 가속력 때문에 불안해진 나머지 잘못된 판단을 내렸을 것으로 추정했다.

엔터프라이즈 호 사고는 불안으로 인해서 어떻게 잘못된 결정을 내리게 되는지를 잘 보여준다. 때로는 분명 그럴 수 있다. 그러나 우리의 조상들이 살던 환경에 비하면, 오늘날 일상적인 문명 생활에서는 생명을 위협하는 위험한 상황에 놓이는 경우는 훨씬 드물어서 두려움과 불안 반응은 때로 과해 보일 수도 있다. 엔터프라이즈 호 사고 같은 이야기는 수 세기 동안 감정에 오명을 씌웠다.

감정이 문제를 일으키는 이야기는 엔터프라이즈 호 사고처럼 자극적이지만, 제대로 작동하는 감정 이야기는 대체로 평범하다. 시스템이 오작동한 사례는 이야깃거리가 되지만, 제대로 작동한 사례는 쉽게 묻혀버린다. 엔터프라이즈 호도 사고 전 34번의 시험비행은 성공적이었다. 우주선과 조종사 모두 계획대로 움직였고, 이성적인 뇌와 감성적인 뇌의 원활한 상호작용과 현대 기술이 극적으로 결합해 이들을 제어했기 때문에 전에는 전혀 기삿거리가 되지 않았다.

감정이 제대로 작용한 가까운 사례로는 실직한 이후 건강보험 자격을 잃게 된 친구가 있다. 제대로 된 의료 서비스를 받으려면 얼마나 돈이 드는지를 알게 되자, 그 친구는 건강을 염려하기 시작했다. 아프면 어떡하지? 그러면 전 재산을 날릴 수도 있다. 불안은 생각에 영향을 미쳤다. 목이 아프면 평소처럼 감기 정도로 치부하지 않고 최악의 상황일지도 모른다고 걱정했다. 후두암일까? 나중에 알게 되었지만 이런 불안이 친구의 생명을 구했다. 친구는 전에는 한 번도 관심을 두지 않았던 등에 난 점이 슬슬 걱정되기 시작했다. 난생처음으로 피부과에 가서 진료를 받은 결과, 그 점은 초기 암으로 밝혀졌다. 친구는 점을 제거했고 암은 재발하지 않았다. 불안이 그의 목숨을 구한 것이다.

두 이야기가 주는 교훈은 감정이 효율적인 생각을 돕거나 방해한다는 것이 아니라 **감정이 사고에 영향을 미친다**는 사실이다. 감정 상태는 우리가 따져보는 객관적인 데이터나 상황만큼 우리의 마음속 계산에 영향을 미친다. 앞으로 살펴보겠지만 보통 감정의 영향을 받은 이런 계산은 최선이다. 감정이 역효과를 낳는 상황이 실제로는 예외이다. 이 장과 다음 몇 장에 걸쳐서 감정의 목적을 살펴보면 오히려 감정이 "없으면" 뇌가 제대로 기능할 수 없다는 사실을 알게 될 것이다. 일상생활에서 모든 상황에 일일이 단순한 결정을 내려야 한다면 결정에 필요한 규칙에 파묻혀 뇌가 엉망이 될 것이기 때문이다. 하지만 지금은 감정의 해로움이나 이로움이 아니라 뇌가 정보를 분석할 때에 감정이 하는 역할에 주목하자.

감정 상태는 곤충에서 포유류에 이르는 모든 생물이 생물학적 정보를 처리하고 그에 따라서 행동하는 데에 근본적인 역할을 한다. 사실 엔터프라이즈 호의 재난에서 틀어졌던 바로 그 과정은 꿀벌을 버진 갤럭틱 조종사와 비슷한 극단적인 상황에 놓아둔 통제 실험에서도 확인할 수 있다.[3] 연구자들은 벌을 60초간 엄청난 속도로 흔들어 이 단순한 생물이 혼란스럽고 위험한 상황에서 어떻게 반응하는지 살펴보았다.

어떻게 벌을 "엄청난 속도로 흔들" 수 있었을까? 그냥 벌을 잡아 통에 넣고 흔들면 벌은 흔들리는 통 안을 날아다닐 뿐, 벌 자체가 흔들리지는 않는다. 이 문제를 해결하기 위해서 연구자들은 버진 갤럭틱 조종사들이 흔들리는 우주선에 단단히 고정되어 있던 상황과 비슷하게 벌을 틀에 고정시켰다. 짧은 플라스틱 빨대나 대롱을 반으로 갈라 고정 틀을 만들고 벌을 차가운 곳에 두어 잠시 활동을 멈추도록 한 다음, 반으로 가른 대롱에 넣고 테이프로 막았다.

연구자들은 벌을 흔든 뒤 벌의 의사결정 능력을 시험했다. 그들은 벌에게 전에 맡았던 냄새를 구별하는 과제를 주었다. 먼저 벌은 어떤 냄새가 좋은 보상(달콤한 설탕물)이고 어떤 냄새가 나쁜 보상(쓴맛이 나는 퀴닌 용액)인지를 학습했다. 벌을 흔든 다음 두 시료를 주면 벌은 이전에 학습한 냄새와 연관해 용액을 마실지 말지를 결정했다.

그러나 실험에 사용한 시료는 순수한 단맛이나 쓴맛 용액이 아니라 달콤한 액체와 쓴 액체를 2 대 1의 비율로 섞은 용액이었다. 어떤 시료는 달콤한 설탕물이 더 많고, 어떤 시료는 쓴 퀴닌이 더 많이 들어 있었다. 설탕물과 퀴닌을 2 대 1로 섞은 시료는 벌이 좋아하는 맛이고, 1 대 2로 섞은 시료는 싫어하는 맛이지만 냄새는 둘 다 비슷했다. 벌은 혼합 시료를 두고 이 모호한 냄새가 맛있는 보상을 줄지 불쾌한 놀람만 줄지 결정해야 했다. 연구자들은 벌을 흔들면 냄새 평가에 영향을 줄지, 만약 영향을 미친다면 어떤 영향을 줄지 궁금했다.

인간과 마찬가지로 벌은 정서 신경과학자들이 "징벌적" 환경이라고 부르는 상황에 반응하여 불안을 느낀다. 엔터프라이즈 호나 꿀벌 실험 사례에서는 설명을 덧붙일 필요가 없을 정도로 명확하지만, 보통 징벌적 환경이란 이성적으로 볼 때 안락함이나 생존을 위협한다고 예측되는 상황을 말한다.

과학자들은 불안한 상황에서는 생각이 비관적으로 편향된다는 사실을 발견했다. 불안한 뇌는 모호한 정보를 처리할 때 여러 해석들 중에서 비관적인 해석을 선택하는 경향이 있다. 뇌는 위협을 감지하면 과민반응을 하고, 불확실성을 만나면 심각한 결과를 예상한다. 뇌가 왜 그렇게 설계되었는지는 금방 이해할 수 있다. 징벌적 상황에서는 안전하고 편안한 상황에서보다 모호한 데이터를 더 위협적이고 덜 바람직하다고 생각하는 편이 현명한 판단이기 때문이다.

과학자들이 꿀벌 실험의 결과로 확인한 것은 바로 이런 비관적 편향이다. 흔든 벌은 흔들지 않은 벌보다 설탕물이 많이 든 혼합용액을 마시지 않고 그냥 지나쳤다. 흔들림 때문에 모호한 냄새를 불쾌한 액체라는 신호로 해석한 것이다. 이 결과를 두고 흔든 벌이 대조군보다 더 "실수"를 많이 했다고 해석할 수도 있다. "감정은 제대로 된 의사결정을 방해한다"라는 이야기에 들어맞는 해석이지만, 사실 이 통제실험은 흔들림이라는 위협이 실제로 벌의 판단에 상황에 맞는 변화를 일으켰다는 사실을 명확하게 보여준다.

흔들림 때문에 일어난 불안은 엔터프라이즈 호 조종사들의 판단에도 영향을 미쳤다. 벌처럼 사람도 외부의 난기류를 만나면 불안해져서 정보처리에 영향을 받는다. 생리적으로도 사실이다. 불안을 느끼는 인간과 마찬가지로 벌도 불안해지면 혈 림프hemolymph(벌의 혈액) 내의 신경전달물질 호르몬인 도파민과 세로토닌의 수치가 낮아진다.

연구자들은 다음과 같이 밝혔다. "이 연구는 부정적인 사건을 만날 때 보이는 벌의 반응이 생각했던 것보다 척추동물의 반응과 공통점이 많다는 사실을 보여준다. 꿀벌이 감정을 나타낸다고 볼 수 있다." 과학자들은 벌의 행동이 사람의 행동과 비슷하다고 주장했지만, 나는 반대로 진동과 흔들림을 느낀 조종사들의 상황에서 벌을 떠올렸다. 두 존재를 깊숙이 들여다보면 인간과 벌의 정보처리 방식은 흥미롭고 놀라울 정도로 비슷하다. 정보처리는 그저 "이성적인" 활동이 아니라 감정과 깊이 얽힌 활동이다.

정서 신경과학자는 생물학적 정보처리가 감정과 분리될 수 없으며, 그래서는 안 된다고 주장한다. 감정이 이성적 사고와 싸우는 것이 아니라 오히려 이성적 사고의 도구라는 의미이다. 앞으로 살펴보겠지만 권투에서부터 물리학, 월스트리트의 투자에 이르기까지 인간이 시도하는 모든 일에서 감정은 성공적인 생각과 의사결정의 중요한 요소이다.

플라톤 벗어나기

인간의 정신 과정에 나타난 신비로운 본성은 뇌가 장기의 한 부분이라는 사실을 깨닫기 훨씬 전부터 사상가들을 사로잡았다. 정신 과정을 이해하는 데에 가장 먼저 큰 영향을 미친 사상가는 플라톤이었다. 플라톤은 영혼을 마부가 인도하는 두 마리의 말이 끄는 마차로 보았다. 플라톤에 따르면 한쪽 말은 "성격이 사납고 게으르며……색은 검고, 회색 눈에 낯빛은 불그스름한 데다가……채찍이나 박차로도 끌기가 어렵다." 다른 쪽 말은 "성격이 강직하고 말끔하며……명예를 존중하고……진정한 영예를 추구한다. 채찍을 댈 필요도 없고 말로 어르기만 해도 충분히 끌 수 있다."

우리는 감정이 행동을 이끄는 방법을 플라톤의 마차를 빗대어 설명한다. 검은 말은 먹고 마시려는 욕망이나 성욕 같은 원시적인 욕구를 나타낸다. 흰 말은 목표를 이루고 위대한 일을 성취하려는 감정적 충동인 고귀한 본성을 상징한다. 마부는 두 마리의 말을 자신의 목적에 맞게 끌고 가는 이성적 마음이다.

플라톤의 관점에서 유능한 마부는 흰 말로 검은 말을 통제하여 두 마리 모두 더 고귀한 지점으로 나아가도록 훈련시킨다. 솜씨 좋은 마부라면 두 마리 말의 욕망에 모두 귀 기울이고 힘을 이끌어 둘 사이에 조화를 이루려고 애쓴다. 이성적 마음은 목표를 위해서 충동과 욕망을 잘 살피고 제어하여 최선의 길을 선택한다. 이제는 이런 생각이 잘못이라는 사실을 알지만, 이성적 마음과 비이성인 마음이라는 구분은 오랫동안 서양 문명을 지배해왔다.

플라톤은 감정과 이성이 조화롭게 작용한다고 보았지만, 플라톤 이후 수 세기 동안 인간의 정신생활에서 감정과 이성이라는 두 가지 측면은 서로 반대로 작용한다고 여겨졌다. 이성은 우월하고 신성하지만 감정은 피하거나 억제해야 했다. 나중에 기독교 철학자들도 부분적으로 이런 견해를 받아들였다. 그들은 인간의 욕구, 성욕, 열정을 고결한 영혼이 마땅히 피해야 할 죄악으로 분류했지만, 사랑과 연민은 미덕으로 보았다.

"감정"이라는 용어는 17세기 런던에서 활동한 의사인 토머스 윌리스의 연구에서 비롯되었다. 그는 열정적인 해부학자이기도 해서, 그의 치료를 받다가 사망한 환자는 해부당할 가능성이 상당히 높았다. 삶과 죽음의 경계에서 어떻게 되든 의사에게 이득이라는 사실은 그다지 탐탁지 않았을 것이다. 하지만 윌리스는 시체를 얻을 또다른 공급원이 있었다. 국왕 찰스 1세의 허가를 받아 교수형을 당한 범죄자를 부검할 수 있었던 것이다.[4]

윌리스는 사람을 연구하여 여러 뇌 구조를 확인하고 이름을 붙였다. 오늘날 우리가 공부하는 바로 그 뇌 구조이다. 더 중요한 사실은 많은 범죄자의 일탈 행동이 특정 뇌 구조에서 나온다는 사실을 발견했다는 점이다. 나중에 생리학자들은 동물의 반사 반응을 조사해서 윌리스의 연구 결과를 뒷받침했다. 생리학자들은 놀라서 움찔하는 반응 같은 표현이 순전히 신경과 근육이 지배하는 기계적 과정에서 나온다고 생각했다. 신경과 근육은 움직임을 일으킨다. 곧 라틴어로 "움직이기 위한"이라는 뜻의 모베레movere에서 유래한 "감정"이라는 단어가 영어와 프랑스어에 등장했다.

"감정emotion"에서 "움직임motion"을 빼는 데에는 그후로도 몇 세기가 더 걸렸다. 현대적 의미의 "감정"이라는 용어는 1820년 에든버러 대학교의 도덕철학 교수인 토머스 브라운이 출간한 강의록에 처음 등장했다. 강의록은 엄청난 인기를 끌었고, 이후 수십 년 동안 스무 번 넘는 개정을 거듭하며 재출간되었다.[5] 월터 스콧 경의 사위인 존 깁슨 록하트 덕분에 오늘날에도 브라운의 강의 현장을 엿볼 수 있다. 록하트는 당시 에든버러 사회를 묘사한 글에서 브라운에 대해서 이렇게 묘사했다. "만면에 미소를 머금고 담황색 조끼와 황갈색 코트 위에 검은 제네바 망토를 걸쳤다." 그의 말솜씨는 "명료하고 우아했으며" 자신의 아이디어를 여러 편의 시를 인용하여 생생하게 설명했다.

브라운은 강의록에서 감정을 체계적으로 연구해야 한다고 제안했다. 훌륭한 아이디어였지만 큰 장애물이 있었다. 최초의 과학철학자라고 불리는 오귀스트 콩트가 연구한 여섯 가지 "기본" 과학에는 수학, 천문학, 물리학, 화학, 생물학, 사회학이 포함되었지만 심리학은 해당되지 않았다. 여기에는 정당한 이유가 있었다. 존 돌턴이 화학의 기본 법칙을 발견하고, 마이클 패러데이가 전기와 자기의 원리를 발견하는 동안, 마음에 대한 기본 과학은 아직 발견되지 않았기 때문이다. 브라운은 이 상황을 바꾸고 싶었다. 그는 감정을 "느낌, 느낌의 상태, 기쁨, 열정, 정서, 애정으로 이해되는 모든 것"으로 재정의하면서 감정을 범주화하고 과학적으로 연구하자고 제안했다.

브라운은 철학자이자 과학자로서 여러 가지 훌륭한 자질을 겸비했지만, 오래 사는 데에는 그다지 재능이 없었다. 그는 1819년 12월 강의 도중에 쓰러졌다. 그를 진찰한 의사는 "공기를 좀 바꿔보라고" 그를 런던으로 보냈다. 브라운은 책이 나오기 직전인 1820년 4월 2일, 그곳에서 사망했다. 그의 나이 마흔두 살이었다. 브라운은 자신의 아이디어가 앞으로 미칠 영향을 전혀 알지 못했지만, 그의 강의는 이후 감정 연구자들의 생각을 선도했다. 오늘날 브라운은 그다지 알려지지 않았고, 무덤은 쓸쓸하게 남아 있다. 하지만 사후 수십 년 동안 그는 인간의 마음에 대한 통찰로 큰 명성을 얻었다.

감정 연구의 위대한 다음 도약은 1836년 비글 호를 타고 돌아오면서 감정이라는 주제를 숙고하기 시작한 찰스 다윈에게서 시작되었다. 다윈은 감정에 큰 관심이 없었지만 진화론을 구상하면서 생명의 모든 측면을 검토하여 퍼즐을 맞추려고 애썼다. 감정은 그가 고민하던 주제들 중의 하나였다. 당시 일반적인 생각대로 감정이 비생산적이라면 감정은 왜 진화했을까? 오늘날 우리는 감정이 비생산적이지 않다는 사실을 잘 알지만, 다윈에게 이런 곤혹스러움은 자연선택설에 대한 일종의 시험이었다. 분명 동물에게 불리한 감정이 어째서 동물의 행동에 들어오게 된 것일까? 감정을 다룬 선행 연구는 부족했지만 다윈은 답을 찾기로 했다. 이 질문을 해결할 설명을 고안하는 데에는 수십 년이 걸렸다.

감정과 진화

다윈은 동물을 대상으로 상세하게 연구를 진행했다. 단순한 유기체에서는 감정의 기능이 더 명확했기 때문이다. 예를 들면 불안이라는 감정은 인간이 진화해온 자연 세계보다 지금 우리의 삶에서 훨씬 복잡하고 변화무쌍한 역할을 하지만, 동물 세계에서 불안의 생산적 역할은 더 단순하고 파악하기 쉽다. 붉은꼬리물오리의 사례를 보자.

진화하려면 성공적으로 짝짓기해야 하므로 모든 종의 생식기는 특정 상황에 맞게 적응한다. 붉은꼬리물오리 암컷의 생식기는 원치 않는 수컷의 접근을 막도록 진화하여 수컷이 완전히 들어올 수 있는 자세를 취하지 않는 한 수정이 되지 않는다. 이렇게 되면 암컷은 짝짓기 상대를 선택할 수 있다. 물론 수컷은 이에 대응하여 진화했다.

여름 내내 수컷 붉은꼬리물오리의 깃털은 암컷과 비슷한 칙칙한 색이어서 포식자의 눈에 띄지 않는다. 하지만 겨울 짝짓기 철이 다가오면 수컷은 잠시 롤렉스 시계와 금목걸이를 치렁치렁 두른다. 화려한 밤색 깃털에 밝은 파란색 부리로 치장하여 까다로운 암컷에게 자신을 한껏 드러낸다. 화려함을 과시하면서 꼬리를 곧게 세우고 부풀린 목에 부리를 찍는 등 독특한 구애 행동을 한다. 밝은 깃털과 부리는 보통 때는 위장에 불리하지만, 짝짓기 철에는 이런 변화가 핵심이다. 수컷은 독특한 외양과 행동으로 포식자의 눈에 띄어도 문제없을 정도로 건강하고 힘이 세다는 메시지를 암컷에게 보낸다.

이런 변신은 상당히 효과적이지만 한 가지 조치가 더 필요하다. 수컷의 생식기가 암컷의 생식기에 침입하려면 거의 자신의 몸길이만큼 길어야 한다. 하지만 그런 생식기를 달고 다니기는 어려우므로, 수컷의 생식기는 짝짓기 철이 지나면 밝은색 깃털처럼 떨어지고 매년 다시 자란다.

우리가 아는 한 붉은꼬리물오리는 매년 생식기가 떨어진다고 걱정하지 않는다. 수컷이 걱정하는 것은 다른 오리에게 공격받는 일이다. 큰 붉은꼬리물오리는 흔히 작은 오리를 괴롭힌다. 하지만 작은 오리가 공격을 받을까 봐 불안해하면 밝은 깃털이 더 빨리 빠지고 생식기가 작아져서 물리적 충돌의 빈도가 줄어든다. 이런 오리는 짝짓기 철에 위협을 덜 받고 공격 대상이 될 위험도 낮다. 이런 사회 역학은 영장류나 다른 사회적 동물이 지배계층을 확립할 때와 비슷한 역할을 한다. 이렇게 하면 크게 다치거나 목숨을 잃거나 또는 큰 싸움을 일으키지 않고도 갈등을 해결하고 무리 내에서 질서를 유지할 수 있다.

오리가 의식적으로 불안이라는 감정을 얼마나 "느끼는지"는 아무도 모르지만, 과학자들은 불안에 따른 체내 생화학적 변화를 측정할 수 있었다. 이 내용은 "오리 간 성적 경쟁은 음경 크기에 큰 피해를 준다"라는 제목으로 「네이처*Nature*」에 발표되었다.[6] 짝을 선택할 기회를 더 강한 오리에게 사실상 양보하고 불필요한 싸움을 최소화한다는 점에서 이 "피해"는 사실 종의 진화에 유리하다. 적어도 이 경우 진화의 춤에서 불안이 해내는 긍정적인 역할은 분명해 보인다.

인간의 감정이 진화에서 하는 역할도 상당히 분명하다. 인간이 짝짓기의 부산물인 아기에게 갖는 느낌을 생각해 보자. 약 200만 년 전 우리 조상인 호모 에렉투스*Homo erectus*의 두개골은 진화를 거치며 훨씬 커졌고, 그에 따라 전두엽, 측두엽, 두정엽도 커졌다. 인간의 계산 능력은 최신 스마트폰 모델처럼 엄청나게 늘었다. 하지만 문제도 생겼다. 스마트폰과 달리 새로 태어나는 아기는 엄마의 산도를 통해서 나와야 하므로, 행복한 탄생의 순간을 맞기 전까지는 자궁에서 엄마의 대사 활동으로부터 도움을 받아야 한다. 이런 문제 때문에 인간 아기는 영장류치고는 세상에 일찍 나온다. 아기의 뇌가 침팬지의 뇌 정도 크기로 발달한 상태로 태어나려면 임신 기간이 18개월은 되어야 하지만, 그러면 아기의 체구가 너무 커져서 산도를 빠져나오지 못한다. 아기가 더 빨리 나오면 문제가 해결되지만, 다른 문제도 생긴다. 아기는 뇌가 제대로 발달하지 못한 채로 태어나기 때문에(새끼 침팬지의 뇌의 크기는 다 자란 침팬지 뇌의 40-50퍼센트인 데 비해서, 인간 아기의 뇌 크기는 성인 뇌의 약 25퍼센트에 불과하다), 인간 부모는 새끼 침팬지보다 두 배나 긴 몇 년 동안이나 무력한 아기를 돌보아야 한다.[7]

혼자서는 아무것도 할 줄 모르는 아기를 돌보는 것은 매우 힘든 일이다. 얼마 전 나는 아기가 태어났을 때부터 15개월째 전업 아빠가 된 친구와 점심을 먹었다. 대학에서는 축구를 했고 나중에는 스타트업의 CEO가 된 친구였다. 운동이나 직장 일은 그에게 아무것도 아니었다. 하지만 이번에 만났을 때 친구는 침울하고 피곤해했으며, 통증 때문에 허리를 펴지도 못했고, 기운도 없어 보였다. 집에서 아이를 돌보는 아빠 역할을 하느라 진이 다 빠진 것 같았다.

내 친구만 그런 것은 아니다. 인간 아기에게는 엄청난 보살핌이 필요하다. 서양에서 아기를 돌보는 일은 아주 박한 평가를 받아왔는데, 이런 대접은 잘못이다. 흔히 첫아이가 태어나기 전에는 아기를 가지는 일이 대단히 행복한 축제 같은 것이라고 생각한다. 하지만 사람들이 미처 깨닫지 못한 사실은 화려한 축제 다음에는 엄청난 숙취 같은 고통이 찾아온다는 점이다. 부모는 무력한 아이에게 청소부, 케이터링 직원, 경비원이 되어주어야 한다.

왜 밤에 세 번 넘게 깨어 아기를 먹여야 할까? 왜 힘들여 기저귀를 갈고, 음료수병처럼 보이는 위험한 은 광택제가 든 서랍을 잊지 말고 잠가야 할까? 진화는 이런 일에 동기를 부여하는 감정을 주었다. 바로 부모의 사랑이다.

모든 감정은 진화적 목적을 달성하기 위해서 우리의 생각을 바꾼다. 짝짓기 불안이 붉은꼬리물오리의 삶을 원활하게 만들어주었듯이, 부모의 사랑은 인간의 삶이라는 기계를 돌리는 톱니바퀴이다. 진화가 우리를 이끌어 아이들을 사랑하게 했다고 해서 그 사랑이 줄어들지는 않는다. 우리의 삶을 풍요롭게 하는 감정이라는 선물이 어디에서 왔는지를 밝혀줄 뿐이다.

감정의 역할을 이해하려고 분투하던 다윈은 오늘날과 같은 지식이나 기술이 없었고, 북아메리카가 원산지인 붉은꼬리물오리를 연구한 적도 없었다. 하지만 다윈은 다른 야생 오리의 깃털, 골격, 부리, 다리, 날개, 행동을 상세히 연구했다. 비둘기와 가축의 사육사도 만났고, 런던 동물원에서 유인원, 오랑우탄, 원숭이도 조사했다.

다윈은 감정이라는 용어의 탄생에 영감을 준 근육의 움직임과 구성, 특히 얼굴 근육의 움직임이라는 외적 신호에 주목하면 감정의 목적을 이해할 수 있다고 믿고, 인간과 비슷한 느낌을 표현하는 동물의 외적 신호를 기록한 방대한 문헌을 남겼다. 다윈은 동물도 "인간과 같은 감정에 흥분하며", 언어 능력이 없는 동물도 감정의 외적 신호로 느낌을 전달하여 마음을 읽을 수 있다고 확신했다.[8] 개가 『로미오와 줄리엣Romeo and Juliet』의 결말을 읽고 울지는 않지만, 다윈은 개의 시선을 보면 사랑의 감정을 볼 수 있다고 믿었다.

다윈은 신체적 표현에 집중하여 인간의 감정도 연구했다. 그는 전 세계를 돌아다니는 선교사와 탐험가에게 설문지를 돌려 여러 민족의 감정 표현을 조사했다. 배우나 아기가 감정을 드러내는 사진 수백 장을 조사하기도 했다. 자신의 아들 윌리엄이 미소 짓거나 찡그리는 모습도 기록했다. 다윈은 이런 관찰을 통해서 각각의 감정은 모든 문화에서 독특하고 일관되게 표현된다고 생각했다. 다양한 포유류 종을 관찰해서 얻은 결론과 마찬가지의 결론이었다. 다윈은 미소, 찡그림, 커지는 눈, 머리가 주뼛 서는 등의 표현은 모두 인간의 진화 초기 단계에서 유용했던 신체적 표현에서 유래했다고 보았다. 개코원숭이는 공격적인 상대를 만나면 싸울 준비가 되었다는 신호로 으르렁거린다. 늑대도 상대편에게 으르렁거리거나, 반대로 항복한다는 표시로 배를 드러내고 눕는다.

다윈은 다양한 감정이 생존에 구체적이고 필수적인 역할을 했던 고대 동물 조상으로부터 우리에게 이어졌다고 결론 내렸다. 그것은 감정이 근본적으로 비생산적이라는, 수천 년 동안 널리 퍼진 견해에서 완전히 벗어난 혁명적인 아이디어였다.

그러나 다윈은 인간이 진화하면서 비이성적인 감정을 극복할 "고귀하고" "신을 닮은 지성"을 갖춘 이성적인 마음, 즉 우수한 정보처리 방법을 개발했다고 믿고, 감정은 생산적인 기능을 하지 않게 되었다고 오해했다.[9] 다윈이 보기에 감정은 꼬리뼈나 맹장처럼 불필요하고 비생산적이며 때로는 위험한, 발달 이전 단계의 잔재에 불과했다.

감정을 바라보는 전통적인 견해

마침내 다윈은 1872년 자신의 저서 『인간과 동물의 감정 표현The Expression of the Emotions in Man and Animals』에서 결론을 발표했다. 이 책은 플라톤 이후 감정을 다룬 가장 영향력 있는 저서가 되었고, 다음 세기를 거쳐 최근까지 감정을 바라보는 주요 이론인 "전통적" 감정 이론에 영향을 주었다. 전통적 감정 이론의 기본은 모든 사람이 보편적으로 몇몇 기본 감정을 가지고, 특정 계기가 일으킨 특정 감정이 특정 행동을 유발하며, 뇌에 할당된 특정 구조에서 감정이 발생한다는 것이다.

다윈주의적 사고에 뿌리를 둔 전통적 감정 이론은 "삼위일체 모형"이라는 뇌 진화 모형과 밀접한 관련이 있다. 이 모형은 칼 세이건이 자신의 베스트셀러 『에덴의 용The Dragons of Eden』에서 거론하여 유명해졌고, 대니얼 골먼은 이 모형에 기대어 1995년 베스트셀러 『감성지능Emotional Intelligence』을 썼다. 1960년대에서 2010년 사이에 출간된 대부분의 교과서에서, 그리고 지금도 여전히 많은 교과서에서는 인간의 뇌가 순차적으로 (진화상 더 새로운) 정교한 세 가지 층으로 구성되어 있다는 삼위일체 모형을 주장한다. 뇌의 가장 깊은 곳은 기본 생존 본능의 자리인 파충류의 뇌 또는 도마뱀의 뇌이다. 중간층은 선사 시대 포유류에서 물려받은 변연계邊緣系 혹은 "감정적인" 뇌이고, 가장 정교한 바깥층은 이성적 사고력의 원천인 신피질이다. 이 셋은 기본적으로 플라톤의 검은 말, 흰 말, 마부로 볼 수 있다.

삼위일체 모형에서 파충류의 뇌는 매우 본능적인 척추동물인 파충류에서 물려받은 가장 오래된 구조로 몸의 조절 기능을 제어한다. 예를 들면 혈당이 떨어지면 배고픔을 유발한다.

배가 고픈 파충류는 먹이를 발견하면 공격하겠지만, 고양이 같은 포유류는 바로 공격하는 대신 먹이를 가지고 놀 수도 있다. 인간은 음식을 보아도 바로 먹지 않고 잠시 멈춰 그 순간을 음미한다. 삼위일체 모형에 따르면, 이런 더 복잡한 행동은 파충류에는 없는 변연계 뇌에서 일어난다. 변연계 뇌는 전통적 감정 이론에서 설명하는 공포, 분노, 슬픔, 혐오, 행복, 놀람 같은 기본 감정이 발생하는 곳이다.

마지막으로 변연계 구조의 꼭대기에 있는 신피질은 이성, 추상적 사고, 언어, 계획 능력, 의식적 경험의 원천이다. 신피질은 2개의 반구로 나뉘며, 각 반구는 서로 다른 기능을 하는 4개의 엽—전두엽, 두정엽, 측두엽, 후두엽—으로 이루어진다. 예를 들면 시각은 후두엽에 집중되어 있지만, 인간에게 고유한 능력은 전두엽이 맡는다. 복잡한 언어 처리는 전두엽의 전전두엽 피질이 담당하고, 사회적 과정 역시 전두엽의 안와전두 피질이 맡는 식이다.

삼위일체 모형의 계층 구조는 감정을 바라보는 전통적 이론과 밀접한 관련이 있다. 전통적 감정 이론에 따르면, 인간의 지적 중추인 신피질은 감정적 삶을 이루는 데에 아무런 역할을 하지 않는다. 그 대신 신피질은 감정에서 발생하는 비생산적인 충동을 조절한다. 삼위일체 뇌 계층 구조에서는 감정이 가장 낮은 층위에서 온다고 본다. 각 감정은 외부 세계의 특정 자극에 반응하여 거의 반사적으로 일어난다. 감정이 일어나면 특징적인 신체 변화 패턴이 발현된다. 심박수나 호흡, 얼굴 근육이 만드는 표정 같은 다양한 감각과 신체 반응이 이에 해당한다. 전통적 감정 이론으로 본다면, 특정 상황에서는 거의 항상 똑같은 감정 반응이 일어나며, 감정을 만드는 뇌 구조가 손상되지 않은 한 모든 문화의 사람이 똑같은 반응을 보인다.

삼위일체 모형은 감정, 뇌 구조, 진화를 깔끔하게 정리한다. 유일한 문제는 이 이론이 정확하지 않다는 점이다. 좋게 보아도 아주 많이 단순화했다고 볼 수밖에 없다. 신경과학자들은 삼위일체 모형을 여전히 무심하게 사용하지만, 이 모형을 글자 그대로 받아들이면 오해가 생길 수 있다. 삼위일체 모형은 뇌의 각 층 사이에 발생하는 소통을 거의 다루지 않는다는 것도 문제점의 하나이다. 삼위일체 모형은 음식 냄새가 변연계에서 역겨움을 유발하면 이 정보가 파충류의 뇌로 전달되어 구토 충동을 유발하고, 신피질로 전달되어 그 음식에서 물러서도록 한다고 설명한다. 하지만 뇌에서 일어나는 다양한 감정은 일부 영역에서만 일어나지 않고 훨씬 광범위한 영역에서 일어난다. 게다가 뇌는 삼위일체 모형에서 주장하는 것처럼 파충류의 뇌,

변연계, 신피질로 구분되지 않고, 실제로는 해부학적으로 겹쳐져 있다. 사실 안와전두 피질은 신피질에 속하지만 변연계 구조의 일부로 여겨지기도 한다.[10] 마지막으로 진화는 삼위일체 모형의 설명대로 작동하지 않는다. 각 층의 구조가 진화의 각 단계에서 생성되었을 수도 있지만, 새로운 구조가 생성되면 기존 구조도 계속 진화하면서 그 기능이나 역할을 바꾸었을 것이다. 버클리 대학교의 신경인류학자 테런스 디컨은 다음과 같이 말했다. "뇌가 겹겹이 층을 쌓는 방식으로 진화하지 않았음은 분명하다."[11]

대중적으로는 전통적 감정 이론이 여전히 일반적이지만, 삼위일체 모형에 바탕을 둔 감정 이론이 더 낫다고 볼 수는 없다. 전통적 관점 역시 대략적인 추정일 뿐이며 종종 오해를 낳기도 한다. 뉴턴의 운동 법칙처럼 전통적 감정 이론은 감정을 이해하는 피상적인 관점으로, 자세히 들여다보면 정확히 들어맞지 않는다. 20세기 초 과학자들이 새로운 기술을 이용해서 뉴턴보다 더 깊은 수준에서 자연을 관찰할 수 있게 되면서 뉴턴의 "고전역학"이 피상적인 이해에 불과하다는 사실이 밝혀졌다. 마찬가지로 21세기의 기술 덕분에 과학자들이 감정의 피상적인 측면 너머를 볼 수 있게 되면서 전통적 감정 이론이 틀렸다는 사실도 입증되었다.

감정의 도움으로 살아나다

1983년 8월 30일 자정 직후 대한항공(KAL) 007편 보잉 747기는 뉴욕 존 F. 케네디 국제공항에서 서울로 향했다. 이 비행기에는 승무원 23명과 한미 상호방위조약 체결 기념식에 참석하려는 조지아 주 보수당 의원 래리 맥도널드를 포함한 승객 246명이 타고 있었다. 「뉴욕 포스트New York Post」에 따르면, 리처드 닉슨 전 대통령은 맥도널드와 함께 갈 예정이었으나 막판에 가지 않기로 했다.

앵커리지에서 급유를 마친 항공기는 다시 이륙해서 남서쪽 한국으로 향했다. 10여 분 후 비행기는 북쪽 방향으로 경로를 이탈하기 시작했다. 그로부터 30분 후, 알래스카 킹 새먼 기지의 자동 군사 레이더는 이 비행기가 원래 있어야 할 위치에서 북쪽으로 약 20킬로미터 멀어졌다는 사실을 감지했다. 하지만 군인들은 이 사실을 몰랐다. KAL 007편은 이후 5시간 30분 동안 같은 방향으로 계속 비행했다.

현지 시각 새벽 3시 51분, 비행기는 소비에트 캄차카 반도의 비행 제한공역에 진입했다.* 1시간 동안 비행기를 추적한 소련군은 Su-15 전투기 3대와 MiG-23 1대를 보내서 직접 확인을 시도했다. 수석 조종사는 나중에 이렇게 밝혔다. "창문이 두 줄로 되어 있는 것을 보고 보잉 항공기라는 것을 알았습니다. 하지만 별 의미는 없었죠. 민간 항공기를 군사용으로 바꾸는 건 식은 죽 먹기니까요."[12] 그는 KAL기 조종사에게 군사 요격 상황을 인지하고 착륙 지시에 따르라는 신호로 경고 미사일을 발사했다. 하지만 KAL기는 미사일을 발견하지 못

---

* 당시 항공기는 국제 날짜 변경선을 지났으므로, 정확한 날짜는 1983년 9월 1일이다.

하고 지나쳤다. 안타깝게도 그 순간 KAL기의 기장은 연료를 절약하기 위해서 더 높은 항로로 상승하도록 허가해달라고 도쿄 지역 항공교통관제소와 무선통신을 시도 중이었다. 허가가 났다. KAL기가 속도를 줄이고 상승하기 시작하자 소련 조종사는 그 행동을 비협조적인 회피로 해석했다. 민간 항공기를 공격하자니 꺼림칙했지만 소련 조종사는 군사 규정에 따라 KAL기에 공대공 미사일 두 발을 발사하여 대응했다. KAL기는 격추되어 나선형으로 바다에 추락했다. 살아남은 사람은 아무도 없었다.

나토NATO는 군사행동으로 공격에 대응했다. 이 사건은 1960년대 쿠바 미사일 위기 이래 전례 없던 미국과 소련의 긴장을 고조시켰다. 특히 소련군은 유럽에 신형 미사일 체제를 설치하고 소련을 "악의 제국evil empire"이라고 부른 미국과 로널드 레이건 대통령의 의도를 심히 의심했다.

일부 소련 고위 관리들은 미국이 선제 핵 공격을 계획하고 있다며 공개적으로 두려움을 드러냈다. 소련의 최고 권력자 유리 안드로포프 역시 비슷한 두려움을 느낀다고 고백했다. 소련군은 핵 공격 가능성을 탐지할 정보 수집 프로그램을 비밀리에 개시했다. 탄두 공격을 탐지할 지상 레이더로 영토를 둘러싸서 위성 시스템을 보완하기도 했다.

KAL기 사건으로부터 한 달도 지나지 않은 어느 날, 마흔네 살인 스타니슬라프 페트로프 중령은 조기 경보체계를 감시하는 소련 비밀 벙커 사령부에서 야간 당직을 서고 있었다. 그는 엄중한 훈련을 받았고 그에게 할당된 업무도 명확했다. 경보체계에서 나오는 경고를 검토하고 고위 군 사령부에 보고하는 것이었다. 하지만 동료들과 달리 페트로프는 직업군인이 아니라 원래 엔지니어 출신이었다.

그날 밤, 경보가 울리기 시작했다. 전자 지도가 번쩍였다. 불 켜진 화면에 "**발사**"라는 단어가 표시되었다. 심장이 쿵쾅댔고 아드레날린이 솟구쳤다. 페트로프는 충격을 받았다. 경보체계에는 곧이어 또 한 번 발사가 보고되었다. 그리고 또 한 번, 또다시 한 번, 발사가 연이어 보고되었다. 경보체계는 그에게 미국이 다섯 발의 대륙간 탄도미사일을 발사했다고 알렸다.

규정상 경보를 상부에 보고할지 말지는 전적으로 컴퓨터 판독을 근거로 해야 한다는 사실은 명확했다. 페트로프는 컴퓨터를 확인했지만 경보의 신뢰도는 "가장 높음"이었다. 서른 단계나 검증을 거친 경보였다. 이제 소련 최고 사령관들에게 직통전화를 걸어 미국이 미사일을 발사했다는 보고만 하면 되었다. 하지만 페트로프는 보고를 하는 즉시 대규모 보복 공격이 일어날 것이 분명하다는 사실을 알았다. 핵전쟁이 시작될 것이 확실했다. 페트로프는 엄청난 두려움을 느꼈다. 경보가 틀렸을 가능성은 미미했지만, 그대로 보고하면 모두가 알다시피 문명의 종말이 올 것이었다. 하지만 보고하지 않으면 직무 유기였다.

페트로프는 머뭇거렸다. 컴퓨터가 보고한 데이터는 명백했다. 하지만 그의 내면에서 무엇인가가 이 경보가 틀렸을 가능성에 힘을 실었다. 페트로프는 오류 가능성을 생각해보았다. 안전장치가 그렇게 많은데 어떻게 그런 심각한 오류가 일어날 수 있는지 알 수 없었다. 하지만 시간이 없었다. 어떤 식으로든 조치를 취해야 했다. 스트레스가 밀려왔다. 자신에게 내려진 지시와 손에 쥔 데이터를 바탕으로 간단히 분석해보아도 공격이 일어났다는 사실은 명백했고, 어서 데이터를 보고해야 했다. 하지만 경보가 틀렸다는 증거가 없는데도 페트로프는 상부에 이 사실을 보고하지 않기로 했다. 제3차 세계대전 발발에 대한 감정적인 반발심 때문에 페트로프는 소련군 본부 상관에게 전화해서 경보체계가 오작동했다고 보고했다.

직업군인 동료들이라면 아무도 명령에 불복종하지 않으리라는 사실을 알았지만, 페트로프는 명령에 불복종했다. 페트로프는 다음 일을 기다렸다. 그가 틀렸다면 자신은 나라가 힘없이 파괴되도록 좌시한, 조국의 역사상 가장 엄청난 반역자가 될 터였다. 하지만 그렇다고 한들 그것이 그리 중요할까? 시간이 흐르면서 판단이 틀렸을 확률은 50 대 50이 되었다. 나중에 그는 20분이 지나서야 겨우 한숨 돌릴 수 있었다고 말했다. 조사 결과 노스다코타 상공 고지대의 구름 꼭대기에 햇빛이 평소와 달리 비춘 탓에 소련 위성이 태양 반사를 미사일 발사로 오인하여 잘못된 경보가 발생했음이 밝혀졌다.

감정은 우리가 마주하는 상황의 의미를 가려내는 데에 도움이 된다. 특히 복잡하고 모호하거나 재빨리 결정을 내려야 하는 상황에서 감정은 우리를 올바른 방향으로 인도하는 안내자 역할을 한다. 페트로프의 결정은 다소 뜬금없는 것 같지만, 이성적인 분석으로는 할 수 없는 방식으로 과거의 경험을 조합하여 재빨리 끌어낸 감정의 산물이었다. 많은 훈련을 받았지만 결국 KAL기를 격추한 전투기 조종사와 달리 페트로프는 감정이 이끄는 대로 두었기 때문에 그렇게 행동할 수 있었다.

마음의 문제는 매우 중요하면서도 가장 해독하기 어려운 문제이다. 우리는 새로운 감정 과학을 바탕으로 자신에 대한 지식을 넓힐 수 있었다. 감정이 뇌의 신경 회로에 깊이 통합되어 "이성적인" 사고 회로와 분리할 수 없다는 사실은 잘 알려져 있다. 우리는 추론 능력이 없어도 살 수 있지만, 느끼지 못한다면 제 기능을 하지 못할 것이다. 감정은 우리와 모든 고등동물이 공통으로 지닌 정신적 기계의 일부이다. 하지만 우리를 동물과 구별하는 것은 바로 이성이 아닌 감정이 우리의 행동에 하는 역할이다.

2

감정의 목적

여행 중 호텔에서 맥주가 마시고 싶어진 나는 심야 룸서비스를 받으려고 전화를 걸었다. 지금 주문하면 45분쯤 걸린다고 했다. 그렇게 오래 기다릴 수는 없었다. 간단한 주문이라서 나는 "좀 빨리 해주실 수 없을까요?"라고 물었다. 대답은 "죄송하지만 어렵습니다"였다. 이틀 후에도 어쩌다 보니 같은 상황이 되풀이되었다. 이번에는 조금 다른 전략을 썼다. "좀 빨리 해주실 수 없을까요? 조금만 더 일찍 받고 싶어서요." 이번에는 대답이 달랐다. "물론이죠. 빨리 해드릴게요. 바로 보내드리겠습니다." 물론 한 가지 일화로 모든 사례들을 설명할 수는 없지만 내 경험은 한 가지 과학적으로 **검증된** 효과를 보여준다. 일반적인 요청을 할 때는 뻔하거나 속이 보이더라도 이유를 대면 받아들여질 가능성이 더 높다는 사실이다.[1] 상대방은 그 이유를 진지하게 생각하지 않기 때문이다. 합당한 이유일 필요도 없다. 그저 이유를 덧붙인다는 사실이 중요하다. 심리학자들은 이처럼 "무심코 일어나는" 반응을 "반사적" 반응이라고 한다. 자극과 반응이 다음 세 가지 기준에 맞게 일어나면 반사적 반응이다. 반응은 특정 사건이나 상황에서 발생하고, 특정 행동을 유도하며, 자극이 있을 때마다 거의 항상 일어나야 한다.

가장 유명한 반사 반응은 이완된 무릎 인대를 의사가 망치로 톡톡 칠 때 일어나는 **무릎 반사**이다. 이 반응은 무릎을 두드리는 계기 때문에 일어난다. 무릎을 두드리는 영상을 보거나 문이 쾅 닫혀 깜짝 놀란다고 무릎이 움직이지는 않는다. 해당 자극이 유발하는 반응도 특징적이다. 망치로 무릎을 두드리면 머리를 흔들거나 의자에서 휙 일어나지 않고 무릎을 움직인다. 마지막으로 반응은 예측할 수 있다. 반응은 거의 항상 일어나며, 사실 반응하지 않는 것이 더 어렵다. 반사 반응은 중요하다. 어떤 행동을 할 때마다 생각해야 한다면 결코 움직일 수 없을 것이다. 걷기를 생각해보자. 걷기는 무릎 반사처럼 무심코 일어나는 반사작용으로, 뇌가 척수 피질에 일반적인 명령을 내려 여러 근육들이 동시에 작동하기만 하면 된다.

무릎 반사 같은 신체 반사에는 마음이 필요하지 않다. 유기체의 뇌를 전부 들어내도 척수만 온전히 남아 있으면 무릎 반사는 계속 나타난다. 하지만 좀더 정교한 반사 반응도 있다. 그중 하나는 익숙한 상황에서 우리의 뇌가 따르는 작은 프로그램인 **고정행동 패턴**fixed action pattern 또는 **스크립트**script이다. 운전해서 출근할 때나 어떤 문제에 골몰할 때, 회의하면서 아무 생각 없이 먹을 때에 우리는 "자동조종

autopilot" 상태에 들어간다. 동물의 사랑이나 배려심 넘치는 행동도 마찬가지이다. 아기 새가 입을 벌리면 엄마 새는 지렁이나 벌레를 넣어주지만 입을 벌린 것이 자기 새끼 새든, 그냥 새끼 새든, 아무 새든 상관없다. 이런 반응은 한껏 벌린 입이라는 계기가 유도한 스크립트에 불과하다. 한 유튜브 영상에서는 홍관조가 입을 벌리고 있는 금붕어에게 먹이를 넣어주기도 한다.[2]

이보다 복잡한 정신 반사는 심리적 "버튼"을 눌렀을 때 나오는 반응으로, 어떤 사회적 상황에 직면했을 경우에 흔히 일어나는 격렬한 반응이다. 무릎 인대를 두드리면 무릎 반사가 일어나듯이, 어떤 경험이 계기가 되어 치유되지 않은 과거의 사건을 끌어오면 심리적 "버튼"을 누른다. 누군가 당신을 무시하거나, 규칙을 따르지 않거나, 당신에게 거짓말하고 비난하거나, "넌 절대 안 돼" 또는 "넌 항상 그렇지" 같은 표현을 쓰면 이런 심리적 버튼이 눌린다. 감정이 특정 계기에 따른 반응 연쇄를 일으키지 않더라도 어떤 사건이 무심코 반응을 일으킨다면, 무릎 반사와 같은 정신적 반사작용으로 볼 수 있다.

임상심리학자들은 항상 이런 문제에 직면한다. 동료나 친구, 가족이 버튼을 누르면 혼란이 벌어진다. 건강한 관계에서도 버튼을 누르면 갈등이 반복될 수 있다. 친구나 가족의 버튼을 알게 되면 누르지 않는 편이 좋다. 자신의 버튼을 안다면 비활성화하도록 애써야 한다. 내 친구는 재택근무하며 일에 집중하고 있을 때 남편이 불쑥 들어오면 소리를 지르게 된다고 했다. 그러나 어린 시절에 사생활이 거의 없었고 개인 공간을 존중받지 못해서 그런 상황이 자신의 감정을 자극하는 버튼이 된다는 사실을 깨닫게 되자, 그녀는 남편이 들어오는 일이 그다지 괴롭게 느껴지지 않았고, 남편에게 갑자기 들어오지 말아 달라고 침착하게 말할 수 있게 되었다. 버튼이 눌러진다는 사실을 깨닫고 의식적으로 행동을 바꾸는 것만으로도 문제는 간단히 해결되기도 한다. 아무 생각 없이 자동조종 상태로 운전할 때도 의식적 제어 상태로 바꾸면 정체가 예상되는 구역을 피해 경로를 변경할 수 있다.

반사 반응이 원시적이라고 가볍게 여기고 무시할 수도 있다. 하지만 반사 반응은 인간과 동물 모두에게 강력하고 중요한 작동방식이다. 단순한 유기체에서는 지배적인 역할을 한다.

가장 단순한 유기체 중 하나인 박테리아의 성공 사례에서 반사 행동의 힘을 볼 수 있다. 인간이 오랜 시간 일하지 않고도 생계를 유지하고 싶어하는 것처럼, 생물 기계인 박테리아도 시간당 얻는 에너지를 극대화하고자 한다. 그래서 오로지 스크립트된 "행동"을 한다. 박테리아는 복잡하지만 자동화된 화학적 수단으로 먹이에 접근하여 영양분을 섭취하고 해로운 물질을 피한다.[3] 서로 협력하여 특정 분자를 방출하면서 신호를 보내기도 한다.[4]

신경과학자 안토니오 다마지오는 "박테리아가 다양한 방식으로 행동을 '지휘할' 수 있다는 사실은 놀랍다"라고 언급했다.[5] 박테리아는 서로 돕고 어울리지 않는 개체는 피한다(어떤 연구자들은 "무시"라고도 한다). 다마지오는 한 플라스크에 사는 여러 박테리아 집단이 자원을 놓고 경쟁하는 실험을 설명했다. 어떤 박테리아는 공격적으로 대응하여 서로 싸우고 큰 손실을 보았지만, 다른 박테리아는 어울리며 살아남았다. 이런 일이 수천 세대에 걸쳐 계속되었다. 인간 사회에 스파르타나 나치가 있었지만 평화주의자도 있었던 것처럼, 박테리아 세계도 마찬가지이다.

인간은 반사 반응이 지배하는 삶을 뛰어넘었지만, 사실 반사 반응은 생각보다 우리의 행동을 더 많이 지배한다. 한 연구에서는 학생 참가자들로 하여금 길에서 잔돈을 구걸하게 했다.[6] 실험은 샌프란시스코 쇼핑몰과 산타크루즈 항구에서 각각 진행되었다. 두 연구에서 학생들은 청바지에 티셔츠 같은 평상복을 입고 사람들과 1미터 이상 거리를 두고 구걸했다. 행인 절반에게는 25센트 또는 50센트를 부탁했다. 두 실험의 성공률은 비슷해서, 17퍼센트는 돈을 얻었지만 "일을 구하라"거나 "여기서 구걸하는 건 불법이니 감옥에나 가버려"라는 모욕을 듣기도 했다. 하지만 대부분은 그냥 지나쳤다. 이 지역에는 걸인이 늘 있었기 때문에 연구자들은 행인들이 구걸에는 눈길도 주지 않으리라고 생각했다. 행인들은 대부분 자동으로 반응하여 "돈을 구걸하러 오면 무시해야지"라는 스크립트 규칙을 장착했을 것이다.

연구자들은 행인들의 스크립트를 방해하여 구걸 행동에 관심을 기울이도록 하면 성공률을 높일 수 있다고 생각했다. 그래서 나머지 행인 절반에게는 "저, 죄송하지만 37센트만 주실 수 있을까요?"라는 참신한 요청을 하도록 했다. 원래 행인들에게 부탁했던 25센트와 50센트의 딱 중간 금액이었다. 특이한 숫자로 행인의 주의를 끌어 정신 규칙을 무심코 적용하지 않고 부탁을 신중하게 고려하도록 만든다는 아이디어였다. 이 전략을 적용하자 샌프란시스코 쇼핑몰 실험에서는 성공률이 17퍼센트에서 73퍼센트로 높아졌다. 보통은 주의를 끌지 못하는 상황에서 요청에 대한 순응도를 높이는 이런 전략을 관심 끌기 기법이라고 한다. 제한 속도 시속 53킬로미터라는 특이한 숫자를 쓴 표지판이나 17.5퍼센트 세일이라고 광고하는 가게도 이런 기법을 적용한 것이다.

이런 결과를 보면 다시 감정에 대해서 생각하게 된다. 자연은 진화 과정에서 얻은 기본적인 반사 행동 전략을 개선하여 환경의 도전에 맞설 특별한 시스템을 고안했다. 바로 더 유연하고 강력한 감정이라는 시스템이다.

감정은 마음의 정보처리 과정을 한 단계 넘어선다. 감정은 엄격하고 규칙에 따른 반사 반응보다 훨씬 낫다. 원시 뇌를 가진 유기체도 감정을 이용해서 환경에 맞서 정신 상태를 조정한다. 이렇게 하면 유기체의 반응이 자극과 서로 소통하여 특정 환경 요소에 따라서 달라지거나 지연될 수 있다. 감정의 유연성은 이성적인 마음에서 오는 정보를 고려해 더 나은 결정을 하고 더 정교하게 행동하도록 이끈다.

감정의 이점

현대 과학은 감정의 필요성이나 감정이 반사 행동에 주는 이점을 항상 인정하지는 않았다. 사실 겨우 반세기 전까지만 해도 심리학자 앨런 뉴얼이나 다른 연구로 노벨상을 수상한 경제학자 허버트 사이먼 같은 학자들은 여전히 인간의 사고가 기본적으로 반사적이라고 주장했다. 1972년 뉴얼과 사이먼은 참가자들에게 일련의 논리, 체스, 대수 퍼즐을 풀면서 생각나는 대로 말하게 했다.[7] 두 사람은 그 작업을 기록하고 참가자들의 말 하나하나를 꼼꼼히 분석해서 규칙성을 찾으려고 했다. 참가자들의 사고 과정에서 규칙을 찾아내어 인간의 사고에 대한 수학적 모형을 만드는 것이 목표였다. 그들은 인간의 마음을 통찰하고 선형 논리의 한계를 넘어서는 "지능형intelligent" 컴퓨터 프로그램을 개발하고자 했다.

뉴얼과 사이먼은 인간의 추론 행위, 즉 사고 행위가 실은 복잡한 반사 반응 체계에 불과하다고 생각했다. 정확히 말하면 그들은 이른바 생성 규칙 시스템으로 사고 과정을 모형화할 수 있다고 믿었다. 엄격한 조건 규칙이 모여 반사 반응을 유발한다고 보는 것이다. 예를 들면 체스에서 "왕이 공격받는 체크 상황이라면 이동해야 한다"라는 규칙이 생성 규칙에 해당한다. 생성 규칙은 어떤 결정을 내리고 어떻게 행동할지 실마리를 준다. 예컨대 사람들은 "걸인이 잔돈을 부탁하면 무시하라"라는 규칙을 무심코 받아들인다. 인간의 사고가 생성 규칙으로 이루어진 거대한 시스템에 불과하다면, 알고리즘 프로그램으로 작동하는 컴퓨터와 인간은 별 차이가 없을 것이다. 하지만 뉴얼과 사이먼의 생각은 틀렸고, 그들의 노력은 수포로 돌아갔다.

뉴얼과 사이먼이 왜 실패했는지를 이해하면 감정의 목적과 기능을 밝힐 수 있다. 생성 규칙을 이용하여 단순한 시스템에 적용할 완벽한 작동 전략을 만드는 방법을 생각해보자. 바깥은 매우 추워도 실내 온도를 21-22도로 일정하게 유지하는 온도 조절장치를 설계한다고 가정해보자. 그러려면 다음과 같은 규칙을 적용해야 한다.

규칙 1. 온도가 21도 미만이면 난방을 켠다.
규칙 2. 온도가 22도 이상이면 난방을 끈다.

난방기가 구식이든 최신이든 난방기 뇌의 기초를 구성하는 규칙은 이런 식이다.

이런 조건 명령은 기초적인 생성 규칙 시스템을 형성한다. 규칙이 많을수록 더 복잡한 과제를 수행할 수 있다. 학교에서 어린이들에게 뺄셈을 가르치려면 여러 규칙이 필요하다. 예를 들면 "뺄셈 아래 숫자가 위 숫자보다 크면 위 숫자의 왼쪽 숫자에서 1을 빌려와야 한다"와 같은 규칙 말이다. 복잡한 응용에는 수천 가지의 규칙이 필요할 수도 있다. 컴퓨터 과학자들이 "전문 시스템"이라고 부르는 프로그램을 구성할 때도 생성 규칙이 필요하다. 전문 시스템은 의학적 진단이나 담보대출 심사처럼 구체적인 분야에서 인간의 의사결정을 모방한 프로그램이다. 이런 분야에서는 생성 규칙 접근법이 (제한적이지만) 성공을 거두었다. 하지만 생성 규칙이 인간 사고를 설명하는 적절한 모형이라고 입증된 것은 아니다.

뉴얼과 사이먼이 실패한 근본적인 이유는 인간의 삶이 복잡다단하기 때문이다. 대장균처럼 단순한 유기체는 반사 규칙에 따라 살 수 있지만 더 복잡한 생물은 그럴 수 없다.

오염되거나 독성이 있는 음식을 피하는 단순한 작업에 연관된 규칙을 생각해보자. 상한 음식은 냄새로 금방 구분할 수 있는데, 이런 "나쁜" 냄새에도 수많은 종류가 있다. 겉보기에 이상하거나 맛 또는 느낌이 좋지 않아도 금방 알아챌 수 있다. 이상한 외관이나 맛, 느낌도 여러 가지이다. 상한 우유의 외관과 냄새는 곰팡이 핀 빵의 외관과 냄새와는 상당히 다르다. 지표의 강도도 중요하다. 다른 음식이 없거나 구하기 어렵다면 약간 미심쩍지만 냄새는 괜찮은 음식을 먹고 싶을 수도 있다. 반대로 냄새는 괜찮아도 수상해 보이는 음식은 피하고 싶을 것이다. 하지만 너무 굶어서 영양분이 부족하다면 외관이 이상해 보여도 먹을 것이다. 모든 상황에서 경직되고 융통성 없고 적용 범위가 좁은 규칙만으로 반응한다면, 뇌가 마비될 것이다. 따라서 다른 접근법이 필요하다.

감정은 생성 규칙과 다른 접근법을 제공한다. 반사 체계에 따르면 어떤 계기(우유에서 약간 시큼한 냄새가 나지만 며칠 동안 아무것도 먹지 못했고 다른 음식이나 물도 없는 경우)는 자동 반응(그 우유를 마신다)을 일으킨다. 하지만 감정은 다르게 작동한다. 감정의 계기는 좀더 일반적(음료의 외관이나 냄새가 이상하다)이고, 이 계기는 직접 행동을 일으키지 않고 어떤 감정(약간 울렁거린다)을 유발한다. 그러면 뇌는 다른 요인(며칠 동안 아무것도 먹지 못했고 다른 음식이나 물도 없다)과 이 감정을 함께 고려하여 반응을 **계산한다**. 이렇게 하면 수많은 고정된 계기-반응 규칙 쌍이 필요 없고 훨씬 유연하게 대처할 수 있다. 또 아무 반응도 하지 않는 것을 포함해 다양한 반응을 깊이 고려한 다음 결정을 내릴 수 있다.

뇌는 여러 가지 요인들을 고려하여 감정에 대한 반응을 결정한다. 앞에서 설명한 사례에서 뇌는 배고픔의 정도, 다른 음식을 찾아야 하는 상황에 대한 거부감 같은 여러 요인들을 고려한다. 이성적인 마음이 끼어드는 것은 바로 이 지점이다. 일단 감정이 유발되면 이 감정적 요인에 더해 사실, 목표, 추론에 기반한 마음속 계산을 바탕으로 행동이 일어난다. 복잡한 상황이라면 감정과 이성이 힘을 합쳐 더 효과적으로 실행 가능한 해결책을 얻을 방법을 알려준다.

고등동물에서 감정은 다른 중요한 역할도 한다. 감정은 사건에 대한 반응이 일어나는 시간을 **지연시킨다**. 시간을 벌면 이성적으로 생각해서 본능적 반응을 전략적으로 누그러뜨리거나 더 적절한 순간을 기다리며 반응을 늦출 수도 있다. 몸에 영양분이 필요하다고 가정해보자. 도리토스 과자 한 봉지가 있다. 반사 반응을 따른다면 무심코 과자를 먹을 것이다. 하지만 진화는 이 과정에 한 단계를 끼워넣었다. 그래서 우리는 몸에 영양분이 필요하다고 해서 눈에 들어오는 아무 음식이나 무심코 집어먹지 않는다. 그 대신 배고픔이라는 감정을 느낀다.* 감정이 음식을 먹게 만들지만 자동 반응은 아니다. 우리는 상황을 고려한 다음 도리토스를 먹지 않고 저녁 식사로 베이컨 치즈 버거를 먹을 배를 남겨둔다.

케이블 회사에 서비스 문제로 전화를 걸었는데 담당자가 너무 비협

---

* 오늘날 연구에서는 배고픔을 갈증이나 고통처럼 항상성 감정 혹은 원초적 감정이라고 부른다.

조적인 상황을 가정해보자. 반사적으로만 행동한다면 벌컥 화를 내며 "멍청이, 지옥으로 꺼져버려"라고 폭언을 퍼부을 것이다. 하지만 그 대신 우리는 담당자의 행동에 분노나 불만 같은 감정을 느낀다. 감정은 상황을 다루는 방식에 영향을 주지만 이성적 자아가 들어올 여지도 준다. 그래서 우리는 폭언을 퍼부을 수도 있지만 곧바로 그렇게 하지는 않는다. 그 대신에 그런 충동을 무시하고 심호흡을 한 다음 이렇게 말한다. "그쪽 정책은 이해하지만, 왜 이 경우에는 해당되지 않는지 말해보죠."

감정은 다른 동물, 특히 영장류에서도 마찬가지로 작동한다. 생태학자 프란스 드 발의 책 『정치하는 원숭이 *Chimpanzee Politics*』를 떠올려보자. 침팬지가 본다면 이 책은 상당히 낯부끄러울 것이다. 드 발은 이 책에서 흥분한 젊은 수컷 침팬지도 암컷과 함께 일단 기다렸다가 자신을 공격할지도 모를 힘센 수컷의 눈을 피해 짝짓기를 한다고 설명한다.[8] 한편 우두머리 수컷은 무리 사이를 돌아다니다가 젊은 수컷의 대담한 도전을 보아도 못 본 체 넘겼다가 다음 날 기회를 보아 공격한다. 젊은 암컷에게 새끼를 뺏긴 암컷은 새끼가 다치지 않도록 되찾아올 기회를 노리며 계속 젊은 암컷을 따라다닌다.

캘리포니아 공과대학 교수이자 미국 과학 아카데미 회원인 데이비드 앤더슨은 다음과 같이 말한다. "반사 행동의 관점에서는 특정 자극이 특정 반응을 일으키고, 즉시 행동을 유발한다. 딱 하나의 자극이 딱 하나의 반응만 일으킨다면 이런 방식도 괜찮다. 하지만 유기체는 진화하며 더 많은 유연성이 필요해졌고, 감정의 주요소가 진화하여 이 유연성을 제공했다."[9]

초파리가 운다고?

앤더슨은 인간뿐만 아니라 원시적인 유기체에서 감정이 하는 역할에도 관심이 있었다. 1970년대 학부 시절 앤더슨은 첫 연구 과제로 가리비와 불가사리가 싸울 때에 작용하는 분자 신호를 연구했다.[10] 그는 이 연구가 감정을 이해하는 데에 핵심이라고 믿었다. 그는 생물학적 정보처리자(유기체)에서 감정 능력이 왜 진화했는지, 감정이 정보처리 과정("사고")에 어떤 영향을 미치는지 설명하고자 했다.

개나 고양이에게 감정이 있다고 생각하는 사람은 많지만, 더 단순한 동물은 어떨까? 앤더슨은 이렇게 말했다. "내 작업을 이야기하면 미쳤다고 할걸요." 그는 이렇게 말하며 내 의견을 묻는 듯이 눈썹을 찡긋했다. 나는 그가 미쳤다고는 생각하지 않았지만, 그의 작업이 약간 미친 짓 같기는 했다. 앤더슨이 연구한 것이 초파리의 감정이기 때문이다.

나는 와인 잔에 첨벙 뛰어들기 좋아하는 작은 생물을 연구해서 인간의 감정을 알 수 있는지 물었다. 앤더슨은 빙그레 웃으며 "초파리도 사람처럼 와인을 좋아해요. 기꺼이 목숨을 바치기도 하죠"라고 대답했다. 대화는 바 이야기로 흘러갔다. 나는 최근 늦은 밤 맨해튼 거리를 걷다가 음악에 홀려 어떤 바에 들어간 경험을 이야기했다. 바에 들어가니 대학생 정도의 손님들로 가득 차 있어 깜짝 놀랐다. 게다가 밖으로 신나게 들리던 음악 소리는 안에 들어가자 너무 커서 **불쾌**할 정도였다. 나는 거구의 경비원에게 말했다. "귀가 나빠지겠어요." 경비원은 코웃음 치며 이렇게 말했다. "당신 나이에 귀가 나빠지려면 벌써 나빠지지 않았겠수?"

나는 자리를 떴고, 나중에 아들 니콜라이에게 그 일을 말했다. 아들은 흔한 일이라고 대답했다. 친구 한둘과 같이 바에 가서 술 한 잔을 시키고 두리번거리며 이야기를 한다. 목표물이 정해지면 다가가서 말을 건다. 몇 마디 말을 나누다가 느낌이 좋으면 무대로 올라가 춤을 추며 몸을 과시한다. 일이 잘 풀리면 같이 나가서 짝짓기한다 (아들은 다른 표현을 썼다). 일이 잘 풀리지 않을 때도 있다. 이미 다른 짝이 있을 때도 있다. "그러면 어떻게 하는데?" 나는 물었다. 아들은 이렇게 대답했다. "단념하고 술이나 한 잔 더 하는 거죠, 뭐."

욕망이나 사랑 같은 인간의 감정에서 발생한 이런 구체적인 절차는 옛것과 새것이 뒤섞이며 발전했다. 나는 앤더슨에게 물었다. "초파리를 연구하면 진짜 이런 인간의 복잡한 욕망을 이해할 수 있을까요?" 그의 손아귀에 걸려든 것이 분명했다. 알고 보니 초파리는 내 아들 니콜라이와 그 친구들의 짝짓기 절차와 매우 비슷한 절차를 따르는 것으로 밝혀졌다.

수컷 초파리는 암컷에게 접근하며 짝짓기 절차를 시작한다. 물론 유혹하는 말 따위는 없다. 그 대신에 앞다리로 암컷을 톡톡 친다. 음악도 있다. 수컷은 날개를 떨어 소리를 낸다.[11] 접근을 받아들인다는 표시로 암컷이 가만히 있으면 수컷은 한 발 더 나아간다. 하지만 암컷 초파리가 모두 수컷을 받아들이지는 않는다. 암컷에게 이미 남자 친구가 있다면, 즉 다른 수컷과 짝짓기를 했다면 접근을 거부하고 날개나 다리로 수컷을 때리거나 도망간다. 자, 여기가 핵심이다. 앞에서 말했듯이, 우리처럼 술을 좋아하는 초파리는 암컷에게 접근하다가 차이면 니콜라이처럼 술독에 빠진다.[12]

그러므로 니콜라이와 초파리는 공통점이 많다. 하지만 니콜라이처럼 초파리도 감정에 이끌릴까? 아니면 짝짓기 행동을 암호화하는 고정된 스크립트에 따라 반사적으로 행동할까? 어떤 실험을 해야 어느 쪽이 옳은지 검증할 수 있을까? 앤더슨의 목표는 모든 동물이 감정을 나타낸다거나 반사적 행동을 하지 않는다는 사실을 밝히려는 것이 아니었다(앞에서도 말했듯이, 인간도 때때로 반사적 행동을 한다). 앤더슨은 "하등"동물에서도 감정이 중요한 역할을 하는지에 관심이 있었다.

그러나 이는 어려운 질문이다. 감정 과학자조차 "감정"의 정의에 합의하지 못했기 때문이다. 심지어 어떤 연구자들은 감정 연구자들이 사용하는 감정의 정의들만 모아 범주화한 논문을 쓰기도 했다.[13] 이들이 모은 감정의 정의는 무려 92가지나 되었다. 앤더슨은 캘리포니아 공과대학교의 랠프 아돌프스와 함께 동물 세계 전반에서 보이는 감정 특성을 현대적으로 정의하는 연구를 시작했다. 다윈의 선구적인 작업을 개선한 연구라고 볼 수 있다. 두 사람은 감정에서 가장 두드러진 정의적 특성인 유의성, 지속성, 일반화 가능성, 확장 가능성, 자동성 등 다섯 가지를 확인했다.

감정 상태의 다섯 가지 특성

아프리카 초원을 걷고 있는 옛 조상을 상상해보자. 뱀 소리를 들으면 방향을 틀어 다른 길로 간다. 하지만 생존이 반사 반응으로만 이루어진다면, 그 사람은 뱀 한 마리가 있으면 다른 뱀을 만날 가능성도 크다는 사실을 고려하지 않고 그대로 가던 길을 갈 것이다.

감정 덕분에 초파리나 벌 같은 동물은 물론이고 우리의 반응도 더욱 정교해질 수 있었다. 하이킹할 때 뱀 소리를 들었다면 재빨리 그 길에서 벗어나도 한동안은 심장이 계속 두근거릴 것이다. 덤불에서 쥐가 바스락거리기만 해도 놀라서 펄쩍 뛸지도 모른다. 이것이 앤더슨과 아돌프스가 발견한 감정의 첫 두 가지 특성인 유의성valence과 지속성persistence이다.

감정에는 어떤 가치가 있다. 감정은 긍정적이거나 부정적이며, 다가거나 피하게 하고, 좋거나 좋지 않은 느낌을 준다. 뱀 소리가 나면 도망간다. 이것이 피함, 즉 부정적 유의성이다. 도망친 뒤에도 공포라는 반응이 금방 사라지지 않는다는 점은 지속성이다. 이 감정은 계속 남아서 극도의 경계 상태를 유지한다. 쥐를 뱀으로 착각하는 것은 부정적인 영향이 적지만, 다른 뱀이 숨어 있는데 너무 늦게 반응한다면 치명적이므로, 감정의 지속성은 조상이 환경의 위험을 감지하고 피하는 데에 유용했다. 지속성의 현대적인 사례는 내 친구 준의 이야기에서 볼 수 있다. 준은 컴퓨터 오류와 씨름하느라 인터넷으로 한 시간을 허비했다. 문제가 해결된 직후 준의 열 살 난 아이가 방 안에서 농구공을 가지고 놀다가 꽃병을 쓰러뜨려 깨뜨렸다. 부정적인 감정이 채 사그라지지 않은 탓에 준은 가볍게 혼내면 될 일임에도 크게 소리를 지르고 말았다.

앤더슨과 아돌프스가 발견한 세 번째 두드러진 감정 특성은 **일반화 가능성**generalizability이다. 반사 반응에서 특정 자극은 특정 반응을 유발한다. 감정 상태가 일반화될 수 있다는 말은 다양한 자극이 동일한 반응을 유발할 수 있고, 반대로 동일한 자극에도 상황에 따라서 다른 반응을 보일 수 있다는 뜻이다.

원시적인 실험용 해파리를 찌르면 항상 쭈그러들어 수조 바닥에 가라앉는다. 이것이 반사 행동이다. 해파리는 반응하기 전에 누가 찌르는지, 왜 그러는지, 지금이 바닥에 가라앉아야 할 때인지 생각하지 않는다. 하지만 인간은 상사에게 부당하게 혼나면 여러 방식으로 반응한다. 피하거나 "반발하기도" 한다. 사람은 계기가 되는 사건에 자동으로 반응하지 않고, 뇌에서 여러 요소들을 고려하여 반응들을 따져본 다음 반응한다. 내가 최근에 일을 잘했는지, 오늘 상사의 기분은 어떤지, 요즘 상사와의 관계는 어떠했는지 생각해본다.

확장 가능성scalability은 감정 상태와 단순한 반사 행동을 구별하는 네 번째 특성이다. 반사 반응에 따르면, 어떤 자극은 고정된 반응을 보이지만, 감정 상태와 그에 따른 반응의 강도는 달라질 수 있다.

인생 전반에서 일어나는 일이나 그 순간의 상황에 따라서 같은 사건이라도 당신을 조금 시무룩하고 약간 우울하게 만들 수도 있고, 심각한 우울함에 빠져 통곡하게 할 수도 있다. 감정 상태는 관련된 여러 요인들을 고려하여 동일한 자극에도 다양한 강도의 반응을 보이게 한다. 혼자 있을 때 아래층에서 이상한 소리가 나는데 지금이 정오라면 조금 무서울 뿐이겠지만, 만약 자정이라면 매우 두려울 것이다. 세상에 대한 기존 지식을 바탕으로 서로 다른 반응이 일어난다는 사실은 감정의 유용한 특징이다(이 경우에는 도둑이 들 가능성이 언제 가장 높은지에 대한 지식이다). 이런 감정의 특징은 반사 과정이라는 획일적인 접근방식이 아닌 감정의 확장 가능성 덕분이다.

마지막으로 앤더슨과 아돌프스는 감정에 **자동성**automatic이 있다고 주장한다. 그렇다고 감정을 통제할 수 없다는 의미는 아니다. 감정도 반사처럼 의도나 노력 없이 일어난다는 뜻이다. 하지만 감정이 자연스럽게 발생해도 반사와 달리 자동 반응을 일으키지는 않는다.

줄을 서 있는데 누군가가 끼어든다면 자연히 화가 날 것이다. 하지만 당신은 문제를 일으키고 싶지 않으므로(또는 그 사람이 당신보다 체구가 크므로) 분노를 드러내지 않으려고 애쓴다. 내장 요리를 싫어하는데 파티에서 먹던 음식이 내장 요리라는 사실을 깨달았다면 자연히 구역질이 나겠지만, 주인의 심기를 거스르지 않도록 뱉어내지 않으려고 애쓸 것이다. 성인은 감정을 잘 제어하지만 아이들은 통제력이 떨어진다. 제어 능력은 뇌의 성숙과 관련이 있기 때문이다. 먹기 싫다고 뱉어내지 않도록 가르치는 데에 시간이 걸리는 이유이다.

실험실에서 감정 실험하기

앤더슨과 아돌프스의 감정 특성 분석의 이점 중 하나는 그들이 파악한 감정 특성을 원시 동물에서도 실험할 수 있다는 것이다. 초파리를 다시 떠올려보자. 앤더슨과 동료들은 여러 독창적인 실험들을 통해서 초파리가 다양한 상황에서 그저 반사적으로 반응하지 않고 유의성, 지속성, 일반화 가능성, 확장 가능성, 자동성이라는 특징을 지닌 감정 상태를 기반으로 반응한다는 사실을 밝혀냈다.

초파리는 어두운 그림자가 갑자기 나타나거나 바람이 훅 부는 특정 사건에 깜짝 놀란다. 근처에 포식자가 있을지도 모른다는 사실을 나타내기 때문이다. 초파리가 놀라는 것은 그저 반사적인 행동일까, 아니면 정말 두려움을 느껴서일까? 과학자들은 이를 조사하기 위해서 초파리가 먹이를 먹는 동안 깜짝 놀라게 했다. 과학자들은 초파리에게 중요한 선택지를 제시했다. 초파리가 깜짝 놀라 날아갔는데 포식자가 없다면, 시간과 힘만 낭비한 것이므로 나중에 다시 돌아와 소모한 에너지를 보충해야 한다. 하지만 도망가지 않았는데 포식자가 있다면 초파리는 잡아먹힌다.

처음에 그림자가 나타나자 초파리는 먹이에서 떨어져 도망갔다가 몇 초 후에 돌아왔다. 하지만 다시 그림자가 나타나면 초파리의 반응은 달라진다. 이번에도 도망가기는 하지만 좀더 오래 있다가 돌아온다. 그림자라는 같은 계기에 다르게 반응했으므로, 초파리의 행동을 단순한 반사 반응으로 볼 수는 없다.

게다가 초파리의 반응은 그림자를 피하려고 한 것이므로 분명 유의성을 나타낸다. 지속성과 확장 가능성도 보여주었다. 첫 번째 사건은 초파리를 두려움을 느끼는 상황에 빠뜨렸고, 이 두려움이 지속되었다가 두 번째 사건으로 인해서 확장되었다.

초파리의 미묘한 감정 기반 반응은 단순한 반사 행동보다 효과적이고 효율적이다. 반사 행동만으로도 그림자가 나타나면 도망가고 일정 시간 기다릴 수 있지만, 그림자가 다시 나타난 점으로 미루어 위험 가능성이 늘었다고 생각할 수는 없기 때문이다.

성적 파트너에게 거부당한 뒤 술독에 빠지는 초파리도 이 감정(좌절)이 지속되면 여러 실험에서 보상으로 작용한다고 밝혀진 술을 마심으로써 부정적인 감정을 제자리로 돌리려고 했다(초파리는 술에 접근하려고 과제를 수행했다).[14] 각각의 초파리가 나타내는 감정 특성의 정도는 사람처럼 개체마다 다르다. 감성지능 연구에서 알 수 있듯이, 감정 상태의 작용 기전을 깨닫는 일은 성공적인 삶에서 중요하다. 동기를 부여하고, 충동을 제어하고, 감정을 조절하며, 다른 사람에게 적절히 반응하는 데에 도움이 되기 때문이다.

인간의 뇌에는 약 1,000억 개의 뉴런이 있지만 초파리의 뇌에는 10만 개의 뉴런(그중 절반은 시각계에 있다)이 있다. 뉴런의 수는 인간의 100만분의 1에 불과하지만 초파리는 놀라운 공기역학적 움직임을 수행할 수 있다. 초파리는 걸을 수 있고, 배울 수 있고, 구애 절차를 수행하고, 무엇보다 두려움과 공격성을 보인다. 동물의 정보처리에서 감정이 필수적인 역할을 한다는 의미이다.

인간의 감정적 마음은 초파리보다 훨씬 나중인 약 4,000만 년 전에 생겼다. 하지만 인간의 진화는 인간이 마을이나 도시에 정착하기 훨씬 전에 일어났다. 즉 우리의 감정은 뇌가 반응을 계산하는 데에 도움이 되도록 진화했지만, 수십만 년 전에는 유용했을 감정 특성이 문명화된 현대인에게는 부적절한 행동을 유발할 수도 있다는 뜻이다. 감정의 일반성은 포식자를 피하는 데에는 적합한 반응을 보이지만 도로에서 끼어드는 운전자에게는 적합한 반응을 보이지 못하게한다. 확장성은 반응의 강도를 높이지만, 때로는 "이성을 잃고 과하게 반응하게" 만들 수도 있다. 지속성은 온종일 극도의 경계 상태에놓이게 할 수 있고, 그 사건을 잊은 지 한참 후에도 다른 사건에 과민반응하게 만든다.

어린 시절에 나는 「내셔널 지오그래픽*National Geographic*」 프로그램에서 과학자들이 동물을 연구하는 과정을 본 적이 있다. 섹스를 하기도 전에 사마귀 한 쌍이 교미하는 광경을 자세히 보게 된 것이다. 짝짓기하는 동안 암컷은 수컷의 머리를 물어뜯었다. 사춘기 전의 아이가 보기에는 너무 과한 정보였다. 나는 숨겨진 의미가 있는지 궁금했다. 하지만 사실 당시에는 인간의 성은 물론이고 감정도 거의 연구되지 않았다. 인간보다 동물의 행동 연구가 훨씬 많아 보일 정도였다. 당시에는 심리학자조차 감정을 모두 피해야 한다고 여겼다. 모성애조차 피해야 할 감정이었다. 심지어 한 육아서에는 이렇게 적혀 있기도 했다. "자연은 지혜롭게도 어머니에게 자녀의 모든 부분을 포용하는 사랑을 주었지만, 이성적으로 그 애정을 조절할 수 있도록 해주었으면 더 좋았을 것이다."[15]

정서 신경과학은 감정이 인간에게 주어진 고마운 선물이라는 교훈을 준다. 감정은 환경을 효율적으로 재빨리 파악해서 필요에 따라 반응할 수 있도록 돕는다. 감정은 이성적인 생각을 도와 더 나은 결정을 내리도록 한다. 다른 사람과 이어지고 소통하는 데에도 도움이 된다. 감정의 목적과 기능을 이해한다고 해서 삶을 더 풍요롭게 만드는 감정의 역할이 줄어들지는 않는다. 감정을 통해서 우리는 인간이 된다는 것이 무엇인지 더 잘 이해하게 된다.

3

몸과 마음의 관계

사이먼은 폴란드 쳉스토호바 반나치 지하 조직의 지도자 중 한 사람이었다. 유대인 게토는 벽과 울타리로 둘러싸여 차단되어 있었고, 이곳에 사는 그들의 앞날도 가로막혔다. 그래도 그들은 최선을 다해서 저항했다.

어둠이 도시를 뒤덮으면 이들 중 몇몇은 몰래 게토를 빠져나와 물품을 조달하고 방해 공작을 펼치거나 필요한 것을 훔쳤다. 어느 날 밤 사이먼과 동료 세 명은 고요하고 외딴 지역을 둘러싼 철조망을 향해 기어갔다. 흙을 파서 철조망 바닥을 들어올린 다음, 철조망 아래로 기어 반대편으로 건너갔다. 사이먼은 동료들이 먼저 지나가도록 울타리를 팽팽하게 잡았다. 다음이 사이먼 차례였다.

100미터쯤 떨어진 곳에는 소형 트럭 한 대가 기다리고 있었다. 독일군에게 돈을 찔러주며 그날 밤 목적지까지 태워달라고 부탁해놓았던 것이다. 동료들이 트럭을 향해 기어가는 동안 사이먼은 그들과 합류하기 위해서 울타리 아래로 기어 들어갔다. 그때 옷이 날카로운 철조망 끝에 걸렸다. 어떻게든 옷을 풀었을 즈음 동료들은 트럭에 타고 있었고, 초조해진 운전사는 이미 시동을 건 참이었다.

사이먼은 선택을 해야 했고 시간이 없었다. 트럭 쪽으로 뛰어간다면 아마 트럭을 따라잡을 수 있을 것이었다. 하지만 그렇게 하면 독일군의 주의를 끌어 모두 사살될지도 몰랐다. 동료들만 출발하도록 그냥 둔다면 계획보다 한 명 적은 인원으로 임무를 수행해야 하므로 역시 위험한 상황이었다. 어떤 상황도 선뜻 내키지 않았다. 하지만 트럭이 나아가기 시작하자, 사이먼은 머뭇거리는 자신의 행동이 뒤에 남으려는 결정과 마찬가지라는 사실을 깨달았다. 그는 득실을 재빨리 따져본 다음 트럭 쪽으로 뛰어가기로 했다.

막 걸음을 떼려던 사이먼은 갑자기 멈췄다. 왜 멈췄는지는 알 수 없었다. 두려워서 그런 것은 아니었다고 사이먼은 내게 말해주었다. 비슷한 임무를 수도 없이 겪었다. 위험은 일상이었고, 혼란이 계속되면서 이런 임무는 아무것도 아닌 일이 되었다. 하지만 몸이 무엇인가에 반응했다. 독일군 치하에서 그들은 짐승처럼 살았다. 동물적 자아가 살아난 것일까? 의식적으로 자각하지 못할 정도로 미묘하고 미심쩍은 상황을 눈과 귀가 간파한 것일까? 사이먼은 자신의 몸이 무엇을 말해주는지 결코 깨닫지 못했지만, 결국 가만히 있으려는 충동에 따라 행동했다. 사이먼은 무릎을 꿇고 길을 따라 멀어지는 트럭을 지켜보았다.

트럭은 멀리 가지 못했다. 히틀러의 대량 학살을 수행하는 준군사 조직인 SS 친위대를 가득 태운 차가 난데없이 나타나 트럭을 추격했다. SS 장교가 트럭을 가로막더니 트럭에 탄 사람들을 총으로 쏘았다. 사이먼이 원시적 본능에 따라 반응하지 않았다면 동료들과 마찬가지로 죽었을 것이다. 그리고 그런 일이 일어났다면 나는 이 책을 쓰지 못했을 것이다. 10여 년 후 사이먼은 전쟁 난민으로 시카고에 와서 둘째 아들인 나를 낳았다.

수십 년도 더 된 사건이지만, 아버지는 이 이야기를 할 때면 감정이 격해지셨다. 아버지는 거의 죽을 뻔했다고 말하며 자신만 살아남았다는 사실을 정당화하려고 애썼다. 두렵지는 않았다고 했다. 하지만 아버지는 망설였다. 무엇이 아버지를 구했을까? 비슷한 상황에서 항상 앞으로 나아갔던 아버지는 왜 그 상황에서는 뒤에 남기로 했을까? 상황을 보고 내린 의식적 결정 때문은 아니었다. 그런 상황은 일상이었다. 이성적인 마음은 트럭을 따라가 동료들과 합류하라고 재촉했다. 하지만 몸은 무엇인가가 다르다는 것을 간파하고 아버지를 잡아끌었다.

어려운 도전이나 퍼즐, 문제에 사로잡혀 있다가 조깅이나 샤워처럼 상관없는 행동을 할 때 갑자기 답이 떠오른 적이 있다면 당신이 깨닫지도 못하는 사이에 무의식적 마음이 "뒤에서" 정보를 처리했다는 사실을 경험한 것이다. 몸이 극도의 경계 상태에 놓이면 무의식적 마음은 안전을 유지하기 위해서 비슷한 방식으로 문제를 해결한다. 무의식적 뇌는 신체 상태와 주변의 위협을 예민하게 인식하여 생존이 위협받는지, 그렇다면 어떻게 대처해야 할지를 계산한다. 마음, 몸, 감각의 상호작용에서 나온 직관이나 충동은 자기보존을 목표로 작동한다.

아버지가 동료들과 합류하려는 의식적 의지를 무시하게 된 것은 이런 이유 때문이다. 현재 놓인 상황과 목표 사이에서 의식적 마음이 고심하는 동안, 무의식은 의식이 파악하지 못한 환경이나 몸 상태에서 온 미묘한 단서 같은 부가 정보를 분석했다. 위험을 감지하는 원초적인 인식은 몸 상태와 환경에서 오는 위협을 감시하는, 뇌에 내장된 일종의 감지기에서 온다. 심리학자인 제임스 러셀은 이 감지 체계를 "핵심 정서"라는 용어로 설명했다.

핵심 정서

핵심 정서core affect는 신체의 생존력을 나타내는 일종의 온도계라고 볼 수 있다. 핵심 정서는 신체의 데이터, 외부 사건에서 오는 정보, 세상의 상태를 반영한 생각을 바탕으로 일반적인 건강 상태를 나타내는 감각을 읽어낸다. 핵심 정서는 감정과 마찬가지로 일종의 정신 상태이다. 그것은 감정보다 원시적이며 진화상 감정보다 훨씬 먼저 나타났다. 하지만 핵심 정서는 감정과 몸 상태를 연관 지어 감정 발달에 영향을 미친다. 핵심 정서와 감정의 연관성은 아직 구체적으로 밝혀지지 않았지만, 과학자들은 핵심 정서가 감정을 구성하는 가장 중요한 요인이자 구성 요소라고 생각한다.

감정은 앤더슨과 아돌프스가 열거한 다섯 가지 주요 특성을 보이며, 슬픔, 행복, 분노, 두려움, 혐오, 자부심 같은 여러 형태를 취하지만, 핵심 정서에는 단 두 가지 측면뿐이다. 하나는 긍정적 또는 부정적으로 건강 상태를 설명하는 유의성이고, 다른 하나는 긍정적이거나 부정적이라는 유의성이 얼마나 강한지를 나타내는 각성이다. 긍정적인 핵심 정서는 몸이 잘 지내고 있다는 의미이며, 부정적인 핵심 정서는 몸이 잘 지내지 못한다는 경보이다. 각성이 높으면 시끄럽고 긴급한 경보가 울려 무시하기가 어려워진다.

이론적으로 핵심 정서는 주로 신체 내부의 상태를 반영하지만 주변 환경의 영향도 받는다. 예술 작품이나 오락거리, 영화 속 웃긴 장면이나 비극적인 장면에도 반응한다. 각성이나 진정, 쾌감을 주는 약물이나 화학물질에도 직접 영향을 받는다. 사실 많은 사람들이 핵심 정서를 바꾼다는 특성 때문에 약물을 복용한다. 각성제는 각성을 늘리고 진정제는 각성을 줄이며, 술이나 엑스터시 같은 약물은 긍정적인 감정을 유도한다.

핵심 정서는 체온처럼 항상 존재하지만 누군가가 안부를 묻거나 스스로 주의를 기울여 집중할 때만 의식적으로 인식할 수 있다. 핵심 정서는 시시각각 눈에 띄게 변하기도 하지만 장기적으로는 일정해 보인다. 심리학자들은 의식적 경험인 핵심 정서의 유의성을 특정 순간에 느끼는 유쾌함이나 불쾌함의 정도라고 설명한다. 건강하게 하루를 잘 보내고 잘 먹어서 즐겁거나, 감기에 걸리고 배고파서 비참한 느낌이 드는 것이 유의성이다.

의식적 경험인 각성은 우리가 느끼는 활력의 정도이다. 신나는 음악을 듣거나 정치 시위에 참여할 때는 활력이 넘치고, 지루한 강의를 듣고 있을 때는 졸리고 무기력하다(내 강의를 듣는 학생들은 절대 이런 상태는 아니겠지만 말이다).

핵심 정서라는 정보는 신체로 입력되어 우리가 처한 환경, 상황의 맥락, 배경지식과 결합하여 감정을 일으킨다. 핵심 정서는 특정 상황에서 생기는 감정, 또는 나의 아버지가 동료들을 따라가지 않고 뒤에 남기로 했듯이 흔히 직관적인 감정이 내리는 결정에 영향을 미치는 일종의 기저 상태이다. 따라서 핵심 정서는 생각, 감정, 결정과 몸 상태를 잇는 몸과 마음의 중요한 연결 고리이다.

1만 달러짜리 복권에 당첨되면 한동안 행복한 기분이 든다. 핵심 정서는 긍정적 유의성과 어느 정도의 각성을 유발한다. 돈이 많으면 생존에 유리하기 때문이다. 하지만 핵심 정서는 경제적 부유함보다는 신체적 건강과 연관이 있으므로, 그런 좋은 소식을 들어도 점심을 굶어 배가 고프다면 유의성은 점점 부정적으로 바뀌고 피곤해지며 각성의 정도도 줄어든다. 문틀에 머리를 찧으면 금방 괜찮아지더라도 핵심 정서는 바닥으로 추락한다.

핵심 정서가 어떻게 작용하는지, 몸과 마음의 관계가 왜 중요한지를 이해하는 데에는 1940년대에 생명을 엔트로피 법칙에 대항하는 싸움으로 정의한 노벨 물리학상 수상자 에르빈 슈뢰딩거의 글이 도움이 된다.

엔트로피 법칙은 자연에서 물리적 계system가 점점 무질서해지는 경향을 나타낸다. 물잔에 잉크 한 방울을 떨어뜨리면 잉크는 물방울 형태를 유지하지 않고 금방 풀어져 물잔 전체에 퍼진다. 질서 정연한 자연 속 사물은 결국 비슷한 운명을 겪는다. 하지만 엔트로피 또는 무질서가 증가하는 경향은 닫힌 계에서만 작용한다. 닫힌 계의 사물은 주변과 상호작용할 필요가 없다. 생명체는 닫힌 계이다. 생명체는 양분과 햇빛을 흡수하면서 부분적으로 주변과 상호작용하며 엔트로피 법칙을 극복한다. 지면에 노출된 소금 결정은 결국 부서지거나 빗물에 녹지만, 생물은 파괴되지 않기 위해서 행동한다. 슈뢰딩거는 이것이 생명을 정의하는 속성이라고 주장했다. 즉 생명은 엔트로피를 늘리려는 자연의 경향에 능동적으로 맞서는 물질이다.

생명을 유지하려는 싸움은 여러 수준에서 진행된다. 생명의 "원자"는 우리 몸을 구성하는 세포이며, 각 세포는 엔트로피 증가를 피하려고 애쓴다. 하지만 이 싸움에서 세포가 이룬 성공은 영원하지 않다. 너무 덥거나 춥거나, 좋지 않은 화학물질을 만나면 세포는 붕괴하고 소멸하여 생명의 짧은 연속성이 중단되거나 성서의 말씀처럼, 흙에서 난 몸이니 흙으로, 먼지이니 먼지로 돌아간다.

다세포 유기체가 무질서와 벌이는 싸움의 규모는 더 크다. 동물의 뇌와 신경계는 장기와 신체적 작용을 조절하고 특정 한계 이내로 기능을 유지하여 신체가 원활히 협업함으로써 생명을 유지하도록 한다. "동일한"이나 "안정된"을 뜻하는 그리스어에서 온 "항상성 homeostasis"이라는 용어는 유기체나 개별 세포가 위협적인 환경 변화를 만나도 내적 질서를 안정적으로 유지하는 능력을 뜻한다. 이 용어는 1932년 의사 월터 캐넌이 쓴 『인체의 지혜*The Wisdom of the Body*』를 통해서 널리 알려졌다. 이 책에서 그는 인체가 어떻게 체온을 유지하고 수분, 염분, 당, 단백질, 지방, 칼슘, 혈중 산소량 등의 필수 조건을 적당한 범위로 유지하는지 상세히 논했다.[1]

항상성을 위협하는 조건에 맞서 싸우려면 신체를 계속 관찰하고 조정해야 한다. 미시적 관점에서 세포는 내부 상태와 외부 조건을 감지하고 오랜 시간에 걸쳐 진화해온 특정 프로그램에 따라 반응한다. 다세포 유기체가 진화하는 동안에도 각 세포는 이런 과정을 유지했지만, 핵심 정서 같은 고차원 메커니즘도 개발했다.

이런 맥락에서 핵심 정서라는 고등동물의 신경 상태는 항상성을 위협하는 주변 상황을 감시하는 보초병인 동시에 유기체가 적절하게 반응하도록 돕는다.[2] 앞에서 말했듯이 핵심 정서에는 유의성과 각성이라는 두 가지 측면만 있으므로, 우리가 전통적으로 감정이라고 여기는 미묘한 상태와는 다르다. 게다가 두려움 같은 감정적 경험은 여러 뇌 영역이 만나는 네트워크에서 발생하지만, 핵심 정서는 뇌의 두 영역에서만 일어난다.

유쾌함이나 불쾌함, 긍정이나 부정, 좋음이나 나쁨(또는 그 사이 어딘가)에 해당하는 유의성은 "다 괜찮아 보여" 또는 "뭔가 잘못됐어"와 같은 메시지를 준다. 유의성은 우리 눈의 눈구멍 바로 위에 있는 전전두 피질의 일부인 안와전두 피질에서 일어난다.[3] 의사결정, 충동 제어, 행동반응 억제와 관련 있는 영역이다. 사건이 일어난 날 밤 나의 아버지가 철조망 아래에서 망설였던 행동에 중요한 역할을 했던 영역이다.

각성은 신경생리학적 정보로 감각 자극에 대한 민감도를 나타낸다. 각성은 이 민감도가 강한지 약한지, 활력이 넘치는지 무기력한지를 측정한 결과이다. 각성은 다양한 감정을 생성하는 작은 아몬드 모양 구조인 편도체의 활성과 관련이 있다.[4]

핵심 정서가 안와전두 피질과 편도체의 활성과 관련 있는 것은 우연이 아니다. 이 영역은 의사결정에 중요한 것으로 알려져 있으며, 감정과 기억 및 감각 영역과 광범위하게 연결되어 있다. 또한 몸 상태와 주변 환경에 대한 정보에 계속 접근할 수도 있다. 핵심 정서는 이런 정보를 취합하여 몸의 항상성 상태와 생존에 대한 외부 환경의 적합도를 바탕으로 경험과 행동을 결정한다.

검은방울새가 도박을 한다면

로체스터 대학교의 생물학자 토머스 캐러코는 핵심 정서의 힘을 실험으로 잘 입증했다. 그는 핵심 정서가 심리학 분야에서 관심을 받기 훨씬 전, 심지어 이 용어가 만들어지기도 전인 1980년대에 연구를 시작했다.[5] 캐러코는 노래하는 작은 새인 검은방울새 네 마리를 뉴욕 북부에서 포획하여 각각 새장에 넣고 84회의 실험을 수행했다.

캐러코는 새가 좋아하는 수수 씨 두 접시를 놓고 선택할 수 있도록 했다. 먼저 한쪽 접시에는 일정한 수의 수수 씨를 두고, 다른 쪽 접시에는 첫 번째 접시와 평균 개수는 같지만 매 실험마다 다양한 개수의 수수 씨를 두어 검은방울새를 학습시켰다. 실험에서 캐러코는 배고픈 새가 앉아 있는 횃대에서 같은 거리를 두고 새장 양쪽에 접시를 동시에 놓아둔 다음 어느 쪽 접시로 날아가는지 알아보았다. 자연이나 일상에서 흔히 만나는 트레이드오프 상황을 모방한 것이다. 확실한 결과를 택하거나, 결과가 좋지 않을 수도 있지만 더 좋을 수도 있는 도박이었다.

실험에서는 새들을 각각 다른 온도에 두어 혼란을 주었다. 신체 상태의 차이가 선택에 영향을 미치는지 알아보려는 것이었다. 새를 따뜻한 곳에 두자(긍정적 핵심 정서) 새는 일정한 수의 수수 씨가 있는 접시를 택했지만, 추운 곳에 두자(부정적 핵심 정서) 새는 도박을 했다. 그럴 만하다. 따뜻한 곳에서는 일정한 수의 수수 씨로도 충분히 영양분을 얻을 수 있으므로 위험을 감수할 필요가 없다. 왜 굳이 위험을 감수하겠는가? 하지만 추운 곳에서는 항상성을 유지하기 위해서 에너지가 더 많이 필요하므로, 그만큼 영양분을 얻으려면 도박이기는 해도 두 번째 접시를 택해야 한다.

인간의 선택도 마찬가지이다. 직업 A가 직업 B보다 급여는 많지만 안정적이지 않다고 가정해보자. 두 직업 모두 필요 소득 요건을 충족한다면, 당신은 급여가 낮아도 더 안정적인 직업을 택할 것이다. 하지만 소득 요건을 충족하기에 부족하다면 안정성은 낮아도 더 급여가 높은 직업을 택할 가능성이 크다. 우리가 결정을 내릴 때처럼 검은방울새도 의식적 추론을 했다고 생각하기는 어렵다. 하지만 새들은 몸 상태를 관찰하고 핵심 정서의 영향을 받아 본능적으로 내적 상태를 추론함으로써, 인간이 전문적인 추리로 위험을 분석하여 내린 것과 같은 결론에 도달했다.

인간에게는 논리적 사고라는 힘이 있지만, 핵심 정서는 검은방울새처럼 특정 방식으로 사고하고 행동하고 느끼도록 만든다. 우리는 같은 상황에도 매번 다르게 반응한다. 이런 반응의 차이는 핵심 정서라는 숨은 영향 때문이다. 그러므로 당신이 다른 사람에게 어떻게 반응하고 반대로 다른 사람이 당신을 어떻게 대할지 파악하려면 핵심 정서의 힘을 이해해야 한다.

토요일 아침, 맛있는 식사를 하고 커피 한잔을 마시고 있을 때, 텔레마케터의 전화를 받으면 예의 바르게 반응할 수 있다. 편안한 상태에서는 힘든 직업을 가진 사람에게 공감하며 반응한다. 하지만 목이 아프고 기침이 나는 상태로 일어났는데 그런 전화를 받는다면, 주말 아침 꿀잠을 방해받았다고 화를 내며 전화를 툭 끊을 것이다. 둘 다 사건에 대한 반응인 동시에 심리적 상태를 반영한 행동이다. 민감한 상황에서 내 말과 행동에 보이는 다른 사람의 반응은 내 말이나 행동뿐만 아니라 그 사람의 현재 핵심 정서를 반영한다는 사실을 명심해야 한다.

장-뇌 축

마음과 핵심 정서의 소통은 뉴런에서뿐만 아니라, 혈액 내에서 순환하거나 장기에 분포한 세로토닌이나 도파민 같은 신경전달물질의 작용으로 일어나기도 한다. 몸과 마음을 이어주는 중심 요소인 핵심 정서는 10-20년 전 과학자들이 생각했던 것보다 훨씬 강력하다는 사실이 밝혀졌다. 너무 급진적인 반전이어서 한때는 미심쩍었던 "괴짜" 아이디어가 이제는 정설로 받아들여질 정도이다. 최근 과학계에서 명상이나 마음챙김을 받아들이는 상황을 보자. 수행자들은 다른 식으로 설명하지만 명상과 마음챙김은 모두 핵심 정서를 깨닫는 과정이다.

몸과 마음의 연결이라는 진화적 뿌리는 생명의 기원으로 거슬러 올라간다. 동물이 등장하기 훨씬 전, 눈과 코가 진화하기 전에도 박테리아 같은 원시 유기체는 주변 유기체와 분자를 감지할 수 있었고, 내적 상태를 관찰할 수도 있었다. 진화상 아직 마음이 발명되지는 않았지만, 원시 유기체들은 내적 정보에 반응하여 어떤 과정을 실행할지 "선택했다."

1624년에 시인 존 던은 다음과 같이 썼다. "누구도 외딴섬이 아니다. 사람은 모두 하나의 큰 대륙의 일부이다."[6] 세포도 마찬가지이다. 앞에서 살펴보았듯이 박테리아도 생존하지 않고 특정 분자를 방출해 서로 신호를 보내며 함께 산다. 각 세포는 주변 세포의 경험으로부터 도움을 받아 엔트로피에 맞서 싸운다. 박테리아가 항생제에 맞서 생존하도록 내성을 가지는 것도 이런 분자 신호 덕분이다. 항생제는 대부분 박테리아의 막을 용해함으로써 약효를 낸다. 하지만 박테리아는 죽기 전에 고통 분자 신호를 분비하여 다른 박테리아가 생화학 구성을 바꿈으로써 스스로를 보호하도록 한다. 항생제를 충분히 투여하지 않으면 박테리아가 박멸되기도 전에 회피 행동을 "학습하므로" 병이 낫지 않는다. 상태가 호전되어 더 이상 약이 필요 없을 것 같아도 의사가 처방한 약을 중단하지 말고 전부 복용하라고 지시하는 것도 이런 이유에서이다. 병이 재발하거나 심지어 더 강해질 수도 있기 때문이다.

박테리아는 거의 40억 년 전에 나타난 최초의 생명체 중 하나이지만, 자신과 환경의 상태를 감지하고 다른 세포가 상태를 조정할 수 있도록 신호를 보내는 핵심 정서의 토대를 지녔다. 그렇다면 이런 개별 세포의 메커니즘은 어떻게 인체의 핵심 과정으로 진화했을까?

박테리아에서 고등동물로 진화하는 위대한 도약은 다세포 유기체가 진화한 약 6억 년 전에 이루어졌다. 다세포 유기체는 박테리아 군집을 극단으로 밀어붙였다. 상호작용하는 군집은 하나의 다세포 생물이 되었고, 독립된 세포들 사이의 소통은 유기체 내 세포 사이의 소통이 되었다. 다양한 유형의 세포들이 유기체 내에서 진화하면서 인체 내 다양한 조직이 되었다. 얼마 후 신경세포가 진화하여 과학자들이 신경망이라고 부르는 네트워크를 구성했다. 신경망은 독립적인 하나의 기관에 집중되지 않고 유기체의 몸 전체에 걸쳐 연결된 단순한 뉴런 집합이다.

새로 진화한 신경망의 주요 기능 중 하나는 소화였다.[7] 신경과학자 안토니오 다마지오가 "떠다니는 궁극의 소화계"라고 묘사한 고대 히드라로 이 신경망을 생생하게 설명할 수 있다. 히드라는 기본적으로 헤엄치며 돌아다니는 관으로, 입을 벌리고 연동운동을 하며, 떠다니는 물질을 관 한쪽으로 흡수하여 소화시킨 다음 다른 쪽으로 버린다. 이런 감지와 반응에서 핵심 정서의 기원을 엿볼 수 있다. 인간은 히드라보다 훨씬 더 복잡하지만 인간의 핵심 정서 체계는 기본적으로 히드라 같은 단순한 생물의 신체 감시 능력이 "진화한" 버전이다. 해부학자들은 장 신경계가 이런 원시 신경망과 매우 비슷하다는 사실을 발견했다.

때로 "제2의 뇌"라고 불리는 정교한 신경의 계인 장 신경계는 위장관 전체를 조절하고 움직이게 한다. 최근에야 자세히 연구되었지만, 장 신경계는 스스로 "결정"을 내리고 뇌와 무관하게 작동할 수 있으므로 "제2의 뇌"라고 불릴 만하다. 심지어 뇌와 동일한 신경전달물질을 이용하기도 한다. 예를 들면 세로토닌의 95퍼센트는 뇌가 아니라 위장관에 있다. 하지만 장 신경계가 독립적으로 작동할 수는 있어도, 장 신경계와 전체 위장관은 뇌 및 중추신경계와 밀접한 연관이 있다. 따라서 일반적으로 장이 우리의 정신 상태와 밀접하게 연관되어 있다는 생각은 과학적으로 매우 일리 있는 주장이다.

장과 뇌의 연결은 매우 중요해서 과학계에서는 장–뇌 축gut-brain axis이라는 이름을 붙였다. 위장관 계는 장–뇌 축을 거쳐 핵심 정서에 큰 영향을 미친다.

예를 들면 몸이 건강하다는 느낌은 비장의 영향을 거의 받지 않지만, 흔히 소화 상태의 영향을 받는다. 핵심 정서는 장에 영향을 주어 피드백 고리를 이룬다. 갑작스러운 위험에 처해 핵심 정서가 부정적으로 바뀌고 각성이 높아지면 속이 쓰리고 소화가 되지 않거나 위가

"조이는 느낌"이 든다. 최근의 흥미로운 연구에 따르면 만성 불안이나 우울증 같은 심리적 장애는 대장 장애와 연관이 있다.[8] 뇌가 괴로우면 장도 제 기능을 하지 못한다는 사실은 예로부터 잘 알려져 있지만, 새로운 연구에 따르면 그 반대도 가능하다. 장이 망가지면 신경 질환이 생길 수도 있다. 이런 현상은 복잡한 생화학 과정을 거쳐 일어난다. 박테리아 환경이 바뀌어 장벽이 분해되면 좋지 않은 신경 활성 화합물이 중추신경계로 침투할 수 있다.

진화적 관점에서 신경망은 "제2의 뇌"를 닮았지만 다른 세포 기능과 물리적으로 구별되는 신경 처리와 감지라는 측면이 있다는 점에서 실제 뇌의 발달보다 4,000만 년은 앞선다고 볼 수 있다. 신체의 일부를 재생할 수 있는 편형동물의 일종인 플라나리아는 뇌가 별개의 기관으로 처음 진화한 5억6,000만 년 전에 발생했다. 플라나리아는 실제 뇌를 가지고 있지만 뇌와 몸이 거의 분화되지 않아서, 뇌가 제거되면 새 뇌가 재생되어 남아 있는 몸에서 옛 기억을 되찾아올 수 있다.[9]

특히 쥐를 대상으로 한 놀라운 실험은 소화에서 몸과 마음의 관계를 보여주는 흥미로운 사례이다.[10] 이 실험에서 과학자들은 소심한 쥐와 모험심이 강한 쥐를 구분한 다음, 각 쥐에서 장내 세균총을 채취하여 무균 쥐에게 이식했다. 한 동물에서 다른 동물로 장내 세균총을 이식하는 실험은 특이해 보인다. 하지만 최근 연구에 따르면 장내 세균총은 장의 작용에 큰 영향을 미치므로, 장내 세균총 이식은 장 일부 이식과 비슷한 효과를 보인다. 게다가 이 "부분적 장 이식"은 놀라운 효과를 보였다. 일단 장내 세균총이 증식하여 새 숙주에 군집을 이루면 이식받은 무균 쥐는 장내 세균총을 제공한 쥐의 소심하거나 모험심이 강한 성격을 그대로 받아들였다. 게다가 다른 연구에 따르면 불안증이 있는 사람의 배설물에서 박테리아를 가져와 쥐에게 이식하면 쥐도 불안한 행동을 보이지만, 반대로 침착한 사람의 박테리아를 이식하면 불안해하지 않았다.[11]

사람은 어떨까? 과학자들은 참가자 수천 명의 뇌를 MRI 스캔하여 이들의 뇌 구조를 장내 박테리아 조성과 비교했다. 뇌 영역 사이의 연결은 장내 박테리아 우세종에 따라 차이를 보였다. 쥐와 마찬가지로 특정 장내 세균총 조성은 뇌 회로 발달과 연결 방식에 영향을 주었다. 더 많은 연구가 필요하지만 박테리아는 핵심 정서에 중요한 역할을 하는 것으로 보인다.

이 결과를 본 진취적인 의학 연구자라면 강력한 항생제를 투여해 장내 세균총을 모두 죽인 다음 다른 사람의 장내 물질을 투여하면 성격을 바꿀 수 있지 않을까 궁금해할 수도 있다. 우울증이 있는 사람에게 일주일 동안 페니실린 항생제를 투여하고 행복한 사람이 게워낸 것을 먹이면 메리 포핀스처럼 긍정적인 사람으로 바뀐다는 말인가? 그럴지도 모른다. 지난 몇 년간 과학자들은 만성 불안, 우울증, 조현병 같은 장애를 대변 이식으로 치료할 수 있는지 연구해왔다.[12] 아직 초기 단계이지만 언젠가는 그런 치료를 하게 될지도 모른다. 현재 이런 연구로 알 수 있는 사실은 뇌와 몸이 분리되었다는 주장은 잘못되었다는 점이다. 뇌와 몸은 하나이며 완전히 통합된 유기적인 단위이고, 핵심 정서는 이 시스템의 중요한 부분을 차지한다.

머리 이식으로 좋은 결과를 얻을 수 없는 이유

1960년대 서양 문화에서는 몸과 마음의 관계를 중요하게 여기지 않았다. 지난 10년간 구글에서 "몸과 마음의 관계"라는 구문을 검색하면 결과가 수십만 개에 달한다. 하지만 1961년에서 1970년 사이로 기간을 좁히면 결과는 다섯 개뿐이다. 심지어 그중 두 개는 영어가 아닌 언어로 되어 있다. 나머지 중 하나는 유대인의 영성에 대한 것이고, 다른 하나는 잔인한 살인 사건에 대한 법정 기록이다.

그러나 당시에도 몸과 마음의 관계라는 전위적인 개념을 연구하는 몇몇 진보적인 과학자가 있었다. 이런 연구를 한 과학자들 중 한 명은 캘리포니아 롱비치 재향군인 병원의 심리학자인 조지 W. 호만이다. 호만은 제2차 세계대전 중 척수 부상을 입고 하반신이 마비되었다.[13] 척수는 근육을 제어하거나 움직이지만 감각 신호를 전달하기도 하므로 척수 부상을 입은 환자는 더위나 추위, 압력, 통증, 사지의 위치, 심지어 자신의 심박도 지각할 수 없다. 재향군인 병원에서 호만은 매일 척수 부상을 입은 다른 환자들을 만났다. 호만은 신체 상태가 감정적 느낌에 중요하다면, 신체적 피드백이 사라졌을 때 자신처럼 다른 환자들도 감정을 덜 느낄지 궁금했다. 호만은 이를 알아보기 위해서 남성 환자 26명을 면담하며 부상 전후의 일부 감정적 느낌을 비교해달라고 요청했다.[14] 이제는 고전이 된 논문에서 그는 하반신 마비 환자에게서 분노, 성적 흥분, 두려움이라는 "느낌이 상당히 감소했다"고 결론을 내렸다. 최근 몇 년간 하반신 마비 환자의 감정 반

응을 다룬 다른 연구 결과도 이런 결론을 뒷받침한다.[15]

뇌와 몸의 연결은 생존에 매우 중요하므로, 머리와 몸을 잇는 척수와 신경, 혈관을 절단한 다음 다른 몸에 조심스럽게 꿰매도 뇌와 몸의 피드백 순환이 붕괴하여 새 유기체의 생존이 크게 위협받을 것이다. 말도 안 되는 별난 사례처럼 들리겠지만, 실은 이런 시도는 수년간 여러 번 있었다. 사실 머리 이식의 역사는 매우 길어서 하버드 대학교 의과대학의 한 외과의사는 최근 외과 저널에「머리 이식의 역사 리뷰The History of Head Transplantation: A Review」라는 논문을 싣기도 했다.[16]

이 논문에서는 한 세기 전의 외과의사 알렉시 카렐과 찰스 거스리가 실시한 최초의 개 머리 이식 실험을 설명한다. 수술을 받은 개는 보고, 짖고, 움직일 수 있었지만 몇 시간 뒤에 죽었다. 카렐은 이식 수술로 1912년 노벨 생리의학상을 받았다. 1954년 러시아의 의사 블라디미르 드미코프 또한 개를 수술하고 29일이나 살려냈지만 노벨상을 받지는 못했다. 이후 여러 해 동안 이런 실험은 쥐, 심지어 영장류에도 실시되었다. 1970년 머리 이식을 받은 붉은털원숭이는 8일간 생존했고, "모든 점에서 정상"으로 판정되었다.

"정상"에 대한 정의는 사람마다 다르다. 살면서 몇 번의 수술을 받은 사람으로서 조언하자면, 외과의사가 수술을 받으면 곧 다시 "정상"이 될 것이라고 약속한다면 무슨 뜻인지 확실히 밝혀두는 편이 낫다. 제발 잘린 머리를 들것에 싣고 나오는 상황은 아니라고 믿고 싶다. 원숭이를 수술한 의사가 의미한 "정상"은 원숭이가 물고, 씹고, 삼키고, 눈으로 추적하고, 특징적인 각성 EEG(뇌파도) 패턴을 나타낸다는 뜻이었다. 그것이 전부이다. 원숭이가 질식하지 않도록 계속 약물을 투여하고 주기적으로 산소 공급을 해주는 기계가 필요했지만 말이다. 이 나무 저 나무를 왔다 갔다 하거나 바나나를 집어먹는 행동은 "모든 점에서 정상"인 이 원숭이에게는 해당되지 않았다.

정황상 누구도 이런 수술을 사람에게 하리라고는 생각하지 않을 것이다. 그렇지 않은가? 하지만 그렇게 허황된 생각은 아니라는 사실이 곧 드러났다. 2017년 이탈리아의 세르조 카나베로와 동료인 중국의 렌샤오핑은 머리 부상으로 사망한 지 얼마 되지 않은 기증자의 사체에 살아 있는 사람의 머리를 이식한다는 계획을 발표했다.[17] 두 의사는 새 머리에 대한 거부반응을 억제할 면역 요법과 새로운 몸에 부착할 때까지 머리를 살아 있는 상태로 유지하는 최신 심부 저체온 기술을 이용하면 이 수술이 가능하다고 주장했다. 이 계획에 따르면 경동맥과 정맥을 죔쇠로 조이고 자른 다음, 경추 4번과 6번 사이에서 척추와 신경을 절단하고 펌프로 혈액의 흐름을 유지하면서 체온은 29도로 맞춘 상태에서 모두 다시 접합한다.

누가 그런 섬뜩한 실험에 자원할까? 두 의사는 말기 환자 중 자원자가 많으리라고 확신했다. 가능한 일이다. 미국이나 유럽의 연구소에서는 그런 실험을 허가하지 않으므로 두 사람은 중국에서 수술할 계획이다. 하지만 이들이 "미친 과학자"는 아니다. 이들은「국제 내과 신경학*Surgical Neurology International*」에 기고하기도 했다. 카나베로는 이렇게 말했다. "서양의 생명윤리학자들은 세상을 가르치려 들지 말아야 한다."

물론 카나베로가 제안한 실험이 잘못이라고 보는 데에는 윤리적 문제 말고도 여러 가지 이유가 있다. 실험적으로 제대로 검증되지 않았고, 특히 하등동물에서 성공하지 못했기 때문만은 아니다. 비용이 거의 1억 달러나 들 것으로 예상될 뿐만 아니라 환자는 분명 곧 사망할 것이고, 심각한 고통을 겪을 수도 있기 때문이다. 다른 문제는 제쳐두고라도, 몸과 마음의 관계라는 무엇보다 중요한 문제를 고려했을 때 이런 수술이 물리적으로 성공한다면, 환자의 핵심 정서, 정서 건강, 심리 전반에 어떤 영향을 미칠 것인가?

렌과 카나베로도 이 문제를 인지하고 있다. 이들은 환자의 신체 이미지에 신체 일부가 제대로 통합되지 않아 실패한 다른 이식 사례를 들며 이렇게 썼다. "우리는 다른 사람의 신체 부위를 자신의 몸으로 받아들이려면 심리적 회복력이 필요하다는 사실을 잘 안다." 하지만 이들이 사례로 든 실험은 고작 손 이식이었다.

「미국 생명윤리 및 신경과학*American Journal of Bioethics Neuroscience*」의 편집자인 폴 루트 울프는 다음과 같이 썼다. "우리의 뇌는 끊임없이 몸을 감시하고 몸에 반응하며 적응한다. 완전히 새로운 몸을 가지면 뇌는 새로운 모든 입력에 맞춰 완전히 재배열되고, 점점 뇌의 근본적 본질과 '커넥톰'이라는 연결 경로가 바뀔 것이다. 일단 머리를 잘라내면 원래 몸에 붙어 있던 뇌가 아니게 된다."[18] 이 실험을 비판하는 사람들은 머리 이식을 받은 사람이 "광기와 죽음"에 이를 정도로 심각한 몸과 마음의 부조화를 겪을 수 있다고 예상한다. 몸이 작동하려면 뇌가 필요하다는 점은 말할 필요도 없지만, 마찬가지로 뇌도 몸에서 그저 산소가 든 혈액만 공급받는 것은 아니다. 뇌도 몸이 필요하다. 낯선 몸에 뇌가 연결되면 아무리 솜씨 좋은 의사가 수술한다고 해도 죽음으로 이어질 수 있다. 몸과 마음이 밀접하게 연관되며 둘 사이의 연결이 중요하다는 사실을 나타내는 가장 큰 신호이다.

뇌는 예측 기계이다

단세포 유기체에서 진화한 우리는 프로그램된 방식으로 환경에 반사적으로 반응하는 방식을 (완전히는 아니지만) 버리고 특수한 환경에 맞게 계산하며 반응하게 되었다. 인간은 상황과 행동 결과를 예측하는 뇌를 이용해서 맞춤화된 반응을 보인다.

놀람이라는 감정은 뇌가 끊임없이 미래를 예측한다는 증거이다.[19] 무의식적 마음은 일련의 지식과 믿음을 이용하여 현재 상황의 정보를 계속 분석하고 다음을 계획한다. 뇌에서 예측하지 못한 상황을 만나면 놀람이라는 감정이 생긴다. 놀람은 무의식적 마음에 신호를 보내서 계획이 틀렸으니 변경해야 한다고 알리며, 의식적 정신 과정에 끼어들어 예측하지 못한 사건에 주목하게 한다. 예측하지 못한 사건은 위협이 될 수 있기 때문이다.

내가 말하는 "미래를 예측한다"라는 말은 주식시장의 변동을 예측하거나 선거자금을 남용하여 기소될 다음 의원은 누구일지 예측하는 것과는 다르다. 여기에서의 예측은 다음과 같은 상황이다. 덤불에서 바스락 소리가 난다. 지난번에 덤불에서 바스락 소리가 났을 때는 곰

한 마리가 튀어나와 나를 덮치려고 했다. 그러니 도망가는 편이 낫겠다. 아니면 다음과 같은 상황도 있다. 흙 속에 버섯이 있다. 지난번에 이런 버섯을 먹었더니 배탈이 심하게 났다. 저 버섯은 먹지 않는 것이 좋겠다.

　바로 옆에서, 혹은 바로 다음에 일어날 일에 대한 일반적이고 즉각적이며 개인적인 예측은 생존의 열쇠이며 나이가 들어도 절대 사라지지 않는다. 내가 이 글을 쓰고 있는 지금 아흔여덟 살인 어머니는 추론 능력이 조금 약해지셨다. 외출할 때면 저녁에 추워질지 예측할 수 없어 겉옷을 챙겨달라고 말씀하시지 못한다. 하지만 즉각적인 상황에 반응할 수는 있어서 날씨가 추워지면 곧바로 겉옷을 달라고 말씀하신다. 내가 커피 잔을 탁자 가장자리에 아슬아슬하게 놓으면 어머니는 불안해하며 떨어지지 않도록 잔을 옮겨놓으라고 말씀하신다.

　살면서 뇌는 끊임없이 즉각적인 예측을 하고 필요한 조치를 하도록 준비한다. 이런 계산에서 중요한 요소 중 하나는 핵심 정서이다. 감각은 환경에 대한 정보를 주지만, 핵심 정서는 몸 상태에 대한 정보를 주기 때문이다.

　핵심 정서가 이토록 강력하게 영향을 미치는데도 보통은 핵심 정서를 의식적으로 깨닫지 못한다. 산만해지면 춥거나 배고프거나 독감에 걸렸다는 사실조차 한동안 깨닫지 못한다. 핵심 정서를 제대로 알아차리는 능력은 생각과 감정을 제어하는 핵심이다. 우리는 본능적으로 몸을 통해 정신 상태를 바꾼다. 맛있는 음식이나 와인 한 잔으로 자신을 달래고, 경기나 스피닝 수업 전에 음악을 들으며 기운을 북돋우며, 하루를 마무리한 다음에는 달리기를 하면서 만족스럽고 편안한 느낌을 불러온다. 핵심 정서의 "온도"에 주목해서 그 중요성을 이해하고 핵심 정서를 깨닫는 방법을 배워보자. 그러면 핵심 정서가 느낌과 행동에 미치는 영향을 이해하게 되고, 의식적이고 주도적으로 핵심 정서를 조절하고 바꿀 수 있다.

핵심 정서의 숨은 영향

우리는 당면한 문제에서부터 인간관계, 직업, 투자, 국회의원 선거, 의료, 사회적, 재정적 상황 등 삶의 모든 면에서 복잡한 결정을 내려야 하는 기술 사회에 살고 있다. 핵심 정서는 우리의 예측과 결정에 영향을 주지만, 정작 핵심 정서가 진화한 것은 아주 먼 원시시대였다. 하지만 진화는 서서히 이루어지므로, 지난 50만 년 동안 효과적이었던 방법이 그다음 500년이나 오늘날에도 여전히 최선이라는 보장은 없다. 따라서 오늘날에는 핵심 정서가 항상 유익하지는 않다.

5년간 투옥된 뒤 마침내 가석방 위원회에 출석한 카말 아바시의 사례를 보자. 그는 강력한 폭발물을 만드는 데에 쓰이는 화학물질을 구매한 혐의로 유죄판결을 받았다. 그는 함정 수사용 가짜 웹사이트에서 화학물질을 주문했다. 하지만 당시 열아홉 살이던 아바시는 테러를 계획하지 않았다. 친구가 아바시의 집 컴퓨터에서 화학물질을 주문하고 구매 목적을 둘러댄 것이다. 하지만 판사는 재판에서 아바시의 이야기를 듣지 않고 유죄판결을 내렸다. 아바시는 모범 재소자로 지내며 조기 가석방을 요청했다.

가석방 위원회에는 경범죄에서부터 살인에 이르는 각종 범죄로 유죄판결을 받은 재소자들이 출석한다. 청문회의 심판관에게는 두 가지 선택지가 있다. 재소자가 과거 행동을 바탕으로 앞으로는 제대로 살 것이라 기대하고 가석방을 수락하든가, 아니면 기각하는 것이다.

청문회에서 카말은 자신이 속았다는 설명을 다시 꺼내지 않았다. 유죄판결은 이미 지나간 일이었다. 그 대신 카말은 자신이 감옥에서 모범 시민이었음을 증명하는 데에 집중했다. 감옥에 있는 동안 그는 문제를 일으킨 적이 한 번도 없었다. 그는 교도소 밖에서 자원봉사를 했고, 온라인 대학 과정도 수강했다. 유죄판결 당시 여자 친구였던 어린 시절 단짝과 약혼도 했다.

카말은 5년 동안 매일 이 청문회를 고대하며 열심히 살았고, 여기에 미래에 대한 모든 희망을 걸었다. 이제 어리석음을 뒤로하고 제대로 살겠다는 약속은 점심시간 직전, 단 한 번뿐인 11분간의 청문회로 보상받을 것이라고 생각했다. 결정이 내려졌을 때 카말은 엄청난 충격에 빠졌다. 심판관은 그의 가석방 요청을 기각했다.

청문회 이후 카말은 자신이 말하거나 행동으로 보였어야 했는데 놓친 것이 있는지 후회하며 몹시 괴로워했다. 카말은 자신을 판단하는 사람들을 어떻게 흔들어야 했을까?

카말은 자신이 가석방될 가능성이 지난 5년간의 행동보다 훨씬 관련 없어 보이는 다른 조건에 달려 있다는 사실을 몰랐다. 바로 청문회가 열리는 시간이었다. 카말의 사건은 오전 중 마지막 사건이었기 때문에 그가 가석방될 확률은 사실 제로였다.

충격적이지만 사실이다. 청문회의 심판관들은 매일 수십 건의 사건을 다룬다. 재소자의 미래뿐만 아니라 그들이 풀려날 때 영향을 줄 사람들의 미래가 모두 심판관의 손에 달려 있다. 가석방을 기각하기는 쉽지만 승인하기는 어렵다. 승인하려면 정당성이 필요하다. 심판관은 재소자가 제대로 재활하리라는 설득력 있는 증거를 참작하고 수용해야 하며, 재소자가 풀려났을 때 사회적 피해가 발생하지 않으리라고 확신해야 한다. 잘못된 결정을 내리면 살인이나 폭력 범죄가 발생할 수 있다. 청문회의 심판관은 하루를 시작할 때나 휴식 시간 이후에는 활력이 넘치지만, 심각하게 고려해야 할 사건이 이어지면서 휴식 시간 사이나 하루가 끝날 때쯤이면 지친다. 오전 휴식 시간이 다가올 때나 점심시간 직전, 그날의 마지막 사건이 가까워지면 심판관은 배고프고 지치는데, 이 부정적인 신체 상태가 결정에 지대한 영향을 미치게 된다.

이런 결과가 가져오는 영향은 우려할 만하다. 발표되자마자 고전이 된 최근 연구에서 과학자들은 평균 22.5년의 경력이 있는 8명의 심판관이 내린 1,112건의 사건을 취합하여 통계를 분석했다.[20] 심판관들은 평균적으로 그날의 첫 사건이나 휴식 시간 직후 또는 점심시간 직후의 사건에서는 가석방을 60퍼센트 승인했다. 하지만 다음의 그래프에서 알 수 있듯이 사건이 이어지면서 가석방 승인율은 점점 감소하여, 다음 휴식 시간 직전 사건은 거의 승인되지 않았다.

핵심 정서는 우리의 몸 상태를 반영하므로 피곤하고 배가 고플수록 부정적으로 바뀐다. 부정적인 핵심 정서는 결정에 영향을 미쳐 더

의심이 많아지고 비판적이며 비관적인 관점을 가지게 한다. 하지만 우리는 그 사실을 깨닫지 못한다. 청문회의 심판관들은 자신들의 결정 패턴을 알게 되자 나름의 이유를 들어 반박했다. 이들은 핵심 정서의 영향, 즉 핵심 정서가 유발한 감정이나 결정은 알지도, 깨닫지도 못했다. 청문회에 출두한 사람들의 인생을 뒤바꿀 결정에 핵심 정서가 영향을 미친다는 사실을 이해하지 못한다면 이런 불공정한 시스템은 계속 이어질 것이다.

다른 연구에서도 여러 맥락에서 비슷한 효과를 확인할 수 있었다. 어떤 연구자들은 의사 200명이 환자 2만1,000명에게 내린 항생제 처방을 연구했다. 항생제는 바이러스 질병 치료에는 거의 효과가 없는데도 바이러스성 질환을 앓고 있는 환자들은 종종 항생제를 처방해 달라고 요구한다. 의사들은 환자의 이런 요구를 거부해야 하지만, 그러려면 정신력이 필요하다. 연구에 따르면 의사들이 하루의 첫 진료에서 항생제를 요구하지만 필요하지 않은 환자에게 항생제를 처방하는 비율은 4명당 1명에 불과했다. 하지만 그 비율은 꾸준히 늘어 그 날의 마지막 환자에 이르러서는 3명당 1명이 되었다.[21] 수년간 강도 높은 훈련을 거쳐 의료 행위를 하는 의사도 가석방 심판관과 마찬가지로 자명한 사실이 아니라 피곤함 때문에 결정에 영향을 받았다.

돈이 걸린 문제라고 해서 핵심 정서의 영향이 줄어들지는 않는다. 어떤 연구에서는 주요 기업의 분기별 실적 발표회를 조사했다. 실적 발표회는 기업 경영진, 주식 애널리스트, 투자자, 언론이 모여 지난 분기 회사의 재무 실적을 논하는 회의이다. 연구자들은 실적 발표회

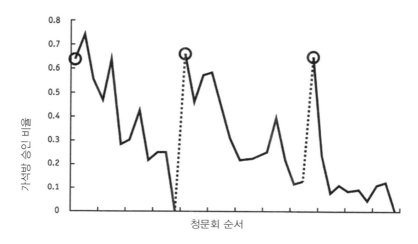

청문회 순서에 따라 재소자들에게 내린 가석방 승인 비율. 동그라미는 세 번의 청문회 세션 중 첫 판결을 나타낸다. x축은 사건 세 건당 눈금 하나로 표시했다. 점선은 간식이나 식사 시간을 나타낸다.[22]

에 참가한 주식 애널리스트와 투자자들이 시간이 지나며 점점 부정적으로 바뀌고, 질의응답 토론이 늦어지면 부정적 효과에 반응하므로 주가가 하락한다는 사실을 발견했다.[23]

검은방울새와 마찬가지로 배고픈 상태도 우리의 행동과 결정에 영향을 미친다. 관계에 문제가 있는 폭력적인 남성은 저혈당 상태에 놓이면 핵심 정서가 부정적으로 바뀌어 공격성이 크게 늘어난다.[24] 맛이 이상한 음식도 부정적인 영향을 미친다. 참가자들에게 쓴맛이 나는 이상한 음료를 마시게 하자 그렇지 않은 대조군보다 더 공격적이고 적대적인 성향이 된다는 사실을 밝힌 연구도 있다.[25]

동물이 진화하는 동안 핵심 정서는 상당 기간 의사결정의 주요 지침이었고, 몸을 돌보고 적절하게 기능하도록 만들어 야생의 도전에서 생존하도록 돕는 핵심 장치였다. 오늘날 우리가 사는 세상은 더 안전하지만, 핵심 정서는 신체의 요구를 깨닫고 돌보는 데에 여전히 중요하다. 핵심 정서는 졸리거나 아플 때 휴식을 취하고, 극도의 더위나 추위를 피하며, 배고픔과 갈증을 해소하게 한다. 하지만 앞선 사례에서 알 수 있듯이 부정적인 핵심 정서는 원치 않는 부작용을 가져오기도 한다. 아침에 주차 위반 딱지가 날아오고, 오후에 신용카드를 잃어버리고, 심란한 일을 잊으려고 애쓰느라 저녁에는 두통이 생긴다. 이런 일이 이어지면 핵심 정서가 긍정적일 수 없다. 그때 시어머니에게서 전화가 걸려와 다음 주말에 오신다고 한다. 그런 말을 들으면 당신은 시어머니가 당신의 체중이나 집의 낡은 페인트칠을 타박했던 이야기에 과민 반응하게 되고, 시어머니의 애정에 눈을 흘기게 된다.

몇 년 전 집에 불이 나서 수리하느라 6개월 동안 다른 곳에서 지내야 했던 적이 있다. 우리 가족은 비좁은 아파트의 불편한 침대에서 잠을 잤고, 남은 물건도 제대로 이용할 수 없었다. 나는 내 딸 올리비아가 사춘기 또래라면 당연한 요구를 할 때 우리가 처한 상황을 염두에 두려고 노력했다. 불편하고 혼란스러운 상황이 핵심 정서에 영향을 미쳐 내 성향을 부정적으로 바꾸었으므로, 과거에는 선선히 허락했을 딸의 요청도 거절하게 되리라고 예상했다. 과학자로서 나는 이런 모호한 가설을 검증할 방법이 있을지 고민했다. 이듬해 4월, 세금을 낼 때가 되자 나는 세금 고지서가 하나의 정량적인 측정법이 될 수 있으리라고 생각했다. 지난 반년간 집 밖에 살면서 낸 기부금은 평소보다 훨씬 적었다. 보험회사에서 모든 일을 원활하게 처리해주었기 때문에 경제적으로 어렵지는 않았다. 하지만 내 핵심 정서는 긴 슬럼프에 빠져 있었다.

통제된 실험은 아니었지만 내 경험을 바탕으로 나는 다음과 같은 결론에 이르렀다. 화재나 사망, 이혼 같은 중대한 위기가 아니더라도 핵심 정서는 우리와 주변 사람들의 반응과 결정에 큰 영향을 미친다는 사실을 염두에 두어야 한다. 우리는 보통 핵심 정서의 영향을 잘 깨닫지 못한다. 핵심 정서를 제대로 관찰하면 핵심 정서를 능숙하게 다루어 춥거나 배고프거나 다친 몸 상태가 나와 주변 사람에게 어떤 영향을 미칠지 알 수 있다. 이 사실을 이해하면 피할 수 있는데도 나쁜 결정을 내리거나 주변 사람과의 관계가 나빠질 수 있는, 가석방 심판관과 비슷한 상황을 의식적으로 피할 수 있다.

의식적 경험은 뇌에서만 형성되지 않는다. 그것은 우리 몸이 무엇을 하고 우리가 몸을 어떻게 다루는지에 따라서도 달라진다. 정신 상태와 몸의 관계를 보면 핵심 정서가 우리의 근본적 경험을 형성하고 감정을 구성하는 기본 요소라는 사실을 알 수 있다. 따라서 가장 고귀한 인간성을 나타내는 것은 플라톤의 합리성이라는 개념보다 바로 핵심 정서이다. 다음 장에서는 감정이라는 주제로 다시 돌아가 감정과 이성의 상호작용을 알아보고, 감정이 어떻게 사고와 추론을 유도하는지 살펴볼 것이다.

제2부

쾌락, 동기, 영감, 결단력

4

감정은 어떻게 생각을 유도하는가

폴 디랙은 20세기의 가장 위대한 물리학자들 중 한 명으로 양자 이론의 개척자이자 무엇보다 반입자反粒子 이론의 선구자이다. 디랙은 양자 이론을 제안하며 현대 세계를 형성하는 데 중요한 역할을 했다. 전자, 컴퓨터, 통신, 인터넷 기술 등 우리 사회를 지배하는 기술은 모두 그의 이론에 바탕을 두기 때문이다. 논리 문제와 합리적인 사고에 능했던 디랙은 우리 세기의 위대한 사상가가 되었지만, 그보다 놀라운 점은 젊었을 때 동료들과의 인간관계에서 친밀함이나 감정이 전혀 없었다는 것이다. 디랙은 다른 사람의 감정에 전혀 관심이 없다고 선언하기도 했다. 그는 친구에게 이렇게 말했다. "어렸을 때 사랑이나 애정을 몰랐어. 내 인생에서 중요한 건 느낌이 아니라 사실뿐이야." 디랙은 성인이 되어서도 사랑이나 애정을 갈구하지 않았다.

디랙은 1902년 영국 브리스틀에서 태어났다.[1] 어머니는 영국인이었고 아버지는 스위스인으로 엄격하기로 소문난 교사였다. 아버지는 디랙과 형제들, 어머니를 모두 무시했고, 세 아이에게 영어를 절대 쓰지 말라고 하면서 당신의 모국어인 프랑스어로만 말하게 했다. 식사도 따로 했다. 디랙의 형제들과 어머니는 부엌에서 식사하며 영어로 대화했고, 디랙과 아버지는 식당에서 따로 식사하며 프랑스어로만 대화했다. 아버지는 프랑스어에 익숙지 않은 디랙의 실수를 하나하나 잡아내며 혼을 냈다. 디랙은 말수가 줄어들었고, 이런 과묵함은 청년기까지 이어졌다.

디랙은 학문적으로는 훌륭했을지 모르지만 일상적인 상황이나 어려움에 대처하는 것은 쉽지 않았다. 인간은 순전히 이성적 생각만이 아니라 감정에 이끌리고 영감을 받아 합리적으로 사고하도록 진화했다. 하지만 냉정한 지성을 지닌 디랙에게는 기쁨, 희망, 사랑이라는 감정이 없었다. 1934년 9월 디랙은 고등연구소를 방문하기 위해서 프린스턴에 갔다. 도착한 다음 날 볼티모어 데어리 런치라는 식당에 들어갔을 때, 디랙은 동료 물리학자 유진 위그너가 멋지게 차려입고 담배를 피우고 있는 여성과 함께 앉아 있는 것을 보았다. 여성은 위그너의 여동생 마그리트로 이혼한 뒤 어린 두 자녀를 키우고 있었고, 과학에는 취미가 없지만 활달한 여성이었다. 친구들은 그 여성을 맨시라고 불렀다. 나중에 맨시는 디랙이 마르고 수척한 데다 길 잃은 양처럼 울적하고 당황하고 연약해 보였다고 회상했다. 맨시는 안타까운 나머지 오빠에게 디랙을 불러 합류하자고 부탁했다.

맨시는 디랙의 반입자였다. 디랙은 조용하고 객관적이며 신중했지만, 맨시는 수다스럽고 감정적이고 예술적이며 충동적이었다. 하지만 그날 점심 식사 후에도 디랙과 맨시는 가끔 식사를 함께했다. 디랙의 전기작가 그레이엄 파멜로에 따르면 "아이스크림소다와 랍스터를 곁들인 몇 번의 저녁 식사를 거치며" 두 사람의 우정은 깊어졌다. 몇 달 후 맨시는 고향 부다페스트로, 디랙은 런던으로 돌아왔다.

집으로 돌아간 후 맨시는 며칠에 한 번씩 디랙에게 편지를 썼다. 뉴스와 가십, 그리고 무엇보다 자신의 느낌으로 가득 찬 편지였다. 디랙은 몇 주에 한 번 답장으로 고작 몇 문장을 써 보냈다. 그는 이렇게 말했다. "당신에게 멋진 편지를 쓰지 못해 유감이군요. 나는 감정을 잘 못 느껴서요."

맨시는 너무 표현이 없는 편지에 당황했지만, 디랙은 문제점을 이해하지 못했다. 두 사람은 정신적 사랑을 나누며 편지를 이어갔고, 가끔 만나기도 했다. 시간이 흐르며 애착이 깊어졌다. 부다페스트에서 맨시를 만나고 돌아온 어느 날, 디랙은 다음과 같은 편지를 썼다. "당신과 헤어져 매우 슬프고 아직도 정말 당신이 그립습니다. 다른 이들이 떠날 때는 이런 그리움을 느낀 적이 없는데, 왜 그런지 모르겠네요." 1937년 1월 두 사람은 결혼했고, 디랙은 맨시의 두 아이를 입양했다. 결혼하면서 디랙은 전혀 예상하지 못했던 행복을 얻었다. 디랙 부부는 만난 지 50주년이 막 지난 1984년, 폴 디랙이 사망할 때까지 서로의 인생에서 중심이었다.

맨시에게 보낸 편지에서 디랙은 다음과 같이 썼다. "맨시, 내 사랑, 당신은 내게 매우 소중합니다. 당신은 내 인생에 놀라운 변화를 가

져왔어요. 당신은 나를 진정한 인간으로 만들어주었습니다." 맨시를
향한 디랙의 감정이 그를 깨웠다. 디랙은 자신의 감정과 교류하지 않
은 채 반평생을 살아왔다. 하지만 맨시를 만나고 자신의 감정적 자아
를 발견하자 세상이 다르게 보였고, 주변 사람과의 관계도 달라졌으
며, 인생에서 내리는 결정도 바뀌었다. 동료들은 디랙이 다른 사람이
되었다고 말했다.[2]

일단 감정을 발견하자 디랙은 다른 사람들과 함께하기를 즐기게
되었다. 무엇보다 눈여겨보아야 하는 사실은, 자기 일에서 감정이 사
고에 미치는 유익한 역할을 디랙 스스로 깨달았다는 점이다. 디랙의
정신적 삶에 이런 발견은 위대한 통찰을 주었다. 수십 년 동안 당대
의 유명한 물리학자들이 디랙의 성공 비결을 묻기 위해 그에게 찾아
갔을 때, 그는 뭐라고 대답했을까? 파멜로는 바로 이 주제로 디랙에
대한 438쪽짜리 방대한 전기를 마무리했다. 전기에 따르면 디랙은
다음과 같이 조언했다고 한다. "무엇보다 감정을 따르시오."[3]

이 말은 무슨 뜻이었을까? 냉정한 논리를 따르는 이론물리학에 어
째서 감정이 도움이 될까? 인간이 하는 일들 중에서 가장 감정이 적
게 들어가는 일이 무엇인지 묻는다면, 이론물리학은 단연 선두에 위
치할 것이다. 이론물리학에서 논리와 정확성이 성공의 열쇠라는 점
은 분명하다. 하지만 사실 감정도 동등한 역할을 한다.

물리학에서 성공하는 데에 논리적 분석 기술만으로 충분하다면,
물리학 분야에서는 물리학자가 아닌 컴퓨터가 일해도 될 것이다. 흔
히 물리학은 "A 더하기 B는 C" 같은 공식으로 구성되어 있다고 여겨

진다. 하지만 연구하다 보면 연구자가 선택하는 가정이나 추정치에 따라 A 더하기 B는 C나 D, E가 될 수도 있는 상황에 직면한다. 심지어 A 더하기 B가 무엇인지 탐구하는 행위조차 선택의 문제이다. A 더하기 C나 A 더하기 D를 살펴보아야 할 수도 있다. 아니면 포기하고 더 쉬운 연구 주제를 찾아야 할 수도 있다.

제2장에서는 기본적인 인간의 사고가 어떻게 고정된 스크립트의 지배를 받는지, 그리고 감정을 이용해서 어떻게 새로운 상황에 유연하게 반응하는지에 대해서 살펴보았다. 이와 마찬가지로 물리학에서도 감정은 우리가 미처 깨닫지 못한 방식으로, 목표와 경험을 암호화한 의식적, 무의식적 과정을 바탕으로 어떤 수학적 길을 탐구할지 결정하게 한다. 고대 탐험가들이 광야를 가로질러 길을 찾을 때 지식과 직관을 함께 사용한 것처럼, 물리학자들은 이론적 수학뿐만 아니라 느낌을 이용해 결정을 내린다. 위대한 탐험가들이 자신의 결정을 합리화하기 어려워도 결정을 밀고 나가는 것처럼, 물리학자들도 때로 "비합리적" 열정의 힘을 얻어 어려운 수학적 계산을 밀고 나가기도 한다.

정확하고 분석적인 사고도 감정과 결합해야 성공적으로 발휘될 수 있다는 점을 볼 때, 감정이 일상적인 사고와 결정에 큰 영향을 미친다는 것은 당연하다. 인생에서 취해야 할 길이나 행동이 항상 명확하지는 않다. 우리는 상황과 사실, 가능성과 위험, 불완전한 정보를 복잡하게 조합해 결정을 내린다. 뇌는 해당 데이터를 처리하고 우리의 정신적, 육체적 반응을 계산한다. 철조망 아래에서 동료들과 합류할지 말지를 결정해야 했던 나의 아버지처럼, 우리 대부분은 결정을 내릴 때 감정에서 큰 영향을 받고 단순히 논리적으로 설명하기 어려운 결정을 내린다. 디랙의 사례를 통해서 우리는 마음속 처리 과정에서 감정이 하는 좋은 역할을 살펴보았다. 다음에는 감정이 나쁜 역할을 하는 사례를 살펴보고 감정의 의미에 대해서 알아보자.

감정과 생각

스무 살인 조던 카르델라는 여자 친구에게 차여 큰 충격을 받았다.[4] 보통 그런 경우라면 앞으로 잘하겠다고 약속하거나 꽃을 보낼 것이다. 하지만 여자 친구의 마음을 돌리려던 카르델라는 획기적인 방법을 사용했다. 너무 극단적인 방법이어서, 애초에 여자 친구가 그를 떠난 이유도 이런 성격 때문이 아니었을까 생각할 수밖에 없다. 카르델라는 자신이 다쳐서 병원에 입원해 있으면 여자 친구가 돌아오리라고 생각했다. 참으로 어설픈 생각이었다.

카르델라는 여자 친구의 마음을 사로잡아야 했다. 그래서 여자 친구에게 자신이 사고를 당했다고 속여 동정심을 유발하기로 했다. 버림받은 강아지에게 느끼는 안타까운 감정을 여자 친구에게 기대한 것은 아닐 텐데 말이다.

카르델라는 계획을 세웠다. 친구 마이클 웨직에게 소총으로 자신의 등과 가슴을 몇 번 쏴달라고 부탁했다. 그 대가로 돈과 마약을 주기로 약속했다. 또다른 친구 앤서니 우돌에게는 여자 친구에게 자신이 폭력배들에게 공격받았다고 전화해달라고 부탁했다.

계획을 실행할 때 몇 가지 문제가 발생했다. 첫째, 웨직은 카르델라의 몸통에 총을 쏘지 않았고 팔에만 한 발 쏘았다. 둘째, 경찰은 이들의 이야기를 믿지 않았다. 경찰은 카르델라를 거짓말을 한 혐의로, 웨직과 우돌을 중죄인 부주의한 총기 사용에 가담한 혐의로 기소했다. 가장 최악인 셋째는 여자 친구가 이 사건에 눈도 끔쩍하지 않았다는 점이다. 여자 친구는 병원에 오지도 않았고, 심지어 카르델라의 상태를 묻지도 않았다. 분명 여자 친구는 카르델라의 총상만으로는 그들의 문제를 해결할 수 있다고 보지 않는 것 같았다.

검찰은 이 사건에 대해서 "지금까지 담당한 것 중에서 가장 어리석은 사건"이라고 평했다. 변호인 샌퍼드 펄리스 역시 "바보스러운 중죄"라고 표현했다.[5] 카르델라도 그 말에 수긍했을 것이다. 하지만 그가 계획을 세울 때 그다지 무모해 보이지 않았다는 것은, 감정이 마음속 계산에 어떤 영향을 미치는지를 명확히 보여주는 증거이다. 카르델라는 눈먼 사랑 때문에 무슨 수를 써서라도 여자 친구를 되찾겠다는 목표가 있었고, 이 목표 때문에 완전히 상식 밖의 계획을 세웠다.

신경과학자 랠프 아돌프스는 다음과 같이 말한다. "감정은 마음의 기능적 상태로, 뇌가 목표를 조정하고, 주의를 기울이고, 마음속 계산을 할 때 다양한 요인에 부여하는 가중치를 수정하는 등 특정 상태에 놓이도록 만든다." 우리는 냉정하게 논리적 이성을 따른다고 믿지만, 사실은 그렇지 않다. 보통은 잘 깨닫지 못하는데, 우리의 사고 과정 틀 자체는 미묘하고 강력한 한순간의 느낌에 큰 영향을 받는다.

아돌프스는 다음과 같이 말한다. "아이폰을 떠올려보세요." 정상 상태에서 아이폰은 언제나 작업을 수행할 준비를 하고 있다. 그러려면 항상 작동 상태여야 한다. "시리야"라고 부르면 "네, 말씀하세요"라고 곧바로 대답하고, 새로 온 이메일이 있는지 확인하고, 앱을 사용하지 않을 때도 업데이트가 필요하면 자동으로 데이터를 내려받는다. 하지만 저전력 상태에서는 우선순위가 바뀐다. 배터리 절약이 최우선이므로 앞서 말한 동작은 줄어들거나 완전히 멈춘다. 계속 논리 기반 계산을 하지만 실행하는 프로그램은 다르다.

인간의 뇌는 아이폰보다 훨씬 복잡하지만 계산을 수행하는 물리적 시스템이라는 점은 비슷하다.[6] 뇌는 건강을 개선하고, 조기 사망을 예방하며, 성공적인 생식 가능성을 높이려면 어떤 행동이 가장 적절할지 계산하도록 진화했다. 뇌에도 아이폰처럼 특정 문제 해결에 맞춤화된 특수 프로그램이 많다. 어떤 프로그램은 식량 획득, 짝짓기 상대 선택, 얼굴 인식, 수면 관리, 에너지 할당, 생리적 반응 같은 실용적 문제에 적용되고, 다른 프로그램은 학습, 기억, 목표 선택, 우선순위 설정, 행동 결정 규칙, 확률 평가 같은 인지 문제에 적용된다.

아이폰이 저전력 상태일 때 프로그램을 조절하듯 뇌는 다양한 특성 상태를 실행한다. 감정은 정신적으로 작동하며 기능적으로 배경이 되는 상태로, 우리가 처한 상황에 맞는 다양한 뇌 프로그램을 조직하고 조정해 프로그램들이 서로 충돌하지 않도록 한다.

나는 캘리포니아 남부의 광활한 사막에 있는 완만한 언덕을 아들 니콜라이와 함께 하이킹한 적이 있다. 아들이 여덟 살 때였다. 날이

저물고 배도 고파서 어디에서 저녁을 먹을지 생각하던 중이었다. 그 순간 나는 오던 길에서 벗어나 길을 잃었다는 사실을 깨달았다. 어디든 다 똑같아 보였고, 주변 언덕 때문에 시야가 막혀 어떻게 해도 멀리 내다볼 수 없었다. 주위에 아무도 없고 물도 바닥났는데 길까지 잃은 데다가, 곧 추위와 어둠이 닥칠 터였다. 갑자기 두려워졌고, 배고픔은 온데간데없었다. 배고픔을 무시한 것이 아니라 더는 배고픔을 느끼지 못했다. 두려운 상태에 있으면 감각이 고조되고, 정신을 분산시키는 배고픔 같은 느낌은 억제된다.

나는 겨우 진정하고 어떻게 할지 심사숙고했다. 주요 지형물이나 왔던 길을 의식적으로 기억하지는 못했지만 "이 쪽이다"라는 예감이 들었고, 우리는 그쪽으로 향했다. 그 선택은 옳았다. 우리의 마음도 이런 식으로 작동한다. 감각은 환경에서 온 입력 정보를 뇌에 전달하고, 기억은 과거에서 온 정보를 제공한다. 지식과 믿음은 세상의 작동방식을 파악하는 바탕이 되어준다. 도전이나 위협, 풀어야 할 문제에 직면하면 우리는 모든 자원을 동원해 필요한 반응을 추정한다. 마음속 계산은 의식적 자각으로 일어나기도 하고, 그 바깥에서 일어나기도 하는 등 다양한 방식으로 발생한다. 어디에 주의를 기울일까? 잠재적 행동이 가져올 득실을 따져 얼마나 가중치를 부여할까? 위험에 얼마나 집중할까? 모호한 입력과 정보를 어떻게 해석할까? 이런 마음속 처리 과정을 이끄는 것이 바로 감정이다.

실연당한 조던 카르델라의 정신 상태는 그가 완전히 엇나간 계산을 하도록 이끌었다. 하지만 대체로 사랑, 두려움, 혐오, 자부심 등의 감정 상태는 오랫동안 우리가 사는 세상에 대처할 능력을 키워 마음 속 계산이 제기하는 여러 질문에 뇌가 답하도록 조절해왔다.

생각의 안내자인 감정

어둡고 으슥한 밤거리를 걷다 보면 뒤에서 그림자가 움직이는 듯 느껴질 때가 있다. 강도가 따라오나? 마음은 "두려움 상태"로 바뀐다. 평소에는 인지하지도 못했고 들리지도 않았던 바스락 소리나 삐걱거리는 소리가 갑자기 선명하게 들린다. 계획은 현재 중심으로 바뀌고, 목표와 우선순위도 달라진다. 배고픈 느낌이 사라지고 두통도 온데간데없다. 고대했던 그날 밤 콘서트는 갑자기 머릿속에서 지워진다.

제1장에서 우리는 불안한 상태에 놓이면 비관적인 인지 편향으로 이어진다는 사실을 살펴보았다. 불안한 뇌가 모호한 정보를 처리할 때는 가능한 해석 중 더 비관적인 쪽을 선택한다. 두려움은 불안과 비슷하지만 미래에 나타날 위험보다 현재의 확실한 위협에 대한 반응이라는 점에서 다르다. 하지만 두려움과 불안은 둘 다 마음속 계산에 비슷한 영향을 미친다. 두려움이나 불안을 느끼면 감각 입력을 해석할 때 평범한 일보다 뜻밖의 일이 일어날 가능성에 더 가중치를 둔다. 어두운 거리에서 들리는 소리는 나를 따라오는 발소리일까? 이제 이런 질문이 모든 생각을 지배한다.

두려움의 사례를 조사하는 한 연구에서 연구자들은 참가자들에게 끔찍한 살인 사건을 보여주고 두려움을 유발했다.[7] 그런 다음 그들은 폭력 행위에서 자연재해에 이르기까지 여러 재난이 일어날 확률을 추정하도록 했다. 두려움을 느낀 참가자는 그렇지 않은 참가자에 비해 살인 같은 비슷한 사건뿐만 아니라 토네이도나 홍수처럼 관련 없는 불운한 사건이 일어날 가능성도 큰 것으로 추정했다. 끔찍한 사진을 보면 참가자의 마음속 계산에 근본적인 영향을 미쳐 일반적인 주변의 위협도 더 경계하게 된다.

하지만 당신이 자기방어 훈련이 잘된 건장한 사람이라고 생각해보자. 이런 사람에게 어둠 속에서 누군가 튀어나와 지갑을 내놓으라고 한다면 어떨까. 두려움보다는 분노를 느낄 것이다. 진화심리학자들은 분노가 "협상에서 화를 내는 쪽에 유리하도록 갈등을 해결하는 방향으로" 진화했다고 설명한다.[8] 화가 나면 다른 사람의 안위나 목표는 깎아내리면서 자신의 안위나 목표의 중요성을 부풀리는 방향으로 마음속 계산을 한다. 분노를 다스리는 간단한 방법을 스스로 실험해보면 재미있는 깨달음을 얻을 수 있다. 다음에 화가 나는 상황을 만난다면 그냥 자리를 떠보라. 상황에서 벗어나는 것이다. 분노가 사그라들 시간을 준 다음, 그 갈등을 찬찬히 다시 생각해본다. 그러면 그 논쟁의 중요성이 달리 보이고, 다른 사람의 관점을 이해하고 너그럽게 받아들일 수 있게 될 것이다.

인간은 작은 사회집단에서 진화하며 협력적이거나 적대적인 상호작용을 이어왔다. 이런 상황에서 분노를 표현하면 다른 이가 분노한 사람을 달래게 된다. 조상이 살던 시대에는 분노의 이면에 공격당할 수 있다는 위협이 항상 존재했다. 강자는 약자와 싸워서 자신이 원하는 것을 더 많이 얻어내고 위협을 가할 수 있었기 때문에, 강자는 약자보다 더 쉽게 화를 냈을 것이다. 연구 결과 오늘날에도 이런 현상은 사실이다. 하지만 싸울 의향이 적은 여성들 사이에서는 보통 이런 상관관계가 훨씬 약하다.

여러 감정은 서로 다른 사고를 유도하고 판단과 추론을 적절히 조절한다. 연인에게 애정 부족을 느꼈다고 생각해보자. 연인의 무관심은 진짜 나를 거부하는 표시일까, 아니면 다른 사람의 어떤 면에 일시적으로 마음을 뺏기는 등 나와는 상관없는 요인 때문일까? 다양한 감정 상태는 문제를 생각하는 관점에 여러 방식으로 영향을 미친다. 앞서 설명한 연인 사이의 모호한 상황에서 감정이 불안하다면 더욱 혼란스러운 해석에 빠지고, 내가 무슨 잘못을 한 것은 아닌지 걱정할 가능성이 크다. 지난번에 내가 뭔가 말을 잘못했을까? 내가 하기로 한 뭔가를 잊어버렸을까? 다른 감정과 마찬가지로 불안이 엇나가면 문제가 생기고, 걱정에 휩싸여 이성적으로 판단할 수 없게 된다. 하지만 불안에도 이점이 있다. 부정적인 해석이 옳을 수도 있고, 문제를 일으킬 만한 행동을 했는지 반성하거나 상황을 해결하기 위해 어떻게 해야 할지 생각해볼 수 있기 때문이다.

감정 상태가 마음속 계산에 어떤 영향을 미치는지 밝히는 가장 생생한 사례는 1990년대 초 몬태나 주 보즈먼 근처로 사냥을 나갔던 두 남성의 안타까운 이야기이다.[9] 20대 중반의 두 남성은 울창한 숲속으로 이어진 흙먼지 날리는 외딴 트래킹 길을 걸으며 곰 이야기를 하고 있었다. 두 사람은 아침 일찍 곰 사냥을 나섰지만 아무것도 건지지 못한 상태였다.

결국 두 사람은 다시 집으로 향했다. 거의 한밤중이었고 달빛 한 점 없었다. 두 사람은 지치고 긴장한 데다가 두려웠다. 곰을 잡고 싶었지만, 이런 늦은 시간에 어둠 속에서 곰과 마주치는 일은 두려웠다. 길을 꺾어들자 20미터쯤 앞에서 부스럭 소리가 나며 뭔가가 움직였다. 두려움에 빠지고 흥분한 두 사람은 아드레날린과 스트레스 호르몬인 코르티솔이 솟구치는 것을 느꼈다.

감각이 감지한 모습과 소리는 의식적 마음이 지각한 것과는 다르다. 감각적 입력은 우리가 깨닫기도 전에 날것의 정보를 처리하는 뇌 영역으로 들어가 여러 단계를 거쳐 처리되고 해석된다. 이 처리와 해석은 선행 지식, 믿음, 예측, 감정 상태의 영향을 받는다. 두 사람이 겁에 질리거나 동요하지 않고 곰 생각만 하고 있지 않았다면 멀리서 감지되는 소리와 움직임을 대수롭지 않게 여겼을 것이다. 하지만 운명의 그날 밤 두 사람은 자신들이 곰을 만났다고 확신했다. 그들은 총을 쏘았다.

사냥꾼들의 마음속 계산은 수상쩍은 위험에서 자신을 보호하려는 두려움에서 온 것이었지만, 결국 빗나간 것으로 밝혀졌다. 그들이 "곰"이라고 생각한 것은 남녀가 함께 있던 노란 텐트였다. 곰에 대한 두려움은 곰의 공격을 받아 죽었을지도 모를 수많은 이들을 살렸겠지만, 이번에는 아니었다. 남녀가 사랑을 나누느라 텐트가 흔들리고 소리가 났던 것이다. 여성은 총을 맞고 사망했다. 총을 발사한 남성은 과실치사로 유죄판결을 받았다. 2년 후 그는 자살했다.

배심원들은 아무리 어두운 밤이라도 흔들리는 텐트를 어떻게 곰으로 착각할 수 있는지 이해하지 못했다. 배심원들은 흥분하거나 두려운 상황에 직면해 있지 않았기 때문이다. 우리는 마음속 계산을 통해서 세상 속에서 내리는 선택을 해석한다. 감정은 우리가 처한 특정 상황에 따라 정신적 작용을 조정한다. 수백만 년에 걸쳐 개발된 이 시스템은 대체로 잘 작동하지만, 우리 조상이 아프리카 초원에 살 때도 항상 정확하지는 않았다. 게다가 감정이 잘못되었을 때는 재앙이 일어날 수도 있다.

사회적 감정

변하지 않고 그대로 멈춰 있는 종種은 없다. 원시 조상이 사회적 인간으로 진화하면서 감정 구성도 다른 사람과 교감하는 상태에 어울리도록 진화했다. 신의, 정직, 호혜처럼 인간관계 및 사회적 규범과 관련된 복잡하고 새로운 감정이 감정 목록에 추가되었다.[10] 죄책감, 수치심, 질투, 분개, 감사, 존경, 공감, 자부심 같은 소위 사회적 감정이다.

분개는 사회적 규범을 위반하는 사람을 볼 때 흔히 발생한다. 감사와 존경은 뭔가를 성취하거나 우리를 능가하는 사람을 만날 때 생긴다. 질투와 수치심은 인간 사회가 발달하면서 물리적으로 자신의 이익을 지키는 능력이 지위나 생식 가능성 유지에 집중되면서 발생했다. 남성의 짝짓기 상대가 성적으로 불성실하다는 사실이 공개되고 동료들이 알아차리면, 그 남성은 생식이나 다른 영역에서 도전받을 가능성이 크다. 성적 질투와 수치심이라는 남성의 감정 체계는 이런 상황에 저항하도록 진화했다. 반면에 자손을 돌보는 데에 도움이 되는 헌신적인 짝을 찾는 일을 중시하는 여성의 역할은 애착에 대한 강한 욕구를 낳았다.

뉴욕 대학교의 윤리 리더십 교수인 조너선 하이트는 인간의 도덕적 추론과 감정 관계를 조사한 연구로 유명하다. 학술 문헌에서 7,000회 이상 인용된 그의 가장 유명한 논문은 「감정적인 개의 합리적인 꼬리The Emotional Dog and Its Rational Tail」이다. 앞에서 우리는 합리적으로 보이는 사고, 계산, 결정도 감정과 밀접하게 엮여 있고, 흔히 감정은 배후에서 마음속 계산을 바꾼다는 사실을 살펴보았다. 하이트는 여기서 한 발 더 나아가 감정, 특히 사회적 감정이 다른 사고 과정은 물론 도덕적 추론을 이끄는 주요 동인이라고 주장한다.

하이트의 연구 대부분은 우리 삶에서 혐오감이 하는 역할에 초점을 맞춘다. 연구자들은 물리적 세상에서 혐오감을 지배하는 기본적인 신경 장치가 사회적 맥락에 따라 바뀐다는 사실을 발견했다. 상한 음식을 먹지 않도록 우리를 보호했던 감정은 진화를 거치며 사회적, 도덕적 질서의 보호자로 확장되었다.[11] 그 결과 오늘날 우리는 부패한 음식뿐만 아니라 "부패한" 사람에게도 혐오감을 느끼게 되었다. 여러 문화에서 혐오스러운 물질을 거부하는 말이나 표정은 사회적으로 부적절한 사람이나 행동을 거부할 때도 그대로 이용된다.

한 연구 논문에서 하이트와 동료들은 대학생 참가자들에게 초코바를 대가로 주고 다양한 상황을 읽은 다음 도덕성을 평가하도록 했다. 대조군은 일반 실험 조건에서 평가했고, 실험군은 "약간 혐오스러운 조건"에서 평가했다. 하이트는 참가자들이 주변 환경 때문에 일어난 신체적 혐오감을 그들이 읽는 상황에서 오는 사회적 혐오감으로 오인할 것이라고 가정했다. 신체적 혐오감이 사회적 혐오감으로 번지고 그 반대도 가능하다면 두 감정이 밀접하게 연관되어 있다는 개념이 입증될 것이다.

하이트는 대조군의 방을 깨끗하게 정돈했다. 실험군의 방에는 쿠션이 더러운 찢어진 의자, 기름기가 남은 피자 상자와 더러운 휴지가 넘치는 쓰레기통, 끈적하고 얼룩진 책상 위에는 끝을 잘근잘근 씹은 펜과 스무디가 말라붙은 투명 컵을 두었다. 이 조건을 읽으며 '전형적인 기숙사 방이로군'이라고 생각했다면, 당신은 하이트보다 대학생들을 더 잘 아는 셈이다. 실제로 그랬다. 하이트는 혐오감을 유발하려는 시도가 실패했다고 결론 내렸다. 설문지에 따르면, "혐오감"을 느끼도록 설계된 실험군은 그 방에서 전혀 혐오감을 느끼지 않았다고 응답했다.

하이트와 동료들은 학생들에게 확실히 혐오감을 유발할 다른 방법을 이용해 성공을 거두었다. 방귀 스프레이를 이용한 것이다(온라인에서 주문할 수 있다). 이 실험에서 연구자들은 참가자들이 도착하기 직전 방에 방귀 스프레이를 뿌린 다음, 가까운 친척과 섹스하거나 결혼하는 일을 어떻게 생각하는지 등의 도덕적 문제에 대해 질문했다. 연구자들은 스프레이를 뿌리지 않은 방에서 설문지를 작성한 대조군

에 비해 실험군이 도덕적으로 더 냉정한 판단을 내렸다는 사실을 발견했다.[12]

한 번은 실패했지만 하이트의 연구는 대체로 비슷한 결론을 도출했다. 다른 연구진이 수행한 실험에서 쓴 음료를 마셔 역겨움을 유발한 실험군은 윤리적 위반 상황을 도덕적으로 용인하지 않았다.[13] 반대로 도덕적 위반 상황을 떠올린 참가자는 대조군보다 맛이 이상한 음료를 더 역겹다고 느꼈다.[14] 과학자들은 건강이 나빠 보이는 사람이나 노인, 외국인처럼 자신과 다르게 보이는 사람에 대한 부정적인 반응과 자신이 감염병에 취약하다고 여기는 생각에 상관관계가 있다는 사실도 발표했다.[15] 임산부처럼 특히 질병에 취약한 집단도 비슷한 경향을 보였다.

사회적 감정이 도덕성 감각의 기초가 된다는 하이트의 견해가 옳다면, 이런 감정은 우리가 사회에서 협력하며 함께 살아가는 데에 매우 중요하다고 볼 수 있다. 뇌 손상을 입은 사람을 연구하여 뇌의 기능을 설명할 수 있듯이, 사이코패스처럼 사회적 감정이 부족한 사람을 살펴보면 그런 종류의 감정이 사회 기능을 제대로 유지하는 데에 왜 중요한지 알 수 있다. 2017년 회계사이자 부동산업자이며 도박꾼이던 예순네 살의 스티브 패덕은 라스베이거스 만달레이베이 호텔 32층에 이어진 두 개의 방을 예약하여 상황을 모르는 벨보이의 도움을 받아 무기와 탄약이 든 가방 5개를 들여왔다. 10월 1일 일요일 밤, 그는 호텔 밖에서 공연을 즐기는 관객들에게 약 1,100발의 총을 난사했다. 58명이 목숨을 잃었고, 공황 상태에서 부상을 당한 사람들을 포함하여 851명이 다쳤다. 수년간 조사가 이루어졌지만 경찰은 그의 범행 동기를 찾지 못했다. 사실 이 사건은 그저 식료품 가게를 어슬렁거리듯 아무 생각 없이 한 행동이었다.

1년 후 다른 범인이 총을 들고 대학생이 주로 찾는 캘리포니아 주 사우전드오크스의 컨트리 음악 바에 들어섰다. 그곳에는 라스베이거스 콘서트에 참석했던 사람도 몇 명 있었다.[16] 범인은 12명을 쏘아 죽인 후에 자살했다. 그는 마치 좋아하는 밴드의 공연을 즐기듯이 총을 쏘면서 사진을 찍어 인스타그램에 올렸다. 게시 글에는 이렇게 쓰여 있었다. "내가 하는 이 짓에 대해 사람들이 대체 어떤 말도 안 되는 한심한 이유를 댈지 볼 수 없어서 정말 유감이군." 그다음 그는 스스로 그 이유를 설명한다. 그러면서 패덕의 범행 동기도 밝힌 셈이었다. "사실 별 이유는 없지. 그냥 젠장, 인생 지루한데 왜 안 돼?"

사람들은 사이코패스를 "미쳤다"라고 말하지만, "미쳤다"라는 말은 "비합리적"이라는 의미가 아니며 사이코패스는 비합리적이지도 않다. 공감, 죄책감, 후회, 수치심 같은 사회적 감정이 부족한 사이코패스처럼 총기 난사 사건의 범인들은 살인을 쉽게 생각했다. 사람을 사냥하는 사이코패스는 매우 논리적으로 마음속 계산을 하지만 행동을 제대로 인도해줄 감정이 없으므로, 마치 사격 게임에서 판지 인형을 쏘듯 희생자에게 일말의 감정도 느끼지 못한다.

『정신장애 진단 및 통계 편람Diagnostic and Statistical Manual of Mental Disorders』 제5판에서는 "반사회적 성격장애" 항목에 사이코패스를 둔다. 이 장애는 전전두엽 피질 일부와 편도체 이상과 관련이 있는 것으로 보이며, 이런 증상은 인구의 0.02-3.3퍼센트에서 일어난다고 추정된다. 유병률이 0.1퍼센트라고 가정하면 미국에서만도 그 숫자는 25만 명에 이른다. 무작위 대량 총기 난사 사건이 자주 일어나지만 다행히 사이코패스에게도 사람을 사냥하려는 충동은 극히 드물다. 그러나 사회적 감정이 부족한 사이코패스는 사회적 규범을 무시하고 반사회적이고 부도덕하며 파괴적인 행동 패턴을 보인다. 사회적 감정이 없다면 우리 모두 그렇게 행동할지도 모른다. 따라서 진화가 우리에게 사회적 감정을 부여한 것은 현명한 일이었다.[17]

충동이라는 감정

다윈 이후 대부분의 과학자들은 "기본적인" 감정만 중시한 채 이상하게도 이 목록을 확장하지 못했다. 좌절, 경외심, 만족감, 심지어 사랑 같은 감정은 비교적 연구하지 않았고, 성적 흥분이나 목마름, 배고픔, 고통은 감정이라기보다는 충동이나 충동적 힘으로 분류했다. 하지만 최근 몇 년간 감정을 "기능적 상태"라고 보는 관점이 발전하며 상황이 바뀌었다. 이제 감정은 해부학이나 감정이 생성되는 메커니즘보다 감정의 기능에 따라 정의된다.

오늘날 대다수의 감정 과학자들은 훨씬 넓은 범위의 감정을 수용하고 목마름, 배고픔, 고통, 성적 욕망처럼 전통적으로 감정으로 분류되지 않았던 느낌도 감정과 공통점이 많다는 사실을 인정한다.[18] 예를 들면 배고픔은 식량을 손에 넣는 일을 최우선으로 하는 감정 상태이지만 실제로는 더 일반적이다. 배고픔은 우리가 사물에 부여하는 가치를 증폭시킨다. 실험실이나 현장 연구에 따르면, 배가 고플 경우 음식은 물론 다른 사물을 손에 넣으려는 의도도 늘어난다.[19] 배고픈 상태에서 식료품 가게에 들어가면 음식을 많이 구입한다는 사실은 누구나 알지만, 배고픈 상태에서 백화점에 가도 물건을 많이 사게 된다는 사실은 잘 모른다.

이런 점에서 배고픔은 혐오감과 반대 효과를 보인다. 연구에 따르면 배고픔은 음식이나 다른 물건을 사도록 유도하고, 혐오감은 물건을 버리게 한다. 카네기멜런 대학교의 과학자들은 실험 참가자들에게 평범한 영화 장면과 「트레인스포팅」에서 주인공이 몹시 더러운 변기로 돌진하는 장면을 보게 했다.[20] 그다음 실험 초반에 받았던 펜 세트를 팔도록 했다. 평범한 영화 장면을 본 참가자들은 평균 4.58달러에 펜을 팔았다. 하지만 역겨운 장면을 본 참가자들은 훨씬 적은 평균 2.74달러에 펜을 팔아버렸다. 혐오감을 느낀 참가자들은 나중에 자신의 결정을 이상하게 여겼지만, 영화 속 불쾌한 장면에 영향을 받았다는 사실을 부인하고 더 합리적인 이유를 들어 자신의 행동을 정당화하려고 했다.

성적 흥분 역시 예전에는 "충동"의 하나로 보았지만, 이제는 보통 감정으로 여겨진다. 연구자들은 감정의 맥락에서 성적 흥분이 정신적 정보처리에 미치는 영향을 연구한다.[21] 성적 흥분은 두려움과 마찬가지로 위험을 암시하는 감각 입력의 민감도에 영향을 미치지만, 두려움과 달리 민감도를 올리지 않고 오히려 낮춘다. 밤에 문밖에서

질문	대조군(흥분하지 않음)	실험군(흥분함)
여성의 구두는 에로틱한가?	42	65
땀에 젖은 여성은 섹시한가?	56	72
성적 상대를 묶는 행위는 즐거운가?	47	75
싫어하는 상대와의 섹스를 즐길 수 있는가?	53	77
아주 뚱뚱한 사람과의 섹스를 즐길 수 있는가?	13	24
60세 여성과의 섹스를 상상할 수 있는가?	7	23

이상한 소리가 나면 보통 놀라겠지만, 섹스하는 중이라면 그 소리를 알아차릴 확률이 훨씬 낮다. 성적으로 흥분하면 먹고 싶던 치즈케이크를 먹거나 병원균을 피하는 등 섹스와 관련 없는 목표를 향한 집중력도 줄어든다.

최근의 한 자극적인 연구에서는 버클리 대학교의 젊은 남성 학부생에게 성적 흥분을 일으키는 상황과 그렇지 않은 상황에서 일련의 질문을 함으로써 성적 흥분이 남성의 마음속 계산에 어떤 변화를 유발하는지 조사했다. 연구자들은 과학 실험을 위해 1회당 10달러를 받고 자위할 남학생을 모집한다는 광고를 캠퍼스에 냈다. 자원한 수십 명의 참가자를 대조군(흥분하지 않음)과 실험군(흥분함)으로 나누었다. 대조군은 그냥 질문에 답하고 실험군은 집에서 연구자들이 나눠준 야한 사진을 보고 흥분한 상태에서 질문에 답하도록 했다.[22] 위의 표는 연구 결과에서 가져온 것이다. 대조군과 실험군에서 참가자들의 판단이 어떻게 다른지 유의하여 살펴보자. 각 숫자는 0("절대 아니다")에서 100("완전히 그렇다")을 기준으로 각 군의 평균값을 나타낸 것이다.

비슷한 연구에 따르면 많은 영화에서 묘사된 것처럼 섹스 파트너를 묶을 때 남성의 느낌과 끌림은 흥분하면서 급속히 상승하다가 절정 직후에 곤두박질친다.[23] 이 연구자들은 성적 문제만 조사했으나, 다른 연구에서는 남성이 흥분하면 다른 사고 과정도 달라진다는 사실을 발견했다. 성적으로 흥분한 남성은 인내심이 줄어들고, 지연된 만족보다 돈 같은 즉각적인 보상을 더 높게 평가했다.[24]

여성에게 성적 흥분의 효과는 어떨까? 진화적 관점에서 여성은 성적 흥분에 대해서 남성과 상당히 다르게 반응하리라고 예상된다. 수컷의 생식적 성공은 생식력이 있는 암컷의 숫자로 결정된다. 수컷은 성행위로 그다지 잃을 것이 없다. 하지만 암컷은 생식과 그 결과에 많은 투자를 해야 한다. 암컷은 임신 기간 동안 많은 에너지를 섭취해야 하고, 건강상의 위험도 감수해야 하며, 잃을 것도 적지 않다. 수컷은 다른 암컷을 계속 임신시킬 수 있지만, 포유동물 암컷은 임신 기간뿐만 아니라 에너지를 많이 소모하는 수유 기간에도 다른 생식의 기회를 포기해야 하는데, 이 기간은 때로 몇 년 동안 이어지기도 한다. 그 결과 암컷은 성적 상대를 더 까다롭게 고르고 성적 흥분에 덜 흔들린다. 한 과학자는 다음과 같이 지적했다. "성욕과 사정은 남성의 지각에 깊은 영향을 미친다. ……남성은 '성욕에 눈멀' 수 있게 적응했다. ……하지만 여성은 그렇게 적응하지 않았다."[25]

안타깝게도 성적 흥분이 여성에게 미치는 효과를 살펴본 연구는 남성에게 미치는 효과를 살펴본 연구보다 적다. 남성과 여성을 모두 살펴본 한 연구에서는 당연히 남녀 모두 흥분하지 않았을 때보다 흥분했을 때 피임하지 않고 섹스를 할 확률이 높지만, 흥분이 미치는 효과는 확실히 남성이 더 컸다.[26] 다른 연구는 성적 흥분이 여성의 혐오감에 미치는 영향을 조사했다. 남성의 성적 흥분이 혐오감에 미치는 영향에 대해서는 프로이트가 이렇게 밝힌 바 있다. "예쁜 여성의 입술에 열정적으로 키스하는 남성이라도 그 여성의 칫솔을 쓴다는 생각에는 혐오감을 느낄 수 있다."[27] 같은 모순은 여성에게 훨씬 더 강력하게 작용한다.

여성에게 다른 사람의 침, 땀, 체취는 가장 강력하게 혐오감을 유발하는 원인이지만, 성적 상황에서는 매력적으로 느껴질 수 있다. 왜 그럴까? 연구자들은 성행위를 촉진하기 위해 성적 흥분이 혐오감 프로그램을 억제한다고 가정했다. 이를 검증하기 위해 연구자들은 여성용 야한 영화와 평범한 영화를 보여준 다음 큰 벌레가 든 컵에 있는 주스를 한 입 마시거나 화장실 휴지통에서 더러운 휴지를 꺼내도록 했다(참가자들은 몰랐지만 벌레는 사실 플라스틱 모형이었고 휴지통 속 대변이 묻은 휴지도 가짜였다). 예상할 수 있듯이, 성적으로 흥분한 여성은 평범한 영화를 본 여성보다 이 상황을 훨씬 덜 혐오스럽다고 평가했다.

인간이 직면하는 가장 중요한 결정 중 하나는 성적 상대를 선택하는 것이며, 이 과정에서 인간은 성적 흥분이라는 감정을 도구로 사용하도록 진화했다. 겉으로 드러나든 그렇지 않든 남녀 모두 사회생활에서 매력적인 이성과 잠깐만 만나도 생리적으로 재빨리 반응한다. 예쁘거나 잘생긴 사람을 만나면 코르티솔과 테스토스테론 수치가 치솟는다.[28] 하지만 여성은 성적으로 잘못된 평가나 결정을 내리면 큰 진화적 비용을 감수해야 한다. 따라서 진화적으로 여성의 감정 시스템은 성행위를 촉진하면서도 짝짓기 결정을 신중하게 내리고 단호한 "선택"을 하도록 진화했다.

기쁨과 긍정적인 감정의 목적

1914년 8월, 제1차 세계대전이 발발했지만 극지 탐험가 어니스트 섀클턴과 팀원들은 인듀어런스 호를 타고 영국에서 남극으로 출발했다. 그는 대담한 목표가 있었다. 남극 대륙을 최초로 횡단해 남극점을 지나 로스 해에 도달하는 것이었다. 하지만 1915년 1월, 인듀어런스 호는 빙하에 갇힌 채 10개월 동안 표류하다가 배의 목재가 약해지기 시작하고 물이 쏟아져 들어오자 침몰했다. 섀클턴과 팀원들은 세 척의 구명정에 나눠 타고 근처 유빙에서 야영을 하며 지냈다. 4월이 되자 이들은 근처 코끼리섬으로 나아갔다. 선원들은 바다표범, 펭귄, 기르던 개를 잡아먹으며 버텼다. 하지만 섀클턴은 이 무인도에서 자신들이 구조될 가능성이 없다는 사실을 깨닫고, 선원 5명과 함께 7미터 길이의 구명정에 올라타고 얼어붙은 험한 바다를 거쳐 사우스조지아 섬으로 향하는 1,300킬로미터 항해에 올랐다. 2주일 후 이들은 수척하고 지친 채로 목적지에 내려 섬 반대편의 포경 기지로 걸어갈

채비를 했다. 아무도 사우스조지아 섬을 횡단한 적이 없었고, 성공 가능성도 없었다. 출발하면서 섀클턴은 이렇게 썼다.

우리는 신기하게 생긴 바위와 조류가 흔들리는 좁은 만 입구를 통과 했다. ……태양이 안개를 걷고 나오자 물이 넘실거리며 반짝였다. 이 상하게 보였겠지만 햇살이 넘치는 그날 아침 우리는 행복했다. 노래 를 부르기까지 했다.[29]

굶주리고 동상에 걸린 이들이 자살행위나 다름없는 상황을 앞두고 어떻게 행복할 수 있었을까? 행복은 우리 삶에 어떤 역할을 할까?

지금까지는 위협적인 상황에 맞서 생존이나 생식을 지키려는 반응 으로 일어나는 감정을 살펴보았다. 돈다발을 들고 여행한다면 공공 장소에서 행여나 남이 그것을 흘끗 보지 않도록 주의해야 한다. 두려 움은 조심해야 한다는 결정을 내리게 한다. 이런 상황에서 두려움은 유용하다. 돈을 도둑맞을 가능성을 줄여주기 때문이다. 하지만 방금 엄청난 돈을 벌어서 행복하다면 그 느낌은 왜 일어날까? 기쁨은 섀 클턴 일행의 생존에 어떻게 도움이 되었을까?

연구 심리학자들은 최근에야 행복 같은 "긍정적 감정"의 본질을 조 사하기 시작했다. 긍정적 감정은 앞서 언급한 사회적 감정과 기본 감 정이라는 두 가지 감정에 영향을 미친다. 심리학 문헌에 따르면 긍정 적 감정에는 자부심, 사랑, 경외심, 즐거움, 감사, 영감, 소망, 승리 감, 연민, 애착, 열정, 관심, 만족, 기쁨, 안도감이 포함된다.[30] 20년 전에 이런 감정은 모두 감정 연구 바깥에 있었다. 주체할 수 없는 분노, 만성적인 두려움, 쇠약하게 만드는 슬픔 같은 감정은 치료해야 할 문제였지만, 경외심에 가득 차거나 행복해서 마비될 지경이라고 불평하는 사람은 아무도 없었다. 따라서 긍정적 감정의 진화적 목적은 미스터리였지만, 이 감정을 연구하는 일은 드물었다. 그후 2005년 미시간 대학교의 바버라 프레드릭슨과 크리스틴 브래니건의 획기적인 논문이 발표되었다.[31] 이 논문은 프레드릭슨이 제안했던 "확장–구축 이론broaden-and-build theory"에 신빙성을 부여했다.[32] 이 논문이 발표된 후 긍정적 감정은 비로소 진지하게 연구되기 시작했다.

확장–구축 이론은 긍정적 감정이 발달한 진화적 이유를 설명한다. 인간의 뇌는 위험에 맞서 섬세한 균형을 유지해야 한다. 뇌는 위험을 피하고 주변에 해로운 것이 있는지 살피도록 설계되었다. 위험을 감수하거나 탐색하는 일은 피한다. 반면에 감정은 이런 면에 무게를 싣는다. 감정은 위험한 상황에서 신속하고 단호하게 행동하기 위해 지각을 좁혀 생각하도록 이끎으로써 우리를 보호한다. 하지만 뇌는 호기심을 갖고 지식을 넓히며, 기회를 잡고 주변을 탐사하도록 설계되기도 했다. 그러려면 위험을 감수해야 한다. 하지만 우리 조상은 이런 행동으로 새로운 식량과 식수원을 발견할 수 있었다. 이런 행동은 식량이나 물이 고갈되었을 때에 유용했다.

프레드릭슨이 보기에 긍정적 감정 상태는 어느 정도 위험을 감수하게 만드는 효과가 있다. 긍정적 감정은 관점을 넓히는 한편, 탐사하고 놀고 사회적 관계를 형성하고 기회를 잡고 미지의 세계로 나아가기 위해 위협적이지 않은 상황을 이용하도록 동기부여하는 사고방식이다. 극지의 아름다운 아침을 맞이한 새클턴 일행에게 기쁨이 선사한 사고방식이다. 기쁨은 새클턴 일행이 앞으로 나아갈 수 있도록 북돋웠고, 결국 포경 기지에 도착해 뒤에 남은 동료들을 구하러 되돌아갈 힘을 주었다. 프레드릭슨은 이것이 긍정적 감정이 필요한 이유라고 주장했다. 긍정적 감정은 우리 조상이 새롭고 더 나은 곳으로 나아가게 만들어 생존에 도움을 주었다.

연구에 따르면 행복한 사람은 더 창의적이고, 새로운 정보에 개방적이며, 사고방식이 유연하고 효율적이다. 행복은 한계를 뛰어넘고 다가오는 일에 마음을 열게 한다. 다르게 생각하고 탐색하고 발명하고 즐겁게 놀고 싶은 충동을 불러일으킨다. 성인의 놀이는 지적, 예술적 활동이고, 청소년의 놀이는 주로 신체적, 사회적 기술을 개발하는 데 도움을 준다. 어린 아프리카땅다람쥐는 뛰어놀 때 자주 방향을 바꾸거나 공중으로 똑바로 뛰어오르고, 날면서 회전하고 착지한 다음 다른 방향으로 뛰어간다. 이런 기술은 어릴 때는 물론이고 성장해서도 뱀 같은 위험을 만났을 경우에 벗어날 유용한 행동 기술이다.

자부심에 대해서 살펴보자. 자부심은 사람들과 교류하며 내가 이룬 성취를 다른 이들에게 알리고 싶은 욕구를 불러일으키며, 더 긍정적인 미래를 위해 큰 성취를 이루도록 노력하게 만든다. 관심은 지식 기반과 경험 저장고를 확장하기 위해서 탐색하고 탐험하려는 욕구를 불러일으킨다. 이렇게 능력이 확장되면 우리 조상이 물과 식량, 탈출로나 숨을 곳을 찾아나서던 때와 마찬가지로 미래의 도전에 맞서는 데에 도움이 된다. 점점 위험해지고 끊임없이 변화하며 어제의 기술이 오늘의 도전에 맞서는 데에 충분하지 않은 현대 사회에서는 이런 능력이 오늘날의 환경을 넘어설 지혜를 준다.

반면에 경외심은 종교나 자연을 볼 때에 흔히 발생하는 감정이다. 경외심은 나 자신보다 위대한 존재가 있다는 느낌, 그리고 다른 이에게 좋은 사람이 되고자 하는 동기라는 두 가지 주제가 핵심이다. 경외심은 좁은 이기심에서 벗어나 내가 속한 더 큰 집단의 이익으로 시선을 넓히도록 유도한다. 사회집단에서 협동적인 일원이 되고 모두의 선善을 위한 행동에 참여할 힘을 기르는 데에 도움이 되는 감정이다. 한 연구에서 심리학자들은 전국 1,500명의 사람에게 질문해 평소 얼마나 경외심을 느끼는지 평가했다.[33] 그리고 겉보기에는 실험과 상관없어 보였지만 현금이 걸린 복권 10장을 주었다. 원한다면 복권을 다 가져도 되고, 복권이 없는 사람에게 나눠주어도 된다고 말했다. 살면서 경외심을 많이 느꼈다고 응답한 사람은 그렇지 않은 사람보다 다른 사람에게 복권을 40퍼센트 더 많이 나눠주었다. 어떤 실험에서는 일부 참가자들을 캘리포니아 대학교 버클리에 있는, 높이가 60미터가 넘는 "경이로운 태즈메이니아 블루검 유칼립투스 숲"에 데려갔고, 나머지 참가자들은 평범한 과학관 바깥으로 안내했다. 두 집단 앞에서 한 과학자가 지나가다가 일부러 비틀거리며 펜 몇 자루를 떨어뜨렸다. 방금 멋진 나무를 보며 경외심을 느꼈던 사람은 평범한 건물을 보던 사람보다 넘어진 사람을 훨씬 더 많이 도와주었다.

무엇보다 긍정적 감정은 특히 건강과 기대수명 연장과 깊은 상관관계가 있다. 2010년 10여 개의 연구를 검토한 리뷰 논문에 따르면 긍정적 감정이 몇 가지 경로를 통해서 호르몬, 면역, 항염 시스템 등에 이로운 효과를 발휘한다.[34] 한 연구에서 런던의 건강 전문가들은 45세에서 60세 사이의 건강한 남녀 수백 명을 조사한 자료를 검토하여,[35] 노벨상 수상자이자 『생각에 관한 생각*Thinking, Fast and Slow*』의 저자인 심리학자 대니얼 카너먼이 고안한 방법으로 이들의 긍정적 감정을 평가하기도 했다. 카너먼은 행복하게 사는가를 질문하는 것만으로는 그 사람이 진정 행복한지 정확히 알 수 없다고 여겼다. 그런 질문으로는 그 순간에 어떻게 느끼는지, 방금 무슨 일이 일어났는지, 날씨가 좋은지 어떤지를 반영한 대답밖에 얻을 수 없다고 보았기 때문이다. 참가자들이 보고하는 것은 순간적인 느낌이지 일반적인 상태는 아니라는 것이다. 따라서 카너먼은 여러 순간에 특정 질문을 하고, 그 데이터를 통계적으로 분석하는 편이 더 낫다고 보았다. 연구자들은 하루에도 몇 번씩 참가자들에게 무작위로 전화를 걸어 매번 그 순간 기분이 어떤지 물어보았다. 그 결과 가장 행복하지 않은 사람은 가장 행복한 사람에 비해 장기적으로 질병을 일으키는 생화학 물질 및 코르티솔 수치가 약 50퍼센트 더 높았다.

다른 연구에서 연구자들은 3주간 300명이 넘는 참가자들의 감정을 비슷한 방법으로 연구했다.[36] 조사가 끝난 후 연구자들은 참가자들을 실험실로 불러 감기를 일으키는 리노바이러스 액체를 코에 주입했다. 다음 5일간 참가자들을 격리 구역에서 지내게 하며 감기 징후를 조사했다. 긍정적 감정 수준이 가장 높은 참가자는 긍정적 감정 수준이 가장 낮은 참가자에 비해 감기에 걸릴 확률이 거의 세 배나 낮았다. 행복한 사람일수록 질병과 싸울 준비가 되어 있는 셈이다.

긍정적 감정을 다룬 연구를 요약하면 삶에서 긍정적인 감정이 풍부한 사람이 더 건강하고 창의적이며 다른 사람과 잘 어울린다고 볼 수 있다. 긍정적인 감정은 회복력을 높이고 상황에 대처하는 데에 필요한 감정적 자원을 강화하며, 자각을 넓혀 문제에 직면했을 때 더 많은 선택지를 견주어볼 수 있게 한다.

안타깝게도 요즘 우리는 조상에 비해 신체 활동이나 놀이를 할 기회가 훨씬 적다. 특히 들판이나 숲 같은 자연과 접촉할 기회는 크게 부족하다.[37] 연구에 따르면 이런 현대적 상황은 긍정적인 감정을 감소시킨다. 과학자들이 "부조화"라고 부르는 현상이다. 하지만 다행히 우리는 그런 생활 방식을 따르게 되어 있지 않다. 부조화가 현대 생활의 기본 요건이기는 하지만 긍정적 감정을 더 많이 느끼도록 노력함으로써 이런 상황에 대응할 수 있다.

적어도 하루에 한두 번은 운 좋은 상황이나 감사할 만한 일에 의식적으로 집중하면 도움이 된다. 좋아하는 상황이나 활동—음악을 듣거나 좋아하는 음식을 먹거나 따뜻한 물로 목욕하는 등 사소하고 단순한 활동—을 떠올리고 일상에서 그런 행동을 하기 위해 노력해도 좋다. 사교성을 기르려는 노력도 긍정적 감정을 증가시킨다. 다른 사람과 관계를 맺고 친구와 대화하거나, 다른 사람을 돕고 단체 활동에 참여하고 다른 사람과 조언과 격려를 주고받는 활동도 긍정적 감정을 기르는 데에 도움이 된다.[38] 운동도 행복하게 만들 뿐만 아니라

스트레스를 낮추고 여러 신체적 이점을 준다. 긍정적 감정은 조상의 생존을 돕기 위해서 진화했지만, 오늘날에도 여전히 삶을 좋은 방향으로 이끈다.

변화를 만드는 슬픔

지금까지 긍정적 감정에 대해서 살펴보았다. 그렇다면 슬픔은 어떨까? 슬픔은 그다지 달갑지 않은 감정이다. 슬픔의 역할은 무엇일까?[39] 사람들은 목표를 달성하면 행복하고, 목표 달성에 장애물이 있다는 사실을 알면 화가 나며, 목표를 상실하거나 목표를 달성한다고 해도 유지할 수 없다는 사실을 알면 슬퍼한다. 슬픔에는 두 가지의 중요한 기능이 있다. 슬픈 표정은 강렬한 메시지를 전한다. 낮게 깔린 눈과 처진 눈꺼풀, 아래로 향한 입꼬리, 내리깔린 속눈썹은 보는 이에게 강한 영향을 준다. 다른 사람에게 슬픔을 전하는 행동은 도움이 필요하다는 신호이다. 우리는 사회적 종이기 때문에 다른 사람에게 도움의 손길을 내민다. 어른이라도 누군가 운다면 마음이 약해지고 돕고 싶어진다.

  슬픔의 다른 기능은 사고의 변화를 촉진해 적응력을 높이는 것이다. 슬픔이라는 정신 상태는 믿음을 재고하고 목표의 우선순위를 조정하는 등 힘든 정신적 작업을 수행하도록 이끈다. 정보처리 범위를 확장해 손실이나 실패의 결과와 성공을 막는 장애물을 파악하도록 돕는다. 전략을 재평가하고, 달갑지 않지만 바꿀 수 없는 상황을 수용하도록 한다.

　슬픈 상태일 때 정보를 처리하면 상황이 좋지 않게 흘러가는 이유와 상황의 흐름을 바꿀 방법을 파악하는 데에 도움이 된다. 비현실적인 기대와 목표를 버리고 더 나은 결과를 이끄는 것에도 도움이 된다. 한 연구에서 과거 특정 기간의 시장 데이터를 기반으로 외환 거래를 시뮬레이션한 실험도 이런 결과를 뒷받침한다.[40] 연구자들은 경제 및 금융 관련 학생들에게 해당 기간의 시장 정보를 알려준 다음, 행복하거나 슬픈 느낌이 드는 음악을 들려주며 거래 결정을 하도록 했다. 실험은 실제로 과거 시장을 반영한 시뮬레이션이었으므로 연구자들은 과거 데이터를 바탕으로 학생들의 거래 성공 여부를 판단할 수 있었다. 슬픈 음악을 들은 참가자는 행복한 음악을 들은 참가자보다 더 정확히 판단하고 현실적인 거래 결정을 내려 결과적으로 더 많은 이익을 얻었다.

　물론 행복해지거나 슬퍼진다는 선택을 할 수 있다면, 우리는 모두 행복을 택할 것이다. 감정은 생각이나 계산, 결정을 유도하는 정신 상태이지만 우리가 겪는 느낌이기도 하다. 감정 과학에서는 보통 감정과 관련된 뇌 상태를 의식적 경험과 관련된 뇌 상태와는 별개로 본다. 이 장에서 나는 감정을 사고 과정을 결정하는 정신적 정보처리 과정으로 보았다. 다음 장에서는 감정의 또다른 의식적 측면인 느낌에 대해서 살펴볼 것이다.

5

느낌은 어디에서 오는가

아버지는 말년에 움직임이 느려지셨다. 몇 걸음마다 멈춰서야 했고, 숨이 찰 정도의 활동은 전혀 하지 않았다. 기력이 부족해서도, 연로하셔서 생긴 통증 때문도 아니었다. 말 그대로 심장 문제였다. 흔히 감정과 연관된다고 여겨지는 기관인 심장은 혈액을 전신으로 보내는 에너지 집약적인 장치이다. 혈액 순환이 나빠져 심장벽을 공격하자 혈액 펌프가 손상되었고, 아버지는 심장에 과부하가 걸리지 않도록 활동량을 줄여야 했다.

장기적인 관점에서 본성은 건강에 너그러운 주인이다. 본성은 우리에게 베이컨이나 밀크셰이크를 끊고 규칙적으로 운동하라고 명령하지 않는다. 하지만 급박한 상황에서는 우리를 강하게 지배한다. 인분을 먹으려고 한다면 입을 틀어막는다. 사나운 동물을 만나면 몸이 움츠러든다. 심장근육에 혈액이 부족한데 힘차게 걸으면 본성은 우리를 가로막는다. 특히 심박수가 늘면 심장근육의 신경이 뇌에 강한 경보를 보내서 극심한 통증을 유발한다. 이 통증을 협심증이라고 한다.

20세기 중반 외과의사들은 협심증에 대한 기발한 새 치료법을 발견했다고 생각했다. 흉강의 특정 동맥을 묶으면 곁 혈관으로 흐르는 혈류가 늘어 고통스러운 부위의 순환이 개선되리라고 가정한 것이다. 물리학이라면 수학 공식을 종이에 휘갈겨 이론을 검증할 수 있겠지만 의학에서는 환자가 종이이다. 그래서 의사들은 환자를 대상으로 이 수술을 시작했다. 이론은 입증된 것 같았다. 환자들은 통증이 상당히 완화되었다고 보고했다. 곧 모든 외과의사가 이 수술을 받아들였다. 이미 효과가 다 알려졌는데 누가 통제된 과학 연구를 해서 수술을 검증해야 한다고 주장하겠는가?

그러나 이 수술에도 몇 가지 함정이 있었다. 수술받은 환자를 부검한 병리학자들은 혈류가 개선되었다는 증거를 찾지 못했다고 보고했다.[1] 환자들은 수술이 효과적이라고 말했지만 심장은 그렇지 않다고 말하고 있었다. 동일한 방법으로 개를 수술한 동물 연구자들도 효과가 없다고 보고했다. 의사들은 수술 효과를 의심하기 시작했다. 수술 성과는 한낱 머릿속 가정에 불과했다.

오늘날에는 윤리적인 이유로 이런 실험이 허가되지 않지만, 1959년과 1960년에 의료진 두 팀은 진짜 수술과 가짜 수술을 시행함으로써 명백하게 역설적인 이 결과를 조사했다.[2] 의료진은 가짜 수술 대상 환자의 가슴을 절개해 해당 동맥을 드러낸 다음, 동맥을 묶지 않고 다시 가슴을 덮었다.

두 팀의 연구 결과, 수술은 의학적 이유가 아니라 심리적 이유로 효과가 있었다는 사실이 드러났다. 진짜 수술을 받은 환자의 4분의 3은 협심증 통증이 완화되었다고 보고했다. 하지만 가짜 수술을 받은 다섯 명도 모두 같은 효과를 보았다고 밝혔다. 위약효과僞藥效果가 작동한 것이다.

연구 결과에서는 가짜 수술을 받은 한 환자의 말을 인용했다. "실제로 금방 기분이 나아졌습니다. ……수술 후 8개월 동안 협심증을 완화하는 니트로글리세린을 열 알밖에 복용하지 않았어요. ……수술 전에는 하루에 다섯 알을 먹었는데 말이죠." 다른 환자는 협심증 통증이 사라졌다고 보고했고, 자신의 미래에 대해 "낙관했다". 슬프게도 이 환자는 그다음 날 "강하지 않은 운동을 한 뒤" 급사했다.

연구자들은 논문에서 환자들의 심장 이상 정도와 환자 스스로 느끼는 협심증 강도가 일치하지 않았다고 밝혔다. 같은 모욕을 받아도 사람마다 느끼는 분노의 정도가 다르듯이, 같은 신체적 위해를 입어도 사람마다 느끼는 고통의 정도가 다르다. 남들이 분노하는 상황에 담담한 사람이 있듯이, 다른 사람에게 무척 괴로운 상해를 입어도 전혀 고통을 느끼지 않는 사람도 있다. 위약효과가 이처럼 강력한 통증 완화 효과를 내는 이유는 바로 강력한 심리적 요인 때문이다.

"속가슴 동맥 결착술"이라는 문제의 외과 시술은 결국 폐기되었고, 1990년대에는 "스텐트 삽입술"이라는 덜 침습적이고 더 정교한 기술이 개발되었다. 스텐트라는 작은 철사로 된 원통형 망을 사타구니나 손목으로 넣어 막힌 동맥에 삽입한 다음, 망을 열어 혈류를 증가시키는 기술이다. 속가슴 동맥 결착술과 마찬가지로 환자들은 스텐트 시술 효과가 좋다고 보고했고, 미국에서 1만 달러에서 4만 달러의 비용이 소요되는 이 수술은 대규모 대조 연구로 이점이 증명된 적이 없는데도 일반화되었다. 그러던 중 2017년 권위 있는 의학 저널 「랜싯*The Lancet*」은 스텐트 삽입술이 기존 결착술과 마찬가지로 가짜 수술보다 나은 점이 없다는 논문을 발표했다.[3]

결착술은 통증의 물리적 원인을 실제로 완화하지 못했다. 손상된 심장은 수술 전후에 동일한 고통 신호를 보냈지만, 실제 수술이든 가짜 수술이든 수술을 받은 환자는 통증 느낌이 크게 줄었다고 느꼈다. 스텐트 삽입술 역시 통증에 대한 환자의 의식적 지각만 줄였을 뿐 지각을 일으키는 신경 신호를 줄이지는 못했다.

이 문제에 대해 외과의사들은 이렇게 답했다. "모든 심장학 지침을 개정해야 한다."[4] "(연구 결과가) 너무 부정적이어서 놀랐다." "상당히 기가 꺾이는 연구이다."

우리는 위약효과의 작동방식을 완전히 이해하지는 못하지만, 위약효과의 메커니즘이 감정적 반응을 나타내는 뇌 영역과 연관 있다는 사실은 잘 안다. 전통적 관점에서 감정은 특정 상황에서 일어나는 전형적인 반응이다. 위협을 받으면 두려움을 느낀다. 예상치 못한 일을 만나면 놀란다. 승진하면 기쁘다. 화상을 입거나 칼에 베이거나 심장에 치명적으로 혈류가 부족해지는 등 신체적 위해를 입으면 신경이 신호를 보내 고통을 느낀다. 이론적으로는 그렇다. 하지만 인간은 그런 식으로 작동하지 않는다. 고통 같은 원시적인 느낌조차 그 느낌을 유발하는 계기와 분명한 상관관계가 없다면, 다른 감정은 어떨까?

감정 상태의 결정 요소

심리학자 마이클 보이거와 바티아 메스키타는 사귀는 사이인 두 여성 로라와 앤에 대해서 다음과 같이 썼다.[5]

앤은 직장에서 행사가 있어 늦을 거라고 전화를 건다. 로라는 앤과 같이 있고 싶었고, 앤이 아플 때 집에서 며칠간 돌봤으므로 그럴 자격이 있다고 느꼈다. 로라는 그렇게 몸이 좋지 않은데도 야근하는 행동은 무책임하다고 답했다. 그 말을 잘 넘겼어야 했다. 하지만 앤은 궁지에 몰린 느낌이었다. 병가로 며칠 쉬며 일을 제쳐두었기 때문에 직장 행사에 빠지기는 어려운 데다가 로라가 자신을 이해하지 못한다고 느꼈다. 앤은 불만을 느끼며 로라가 자신을 통제하려 든다고 쏘아붙이고 전화를 툭 끊었다. 로라는 앤이 자신의 호의를 당연시하며 자신을 인정하지 않는다고 느꼈다.

이 이야기는 일상에서 일어나는 복잡미묘한 감정의 상호작용을 보여준다. 두 사람 모두 그날의 사건뿐만이 아니라 지난 며칠간의 일과 더 복잡한 과거 상황에 비추어 그날 일에 감정적으로 반응했다.

감정적 반응은 감정을 유발한 사건 이외의 상황에 더 영향을 받는다. 이것이 감정의 특징이다. 가게 앞에 줄을 서 있는데 누가 끼어들면 조금 짜증이 나는 것은 당연하지만, 몹시 배가 고픈 상태라면 부정적인 흥분이 일어나 짜증이 격해져서 갈등으로 이어질 수도 있다. 면접을 보러 서둘러 가는데 길에서 누가 끼어든다면 격렬한 분노가 일어날 것이다. 끼어든 사람이 이기적이고 무례하다고 생각하겠지만, 덜 흥분한 상태였다면 조금 부주의하거나 중요한 약속에 늦은 모양이라고 침착하게 생각할 수도 있다.

감정은 과거의 경험, 기대, 지식, 욕망, 신념에 비추어 비슷한 사건에 유연하게 대응할 수 있게 해준다. 앤과 로라는 둘 다 스트레스를 많이 받았다(앤은 일을 미루었다고 느꼈고, 로라는 앤이 자신을 당연시하고 함께 보내는 시간을 최우선으로 하지 않아 불행하다고 느꼈다). 그렇지 않았다면 둘 다 상황에 다르게 반응하고, 상처받고 분노하고 서운해할 일이 줄었을 것이다.

어떤 상황이나 사건 때문에 느끼는 감정은 방금 발생한 일에서 드러난 의미뿐만 아니라, 맥락이나 핵심 정서(몸 상태) 같은 미묘한 요소를 고려한 복잡한 계산의 결과이다. 감정이 어떻게 발생하는지 가장 잘 설명하는 사례 중의 하나는 널리 인용되는 스탠리 샥터와 제롬 싱어의 논문 「감정 상태의 인지적, 사회적, 생리적 결정 요인Cognitive, Social, and Physiological Determinants of Emotional State」에서 찾아볼 수 있다. 두 사람은 실험 참가자에게 아드레날린 또는 위약을 투여하고 시각 능력에 미치는 영향을 알아보기 위해서 "수프록신Suproxin"이라는 비타민을 투여했다고 말했다.

아드레날린은 심박수와 혈압을 높이고 홍조를 느끼게 하며 호흡을 가쁘게 한다. 모두 감정적 흥분 때문에 일어나는 증상이다. 첫 번째 참가자 집단에는 이런 각성 느낌이 수프록신의 "부작용"이라고 말해 두었다. 두 번째 집단에는 아무 말도 하지 않았다. 두 번째 집단도 첫 번째 집단과 같은 생리적 변화를 겪었지만 이에 대한 설명은 듣지 못했다. 세 번째 집단에는 생리식염수를 투여했고, 이들은 아무런 생리적 효과를 느끼지 못했다.

연구자들은 모든 참가자를 사회적 맥락에 따라 설계된 상황에 두었다. 참가자에게는 실험 참가자로 가장한 연구자와 함께 방에서 기다리라고 했다. 연구자는 참가자 절반에게는 이런 중요한 실험에 참여하게 되어 기쁘다며 즐거운 태도로 말했고, 나머지 참가자에게는 언짢은 듯 실험이 이상하다며 불평했다.

생리식염수를 투여받아 흥분하지 않은 참가자는 실험 참가자로 가장한 연구자의 말에 아무런 영향을 받지 않았고, 특별한 감정을 느끼지 못했다고 보고했다. 수프록신을 투여받고 생리적 흥분이 일어난다는 "부작용"에 대해서 들은 참가자 역시 아무런 감정을 느끼지 않았다고 보고했다. 하지만 수프록신을 투여받고도 부작용 경고를 듣지 못한 참가자는 낯선 사람이 보이는 행동에 반응해 즐거움 또는 분노를 느꼈다고 보고했다. 참가자가 흥분했다는 사실과 그 감정을 느낀 상황을 바탕으로 감정적 느낌을 구성한 것이 분명했다.

샥터와 싱어는 단순하고 통제된 실험실 설정을 이용해서, 복잡한 실제 상황에서는 얻기 어려운 감정의 기원을 밝혀낼 수 있었다. 실제 생활에서는 무작위적인 아드레날린 투여 상황을 맞닥뜨릴 일이 없다. 그러나 생리적 흥분은 여러 일상적 상황에서 일어나므로, 샥터와 싱어의 실험을 모방한 다른 실험에서는 아드레날린 주사 외에 여러 수단을 활용하여 일상적인 생리적 흥분을 연구했다.[6] 이런 실험들로 운동, 소음, 군중, 놀람 등 자극적인 사건은 중단된 후에도 한동안 신체적 흥분을 유발하고, 아드레날린 투여와 마찬가지로 상황에 따라 흥분에 반응하여 분노나 기쁨 같은 감정을 불러온다는 점이 입증되었다. 다른 실험에서 과학자들은 운동한 이후나 소음을 들으면 감정을 유발하는 상황에서 공격적인 반응이 증폭된다는 사실을 확인했다. 운동 후에 흥분하면 매력적인 이성에게 이끌리는 감정이 커진다는 사실도 발견했다.

현실 구성하기

샥터와 싱어의 실험은 위약효과의 반대 사례이다. 위약효과가 일어나면 보통 감정을 유발하는 상황(협심증 환자가 운동할 때)에서도 감정(통증)을 느끼지 **않을** 수 있지만, 샥터와 싱어의 실험은 반대로 감정을 격하게 느낄 만한 상황이 **아닌데도** 감정을 느낄 수 **있음**을 보여주었다. 이런 "오귀인誤歸因, misattribution"—자신이 처한 상황에 적합하지 않은 감정—은 감정적 착시라고 볼 수 있다.

시각적 지각이 일으키는 것과 비슷한 현상을 감성지능도 유발한다는 사실은 우연이 아니다. 뇌가 상황을 평가해 감정적 감각을 불러일으키는 방식은 시각적 세계를 해독하는 방식과 유사하다. 뇌가 작동하는 전형적인 방식이다. 현실에 대한 지각이 객관적 사건을 수동적으로 기록한 것이 아니라 능동적으로 구성한 것이라는 사실은 물리적, 사회적 세계에서 신경과학이 보여주는 주된 교훈 중의 하나이다.

여기에는 그럴 만한 이유가 있다. 뇌의 의식적 정신 용량은 제한되어 있어 엄청난 정보를 모두 처리해 세상을 직접 지각할 수 없다. 따라서 뇌는 지름길을 택해야 한다. 시각적 세계를 예로 들어보자. 디지털 사진처럼 주변을 한 장의 "스냅숏"으로 찍으려면 수백만 바이트의 데이터가 필요하다. 하지만 의식적 마음이 다룰 수 있는 정보는 1초에 10바이트 미만에 불과하다. 따라서 의식적 마음이 문자 그대로 수백만 바이트의 데이터를 모두 해석해서 시각 세계를 이해하려면 과부하된 컴퓨터처럼 멈춰버릴 것이다. 뇌는 이런 과부하를 막으려고 훨씬 더 제한된 정보만 처리하고, 그래픽 프로그램으로 이미지를 선명하게 다듬듯이 실제와 제한된 정보의 차이를 메꾼다. 뇌의 "선명화"가 좀더 정교하다는 점만 다르다. 망막은 외부 세계의 이미지를 낮은 해상도로 기록하므로 우리는 바깥 현실을 그대로 보지 않지만, 뇌에서 무의식적 처리를 거치면 망막에서 지각한 모습이 분명하고 선명해진다. 뇌는 광학 데이터에 주관적인 과거의 경험, 예측, 지식, 욕망, 믿음 등 감정 구성에 영향을 주는 요소들을 더해 선명화 과정을 수행한다.

나의 책 『"새로운" 무의식Subliminal』에서 나는 청각 영역에서 일어나는 비슷한 현상을 다룬 고전적인 실험을 설명했다. 누군가의 말을 들을 때 우리는 청각 데이터 전체에서 일부만을 선별해 듣는다. 무의식적 소리 처리 센터는 나머지를 추측하여 이 차이를 채움으로써 의식적 마음에서 지각을 사용할 수 있게 한다. 연구자들은 이 현상을 설명하기 위해서 다음과 같은 문장을 녹음해서 실험 참가자들에게 들려주었다. "주지사들은 수도에서 모임을 소집한 각 입법부 관계자들을 만났다." 하지만 연구자들은 이 문장 중 "입법부"라는 단어에서 "법"을 지우고 대신 기침 소리를 넣어 "입-으흠-부"로 들리게 했다. 연구자들은 참가자에게 같은 문장을 쓴 종이를 나눠주고 문장 중간에 기침 소리 때문에 단어가 제대로 들리지 않는 위치를 표시하도록 했다. 인간의 청각 경험이 청각 데이터를 직접 재현한다면 가려진 음절을 쉽게 찾을 수 있을 터였다. 하지만 그렇게 할 수 있는 참가자는 없었다. 실제로 참가자들은 "입법부"라는 단어가 어떻게 들릴지 **추정**하는 "지식"을 강하게 가지고 있어서 참가자 20명 중 19명은 이 문장에서 기침 소리로 가려진 부분이 **없었다**고 주장했다.[7] 기침 소리는 참가자들이 문장을 의식적으로 지각하는 데에 아무런 영향을 미치지 않았다. 지각은 실제 들리는 문장은 물론 가려진 소리를 메꾸려는 뇌의 요소에도 영향을 받기 때문이다.

지각은 시각정보나 청각정보 같은 감각 입력 지각에 대해서만 감정을 구성하지는 않는다. 만나는 사람, 먹는 음식, 구매하는 물건을 지각하는 사회적 지각에서도 지각은 곧 감정을 구성한다. 와인 연구를 보자. 와인을 블라인드 테스트하면 참가자가 느끼는 와인의 맛과 가격은 거의 상관관계가 없었지만, 와인에 가격이 붙어 있으면 분명 상관관계가 있었다.[8] 참가자가 의식적으로 고가의 와인이 분명 더 좋을 것이라고 믿고 그들의 의견을 바꿔서 그런 것은 아니다. 정확히 말하면 의식적 수준에서 그런 것은 아니다. 참가자가 와인을 시음할 때 뇌 영상 활동을 살펴보면 비싼 가격표가 붙은 와인을 마실 때는 싼 가격표가 붙은 같은 와인을 마실 때보다 실제로 기분 좋은 맛을 느끼는 중추가 활성화된다. 위약효과와 비슷하다. 고통과 마찬가지로 맛도 감각 신호에서만 나오지는 않는다. 맛도 심리적 영향을 받는다. 우리는 와인 맛만 보는 것이 아니라 가격도 맛본다.

느낌이라는 감정적 경험을 구성하는 직접적인 데이터는 상황, 환경, 정신적 상태, 그리고 핵심 정서라는 신체 상태이다. 우리는 뇌가 고통, 맛, 소리, 기타 감각을 지각할 때처럼 속임수와 지름길을 적용하여 입력되는 데이터를 통합하고 해석하고 나서야 무엇인가를 느끼게 된다. 다행스러운 일이다. 계기가 되는 사건과 감정적 반응 사이의 연관이 불확실하면 우리가 감정에 개입하고 의식적으로 영향을 줄 여지가 생기기 때문이다. 제9장에서는 이 주제에 대해서 좀더 살펴볼 것이다.

느낌의 구성

오늘날 심리학 및 신경과학계 구성주의자들은 계기가 되는 사건과 경험하는 감정 사이의 상관관계가 느슨하다고 보는 것에서 한 발 더 나아간다. 이들은 두려움, 불안, 행복, 자부심 등 감정을 개별적으로 범주화한다는 개념 자체의 타당성에 의문을 제기한다.

구성주의자의 주장 중에서 널리 받아들여지는 한 가지는 우리가 일상적으로 사용하는 감정 용어가 실제로는 단일한 감정을 지칭하는 것이 아니라, 여러 느낌 범주를 포괄적으로 지칭하는 용어라는 점이다. 윌리엄 제임스의 1894년 논문 「감정의 물리적 기초The Physical Basis of Emotion」에서 나온 주장이다. 이 논문에서 제임스는 뚜렷이 구분되는 감정은 본질적으로 무한하며, 각 감정은 각각의 몸 상태에 해당한다고 주장했다.[9] "젖을까 봐 두려운 감정은 곰을 만날까 봐 두려운 감정과 다르다." 오늘날 과학자들은 감정을 이렇게 구분하고 다양한 감정과 관련된 정확한 뇌 활동을 추적한다. 예를 들어 한 인상적인 실험에서는 뱀이나 전갈 같은 외적 위협에 대한 두려움과 숨이 막히는 것 같은 내적 위협에 대한 두려움의 경우, 둘 다 두려움이지만 사실 뚜렷이 구분되는 정신 상태이며 서로 다른 뇌 패턴을 보인다고 밝혔다.

이 실험에서는 편도체 손상을 입은 환자를 연구했다. 편도체는 두려움 같은 여러 감정에 중요한 역할을 하지만, 모든 두려움에 관여하지는 않는다. 팔에 뱀이나 전갈을 놓아도 아무것도 느끼지 못하던 참가자는 고농도 이산화탄소를 흡입하게 함으로써 숨이 막히는 느낌이 들게 하자 **실제로** 두려움과 당황함을 느꼈다.[10] 구성주의 학파의 선도자 중 한 사람인 리사 펠드먼 배럿은 다음과 같이 말하기도 했다. "사람들은 매우 다른 감정들을 하나의 범주로 묶고 같은 이름을 붙인다."[11]

구성주의자들은 우리가 감정 상태를 섬세하게 구분하지 못하고 같은 이름으로 묶듯이, 반대로 전혀 차이가 없는 감정을 구분하기도 한다고 지적한다. 우리가 사용하는 감정 분류가 때로 겹칠 수도 있다는 의미이다. 앞에서 설명했듯이, 우리는 흔히 두려움이나 불안을 구별한다. 두려움은 특정 사물이나 상황에 대한 반응이지만, 불안은 한곳에 집중되지 않으며 미래를 염두에 둔 두려움이라는 것이다. 하지만 실제 상황에서는 두려움과 불안 사이의 경계가 모호해서 구분하기 어렵다. 너무 아파서 죽을까 봐 걱정되는 감정을 두려움으로 볼 수도 있지만 불안으로 볼 수도 있다. 하지만 어떤 용어를 사용하든 감정 자체는 그대로이다.

구성주의자들은 두려움이나 불안 등 감정을 지칭하는 용어가 널리 사용되기는 하지만, 근본적인 의미는 거의 없다고 주장한다. 어린 아이가 말을 배우듯이, 다양한 감정을 특정 언어나 문화에 따라 기존 방식대로 묶도록 배운다는 주장이다. 색깔을 보자. 여러 언어나 문화에서는 색에 주황색, 노란색, 녹색, 파란색, 남색, 보라색처럼 구별되고 제한된 이름을 붙인다. 하지만 물리학에서는 빨간색에서 보라색에 이르는 연속 스펙트럼 사이에 무한한 색이 있다고 말한다. 구성주의자들은 색을 지칭하는 이름처럼 감정을 지칭하는 용어도 자의적이라고 본다.

이름을 부여하는 "기본" 색도 문화마다 다른 경우가 많다는 사실을 보여주는 교차 문화 연구도 적지 않다. 심지어 문화마다 색을 나타내는 단어의 수도 크게 다르다. 감정을 표현하는 단어를 살펴본 비슷한 연구는 구성주의자의 관점을 잘 뒷받침해준다. 세계 여행과 전

지구적 소통이 가능해지면서 문화 간 교류와 영향력이 늘어난 요즘은 다른 문화의 영향을 받지 않은 문화권을 찾기 어렵지만 분명 존재한다. 필리핀의 일롱옷 부족은 고립된 산림에 살며 다른 문명에 동화되거나 현대화되기를 거부한다. 일롱옷 부족에게는 리겟liget이라는 독특한 감정이 있는데, 여기에는 그럴 만한 이유가 있다. 리겟이란 인간 사냥 원정을 떠날 때에 일어나는 강렬하고 도취적인 공격성을 일컫기 때문이다.

보편적인 사례도 있다. 슬픔과 분노를 생각해보자. 서양에서는 슬픔과 분노를 별개의 감정으로 보지만, 튀르키예어에서는 슬픔과 분노를 키즈긴릭kizginlik이라는 한 가지 감정으로 부른다.[12] 분노 같은 감정은 조화와 상호 의존을 강조하는 동양 문화보다 개인의 자율성을 강조하는 서양 문화에서 더 일반적이다.[13] 타히티어에는 슬픔으로 번역할 수 있는 단어가 없다. 어떤 과학자는 아내와 아이들이 다른 섬으로 떠나버리고 홀로 남은 타히티 남자의 사례를 들었다. 이 남자는 자신이 "힘이 없고" 아프다고 말했다.[14]

영어에는 감정을 나타내는 수백 가지의 단어가 있다. 다른 언어에는 감정을 지칭하는 용어가 이보다 훨씬 적다. 말레이반도의 체윙어에는 감정을 나타내는 단어가 고작 일곱 개뿐이다. 어떤 감정 연구자는 이렇게 말했다. "언어가 다르면 인식하는 감정도 다르다. 언어에 따라 감정 영역이 다르게 구성된다."[15] 사람마다 서로 다른 감정을 경험한다는 말이 아니라, 다양한 문화에서 구분하는 감정 분류가 다소 자의적이라는 뜻이다.

이런 주장은 감정이 일련의 전형적인 자극에 선천적으로 고정되어 나타나는 반응이 아니라는 다윈의 생각을 뒷받침한다. 이 주제에 대해 나와 배럿 및 랠프 아돌프스가 함께 저술한 논문에서, 배럿은 지금까지의 과학으로는 사람이나 동물이 어떤 감정 상태인지를 분명히 결정할 수 있는 객관적인 기준을 아직 찾지 못했다고 주장했다.[16] 다른 감정 연구자들과 마찬가지로 아돌프스는 배럿이 주장한 요점은 이해했지만 일반적인 감정 범주를 해체하는 데까지 나아가지는 않았다. 어떤 학파가 옳은지는 아직 판단할 수 없다.

감성지능

2018년 가을, 나카린 분차이라는 태국 남성이 카오야이 국립공원 근처에서 운전하고 있을 때 코끼리 두 마리가 길을 건너기 시작했다.[17] 분차이는 뒤쪽 코끼리를 치었고, 코끼리는 두 다리를 다쳤다. 몸을 돌려 자동차를 쳐다본 코끼리는 잠시 멈추더니 자동차 위에 올라가 쿵쿵 밟았다. 분차이는 즉사했다. 코끼리의 행동은 감정적으로 분노에 찬 폭행이었을까, 아니면 신체적 위협에 맞선 반사 반응이었을까? 코끼리의 감정에 관한 연구가 있지만 코끼리에게 의식적 느낌이 있는지, 그렇다면 어느 정도인지는 아무도 모른다. 하지만 우리 인간의 감정에 대해서는 알 수 있다.

느낌은 명확해 보이지만, 우리가 진짜로 무엇을 느끼는지, 왜 그런지는 알 수 없다는 사실이 속속 밝혀지고 있다. 감정을 우리 뜻대로 활용하거나, 적어도 우리에게 반하여 작동하지 않도록 하려면 먼저 무의식적 감정 상태, 의식적 느낌, 일반적인 생활환경의 역할을 명확히 해야 한다. 더 행복하고 성공적인 존재가 되려면 자신을 잘 파악해 감성지능을 높여야 한다.

내가 이 글을 쓰는 동안 어머니는 요양원에서 휠체어에 앉아 지내고 있다. 거의 100세가 다 되어가지만 몸은 건강하신 편이다. 하지만 몇 년간 마음은 쇠퇴했다. 어머니는 나와 가족을 알아보고 이웃의 안부를 묻지만, 9에 3을 더하면 몇인지에는 대답하지 못한다. 두 가지 중 무엇을 먹을지 선택하시라고 하면 대답하지 못한다(좋아하시는 초콜릿이 선택지에 있는데도 말이다). 대통령이 누구인지, 당신이 어느 나라에 살고 있는지도 대답하지 못한다. 하지만 내가 어머니를 모시러 가면 금방 이렇게 말씀하신다. "얘야, 무슨 일 있니? 뭔가 걱정이 있는 게로구나." 어머니는 항상 나를 꿰뚫어보신다. 신기한 일이다. 감성지능은 우리에게 깊이 새겨져 있어서 마지막까지도 남아 있는 듯하다.

"감성지능"이라는 용어는 이미 우리의 언어 깊숙이 들어와 있어 예전부터 있었다고 여기기 쉽지만, 사실 "서론"에서 언급한 대로 예일대학교의 피터 샐러베이와 뉴햄프셔 대학교의 존 메이어가 1990년에 만든 개념이다. 감성지능을 다룬 첫 번째 성공적인 논문의 서두에서 두 사람은 이렇게 말했다. "**감성지능**은 자신과 다른 사람의 감정을 정확하게 평가하고 표현하며, 자신과 다른 사람의 감정을 효과적으로 조절하고, 느낌을 이용해서 삶을 동기부여하고 계획하고 성취하는 일련의 기술이다."[18]

두 사람은 "'감성지능'이라는 용어가 모순적인가"라고 질문했다. 앞에서 논의한 바와 같이 서양의 사고방식으로는 전통적으로 감정이 합리적인 정신활동을 돕기보다 오히려 방해한다고 보았기 때문에, 그들이 이런 질문을 던진 것도 당연하다. 최근까지 사람들은 합리적 능력이 무엇이든 IQ가 진짜 지능을 나타내며 다른 것은 상관없다고 믿었다. 하지만 샐러베이와 메이어는 감정과 이성이 분리될 수 없다는 사실을 간파했다. 사회에서 가장 성공한 사람들은 대체로 감성지능이 높고, 반대로 경영인이나 사회의 최고 지성이라도 감성지능이 낮으면 어려움을 겪는다는 사실도 밝혀냈다.

2008년 노스웨스턴 켈로그 경영대학원의 애덤 갤린스키와 세 명의 동료가 시행한 실험을 살펴보자. 연구자들은 MBA 학생들에게 주유소를 매각하는 모의 협상을 시켰다.[19] 연구자들은 구매자가 지불할 수 있는 최고 가격이 판매자가 수락할 수 있는 최저 가격보다 낮도록 조절했다. 하지만 가격만 협상할 수 있는 것은 아니었다. 구매자와 판매자는 이해관계가 다르므로 적절하게 조절한다면 양쪽 모두 만족하는 거래로 이어질 수 있었다.

협상 전 참가자의 3분의 1에는 일반적인 지시를 내리고, 다른 3분의 1에는 상대편이 어떤 **생각**을 하는지 염두에 두도록 하고, 나머지 3분의 1에는 상대편이 어떤 **느낌**이 드는지 염두에 두도록 했다. 상대편의 생각이나 느낌에 주목한 참가자는 그렇지 않은 참가자보다 거래를 훨씬 더 많이 성사시켰다. 협상은 비즈니스 생태계의 일부일 뿐이지만 수십 년 동안 연구자들은 상대의 느낌을 이해하는 사업가가 경영, 인적 자원 문제, 리더십 및 직장의 여러 문제 해결에 탁월하다는 사실을 발견했다.

과학계에는 흔히 감성지능이 부족하지만 거기에서도 감성지능은 마찬가지로 중요하다. 안타깝게도 이 경쟁이 치열한 세계에서 성공하려면 훌륭한 연구만으로는 부족하기 때문이다. 엄청난 연구가 폭발적으로 일어나는 오늘날, 동료가 당신의 작업에 관심을 기울이고 이해하도록 만드는 능력은 기본적인 과학적 능력만큼 중요하다.

다른 사람과 조화를 이루지 못하는 사람도 친구를 사귀는 데에 어려움을 겪는다. 이런 사람은 사회적 신호를 무시하고, 대화 상대가 대화를 멈추거나 맞장구치며 말하고 싶어 할 때도 혼자 이야기를 이어나가며, 상대방이 감정적 문제를 격렬하게 토로할 때도 적절하게 반응하지 못한다. 감성지능은 인간에게 매우 중요하다. 아기들도 두 살이 되기 전에 감성지능을 보이며, 가족이 어려움을 겪는 상황을 보면 도우려는 반응을 보이거나 울음을 터뜨린다.

감정 상태는 정보처리는 물론 의사소통에도 영향을 미친다. 감정은 대화를 매끄럽게 하며 서로 관계를 맺고 다른 사람의 희망과 요구를 이해하게 한다. 누군가를 만나면 우리는 감정적 신호를 보내고 의식적, 무의식적 신호를 읽어 처리한다. 감성지능이 풍부한 사람은 자신의 감정 표현을 관찰하고 다른 사람의 반응에 맞추어 자신을 조절한다. 이런 사람들은 자신이 받는 신호만큼 자신이 보내는 신호도 잘 알고 있어 훨씬 효과적으로 소통한다. 이처럼 다른 사람의 마음을 읽고 유대감을 가지는 데에 능숙한 사람을 지도력이 있다고 말한다. 훌륭한 리더는 주변 사람뿐만 아니라 많은 청중과 개인적으로, 심지어 텔레비전을 통해서도 소통할 수 있다.

우리는 다른 사람의 마음을 읽을 수 있는 축복을 받았다. 그뿐만 아니라 다른 사람도 우리를 알아주기를 원한다.[20] 연구에 따르면 사람들이 나누는 대화의 30−40퍼센트는 개인적 경험이나 인간관계와 관련이 있다. SNS 게시물의 80퍼센트는 자신의 직접적인 경험에 관한 것이다. 실제로 2012년 하버드 대학교의 연구자들은 자신이나 다른 사람에 관한 대화를 나누는 참가자들의 뇌 영상을 fMRI로 촬영했다. 자기 이야기를 할 때는 다른 사람의 이야기를 할 때보다 보상이나 기쁨과 관련된 뇌 영역이 훨씬 더 활성화되었다.

다른 실험에서는 참가자들에게 195개의 질문을 주고 답변마다 돈을 주겠다고 말했다. 각 질문은 자신에 관한 질문, 남에 관한 질문, 사실에 관한 질문이라는 세 범주로 나뉘었다. 참가자들은 질문 범주를 선택할 수 있었다. 세 범주의 질문에서 보상이 같다면 참가자의 약 3분의 2는 자신에 관한 질문을 택했다. 다른 질문보다 보상이 적어도 참가자들은 자신에 관한 질문을 택했던 것이다. 참가자들은 자신에 관한 이야기를 할 기회를 위해서 "돈을 기꺼이 포기했다."

인간은 사회적인 종이다. 우리는 혼자가 아니라 사회의 일부이다. 새 떼가 방향을 바꿀 때는 다른 새에게 무엇을 하라고 지시하는 조종사 새가 없다. 새들은 타고난 대로 마음으로 연결되어 조정하고 서로 호응한다. 인간도 마찬가지이다. 우리는 모두 연결되어 있으며, 이 연결은 감정을 바탕으로 이루어진다.

잠깐 동안 회사 생활을 하면서 나는 상사 두 명을 겪었다. 둘 다 부사장이었다. 첫 번째 상사는 팀원들에게 진심으로 신경 쓰고 감정을 읽고 공감하며 건설적인 방법으로 대화했다. 직원들은 충성했고 필요할 때마다 기꺼이 더 노력했다. 그가 은퇴하자 그 자리는 다른 사람의 감정은 안중에도 없는 상사에게 넘어갔다. 새로운 상사는 회의에서 우리를 격려하다가, 우리 팀이 실적을 올려 5년 안에 자신의 연간 보너스가 100만 달러를 넘어서는 것이 목표라고 말했다. 그 목표를 달성하려고 기꺼이 노력할 사람은 아무도 없었고, 팀의 사기와 실적은 급락했다. 심리학 문헌에서는 다른 사람이 어떻게 생각하고 느끼는지 이해하는 사람을 "관점 수용자"라고 한다. 다른 사람의 관점을 받아들이는 사람은 집단의 감정이 나아가는 방향을 순조롭게 조종하고 경쟁심과 협동심 사이에서 원만한 균형을 이룬다. 이런 사람들은 큰 어려움을 겪지 않는다. 관점 수용은 중요한 사회적 기술이자 카리스마와 설득력을 갖추고 일과 가정에서 성공할 열쇠이다.

6

동기
원하기와 좋아하기

영국 더비에 사는 젊은 엄마 클라라 베이츠는 유아기 딸인 파라의 행동 때문에 1년여 사이에 두 번이나 셋집에서 쫓겨났다.[1] 하지만 집주인의 처사도 이해할 만했다. 파라가 카펫과 벽을 갉아먹었기 때문이다. 엄마가 딸의 문제를 처음 발견한 것은 배변 훈련을 할 때였지만 이상한 이빨 자국은 이미 여기저기에 나 있었다. 카펫 가장자리의 이상한 구멍이 그저 닳아서 생긴 것이 아님은 분명했다. 딸의 신발에 붙어 있던 벨크로가 사라진 것도 마찬가지였다.

파라와 같은 행동에는 전례가 있다. 이상한 것을 먹는 이식증異食症, pica은 1563년 의학서에 처음으로 등장했다.[2] 파이카pica라는 이름은 까치를 뜻하는 라틴어에서 왔다. 까치는 까마귓과의 똑똑한 새이지만 씨앗, 과일, 견과, 딸기류, 거미, 벌레, 새알, 아기 새, 설치류, 어린 토끼, 바깥에 둔 반려동물 사료, 버려진 쓰레기 등 무엇이든 다 먹는다. 까마귀가 이런 행동을 하는 것은 정상이다. 하지만 인간이 이런 행동을 하는 것은 분명 정상이 아니다.

이식증을 앓는 사람이 끌리는 대상은 보통 음식과 관련이 있지만, 음식이 아니라 준비 과정에 있는 사물이다. 접시에 담긴 음식이 아니라 접시를 닦는 데에 쓰이는 도구를 먹는 식이다. 습관적으로 액체 세제를 마시는 남성도 있고, 주방용 수세미를 열심히 먹는 여성도 있다. 하지만 이식증계의 스타는 단연 프랑스 연예인 미셸 로티토이다.[3] 로티토는 식당에는 그다지 관심이 없었지만 철물점은 좋아했다. 말 그대로 철물을 좋아했기 때문이다. 로티토는 금속에 굶주렸다. 먹을 수 있는 크기가 아니면 작은 조각으로 분해해 광유나 다량의 물로 꿀꺽 삼켰다. 그는 점차 몇 년에 걸쳐 자전거, 쇼핑 카트, 세스나 150 항공기 등 값비싼 철물을 닥치는 대로 먹었다. 40년 동안 철물을 먹은 로티토는 2007년 알려지지 않은 이유로 "자연사했다." 아마도 철분 결핍 때문은 아니었을 것이다.

보통 사람은 왜 이런 행동을 하지 않을까? 우리는 왜 베개를 먹지 않고 파스타를 먹을까? 왜 이상한 것은 전혀 먹지 않을까? 뇌의 어떤 과정이 우리의 행동을 이끌고, 어떻게 행동을 제어하거나 조절할까?

동기는 목표를 달성하기 위해서 노력하려는 의지이다. 동기는 행동을 개시하고 지시하는 원동력이다. 배고픔처럼 항상성을 유지하려는 감정은 음식에 대한 동기 같은 생물학적 동기를 유발한다. 사회적으로 인정받거나 성취하려는 사회적 동기도 있다. 사회적 동기도 감정과 밀접한 연관이 있다. 사실 감정과 동기의 깊은 관계는 단어 자체에서도 분명히 드러난다. 감정과 동기라는 단어는 같은 라틴어 어근인 모베레movere에서 나왔다. 하지만 인간이나 동물의 동기는 감정을 만드는 신경망에서 직접 발생하지 않고 "보상 체계"라는 별개의 신경계에서 발생한다.

보상 체계는 우리가 가장 적합한 행동을 하기 위해서 언제 행동해야 할지, 어떤 가능성을 추려야 할지 고려해서 결정을 내릴 때, 유연한 메커니즘을 바탕으로 마음속에서 다양한 요인들을 고려하게 한다. 원시 생명체는 고정된 규칙과 선천적 프로그램에 내재한 계기에 따라서 행동하지만, 단순한 생물학적 로봇 이상인 우리나 대부분의 척추동물은 유연하고 미묘한 메커니즘이 일으킨 충동에 따라서 행동한다.

동기를 과학적으로 새롭게 살펴보면 중독 같은 동기부여 장애의 원인을 밝히는 것은 물론, 자신과 다른 사람의 충동을 관리하는 방법을 배울 수 있다. 이런 과정에는 수십 년의 간격을 두고 두 번의 큰 도약이 있었다. 첫 번째 도약은 보상 체계 또는 이 체계의 구조가 인간 뇌의 여러 부분에 미치는 막대한 영향이 발견되면서 동인動因 이론이 마침내 폐기된 1950년대에 이루어졌다.

기쁨의 자리를 찾아서

신경과학 학술 논문을 읽으면 흔히 이런 문장이 등장한다. "우리는 폴리글루타민 영역이 확장된 마카도-조셉병 절단형 유전자의 산물인 아탁신-3 단백질이 오렉신 생산 특화적으로 발현되어 오렉신 함유 뉴런이 제거된 형질전환 쥐를 만들었다.”[4] 낮에 갑자기 잠이 쏟아지는 수면 장애인 기면증 치료를 다룬 논문이었지만, 나에게는 이 현란한 논문 자체가 갑자기 잠이 쏟아지는 기면증을 **유발한** 주범이었다. 학술 논문에는 이런 난해한 실험 설명이 넘쳐난다. 그런 점에서 1972년 「신경 및 정신 질병 저널The Journal of Nervous and Mental Disease」에 실린 논문에서 다음과 같은 설명을 읽었을 때 내가 얼마나 놀랐을지 상상해보라. “본 연구에서는 환자에게 오후 세 시간 동안 트랜지스터로 작동하는 자기 자극 장치를 사용하게 했다. ……그런 다음 매춘부에게 데려갔다.”[5] 나중에 어떤 연구자가 “학술적이면서도 외설적인 논문”이라고 평한 이 논문은 로버트 G. 히스가 발표했다. 그는 40년이 넘는 연구 경력 동안 420여 편의 과학 논문을 썼다.[6]

1915년에 태어난 히스는 정신분석학, 신경학, 정신의학 분야에서 공인 임상의로 경력을 쌓았다. 1948년에는 컬럼비아 대학교에서 조현병과 우울증 치료를 위한 뇌엽절제술 개량 연구 계획에서 수석 정신과 의사를 맡았다. 뇌엽절제술을 실시할 때는 기본적으로 환자의 전전두엽 피질과 뇌의 나머지 부분을 연결하는 신경섬유 대부분을 절단해 전전두엽 피질을 분리한다. 이런 수술이 무엇을 의미하는지 아는 오늘날의 과학자들은 뇌엽절제술이 환자의 인간성 상당 부분을 박탈한다는 사실을 깨달았다.

우리가 알고 있듯이 전전두엽 피질은 복잡하고 놀라운 구조이다. 전전두엽 피질은 다른 여러 뇌 영역에서 정보를 입력받아 의식적이고 합리적인 사고에 중요한 역할을 한다. 생각을 조직하고 집중하게 하며 행동과 목표를 조정한다. 도움이 되지 않는 생각을 검열하고 상충하는 여러 행동들 중에서 선택하도록 돕는다. 장기적 계획 기술, 충동 억제, 감정 조절에도 관여한다. 전전두엽 피질의 하위 영역 중 하나인 안와전두 피질은 감정을 느끼는 것과 관련이 있다.

전전두엽 피질은 이처럼 다양한 기능을 한다. 하지만 히스가 뇌엽절제술을 "개량하려고" 했을 때만 해도 과학자들은 전전두엽 피질의 기능을 모두 알지는 못했다. 사실 과학자들은 전전두엽 피질이 다양한 기능을 한다고 여기지도 않았다. 하지만 침팬지의 전두엽을 제거하면 침착하고 협조적으로 바뀐다는 사실은 알고 있었다. 포르투갈의 신경과학자 안토니우 에가스 모니스는 전두엽 부상을 당한 군인들의 "기질과 성격이 변했음"을 발견하고, 1935년 뇌엽절제술을 개발했다. 이 연구로 그는 1949년 노벨상을 받았다.[7]

모니스와 마찬가지로 히스도 "생물학적 정신의학"이라는 새로운 분야의 열렬한 신봉자였다. 히스의 아이디어는 심리적 외상이 아니라 물리적인 뇌 이상이 정신질환을 일으킨다는 생각에서 출발했다. 하지만 히스는 뇌엽절제술이 그다지 효과적이지 않다고 생각했다. 뇌엽절제술로 환자를 진정시켜서 다루기 쉽게 만들 수는 있지만, 근본적인 장애를 치료하기보다는 전반적으로 감정을 무디게 만들어 증상을 완화시키는 것이라고 보았기 때문이다. 결국 히스는 정신질환의 원인이 깊은 뇌 속에 냅킨처럼 접혀 접근하기 어려운 피질하 조직 구조에서 온다고 확신했다. 이 뇌 구조는 고양이의 감정에도 중요한 구조라는 사실이 알려져 있었다. 물론 고양이의 실험 결과를 사람에게 그대로 대입하면 인간도 뒷마당에서 참새를 사냥하고 침대 위는 물론 아래에서도 잠자기 좋아한다는 결론을 내릴 수도 있다. 하지만 히스의 추론은 근본적으로 옳았다.

과학계에도 아이디어는 널려 있다. 아이디어는 실험으로 뒷받침되어야만 가치를 얻는다. 안타깝게도 히스의 흥미를 끈 뇌 영역은 뇌의 섬세한 표면에서 너무 깊이 들어가 있어서 전통적인 수술로 도달하기에는 어려웠다. 자신의 이론을 뒷받침할 증거를 찾으려던 히스의 계획은 이루기도 어려울뿐더러 수십 년은 걸릴 터였다.

히스는 10여 년 전인 1930년대에 몇몇 의사가 적용하기 시작한 방법을 바탕으로 첫 번째 시도를 했다. 의사들은 새로운 정신외과 수술을 적용해 환자의 뇌 깊은 곳에 얇은 전극을 삽입해 해당 부위를 판독하고, 치료할 질병에 따라 전기적 자극을 가하거나 파괴했다. 히스는 동물에 이 실험법을 적용했지만 사람에게는 수행할 수 없었다. 환자에게 명백한 위험이 있어서가 아니라 그의 아이디어에 회의적인 동료들이 자금과 물적 지원을 해주지 않았기 때문이다.

그러던 어느 날 히스는 애틀랜틱시티 해변을 어슬렁거리다가 낯선 사람과 대화를 나누게 되었다. 히스의 인생을 바꿀 우연한 만남이었다. 휴가차 해변에 온 그 사람은 뉴올리언스 툴레인 대학교 의과대학의 학장이었다. 두 사람은 아직 서로를 소개하기 전이었지만 학장은 자기 일을 이야기했다. 학장은 새로 정신과 부서를 설립하려고 했다. 그는 자신이 존경하는 컬럼비아 대학교의 한 연구자를 언급했다. 학장이 말한 사람은 바로 히스였다.

오늘날 교수직을 얻는 일은 시장에 출마하거나 우체국에 일자리를 얻는 것과 비슷하다. 하지만 당시에는 교수직을 얻는 일이 훨씬 더 간단했다. 관료주의도, 위원회도, 면접도, 알력 다툼도 없었다. 수영복을 입은 채로 해변에서 학장을 만난다면 즉석에서 일자리를 제안받을 수도 있었다. 학장은 그렇게 히스에게 손을 내밀었다.

당시 툴레인 대학교의 신경외과 의사들은 자선병원에서 수술을 집도했다. 나중에 히스의 동료가 되는 한 의사는 "세상에서 가장 상태가 좋지 않은 환자들이 수용된, 무질서하지만 아름답고 거대한 곳"이라고 병원을 묘사했다. 하지만 사탕 가게 벽에 피카소의 그림이 그려져 있든 말든 아이들이 관심 따위를 주지 않듯이, 히스는 병원의 외관에는 전혀 신경을 쓰지 않았다. 고통을 덜어준다면 어떤 수술에도 기꺼이 동의할, 간섭할 사람 없고 불안해하며 때로는 폭력적인 환자들이 끊임없이 제공된다는 점만이 그의 관심사였다. 히스는 환자들을 "임상 재료"라고 불렀다.

히스는 1949년 뉴올리언스로 이사했다. 동료들은 히스를 잘생기고 카리스마가 있다고 묘사했다. 그는 병원을 설득해서 40만 달러의 예산을 끌어와 150개의 병상을 갖춘 정신과 병동을 설립했다. 병원은 히스의 과학적 놀이터였지만 그의 목표는 고귀했다. 동물에 적용했던 심부 뇌 자극술을 사용하여 인간의 정신질환 증상을 완화하는 한편, 정신 질병의 생물학적 원인을 밝힌다는 목표였다. 히스는 특히 조현병에 관심을 기울였다.

당시 동인 이론에서 파생된 지배적인 견해는 인간이 주로 배고픔이나 목마름처럼 불쾌한 느낌을 피하려는 욕구에 따라 동기부여가 된다는 주장이었다. 하지만 히스는 보상이나 쾌락도 고통만큼 중요한 동기라고 생각했다.[8] 이런 견해는 히스의 임상 경험에서 비롯되었다. 프로이트는 수십 년 전, 쾌락이 인간의 동기에서 중요한 역할을 한다고 주장했다. 뇌의 물리적 작동을 연구하는 사람들은 보통 "쾌락 원리"를 받아들이지 않았지만, 히스는 이 주장을 받아들였다. 그는 한 걸음 더 나아가 느낌을 만드는 별개의 뇌 구조인 일종의 "쾌락중추"가 있다고 가정했다. 히스는 이 쾌락중추가 오작동하면 조현병이 생긴다고 생각했다. 히스는 다음과 같이 말했다. "조현병 환자에게는 고통스러운 감정이 두드러진다. 조현병은 두려움, 싸움, 도망이 지속되는 상태를 불러온다. 이런 감정을 무력화할 쾌락이 없기 때문이다."

히스는 뇌를 자극해 즐거움을 줄 수 있다면 조현병 증상을 완화할 수 있으리라고 추론했다. 두통이 있을 때 아스피린 몇 알을 털어넣는 것처럼, 환자에게 영구적으로 전극을 이식하여 필요할 때 스스로 전극을 자극하는 방법을 개발하는 것이 그의 목표였다. 동시대 사람들의 말에 따르면 히스는 조현병 치료뿐만 아니라 "놀라운" 돌파구를 만드는 데에 집착했고, 아마 그 때문에 실험의 설계나 실행, 해석에는 주의를 기울이지 않았던 것 같다.

당신을 치료하는 의사가 "시대를 앞서간다"라는 말은 그다지 듣고 싶지 않은 말 중 하나일 것이다. 1940년대 히스가 그랬다. 과학자들은 쾌락이 뇌의 어느 부분에서 일어나는지 알지 못했다. 인간의 뇌에 쾌락중추가 있다고 믿는 과학자도 거의 없었고, 히스 외에는 쾌락중추를 찾으려는 사람도 없었다.[9] 그래서 히스도 뇌의 어떤 구조를 표적으로 삼아야 할지 몰랐다. 그는 자신만의 지침에 따라 시행착오를 거듭하며 납 전극으로 사람들의 머리를 찔러댔다.

현대 기술의 도움이 없던 당시에는 전극 배치가 매우 대략적이었고, 전극을 잘못 삽입하면 심각한 뇌 손상을 일으킬 수도 있었다. 위험한 감염도 흔했다. 더 나쁜 일도 있었다. 히스의 첫 환자 10명 중 2명이 사망했다. 다른 환자는 경련을 일으켰다. 한 환자는 전류를 켜자마자 비명을 지르기 시작했고, 들것에서 일어나 옷을 찢으며 소리쳤다. "당신 죽여버릴 거야!"

위험한 합병증이 발생할 가능성이 있었지만, 히스는 환자들이 이미 중병에 걸렸으므로 별로 잃을 것이 없다는 태도였다. 실제로 그들은 **자원자였으므로**, 많은 이들이 히스의 태도에 동의했을 것이다. 하지만 오늘날 윤리적 관점에서 보면 암흑시대나 마찬가지였다. 내 신경과학자 동료 중 한 명은 지금으로부터 그다지 오래되지 않은 1980년 이전에 서양 문화에서 인간을 대상으로 하는 실험을 받아들인 것이 "너무나 충격적"이라고 말한 적이 있다. 이후 개혁을 위한 일종의 과학적 "미투me too" 운동이 일어나 실험 대상에게 허용되는 위험의 종류를 재고하게 되었고, 그후에 기준이 달라졌다. 그 결과 1980년대 이전에는 허용되던 실험도 오늘날에는 감옥에 갈 수 있는 행위가 되었다.

히스는 1955년 전극을 이용한 조현병 실험을 중단했는데, 이는 피해자 때문이 아니라 자신의 조현병 이론이 틀렸고 치료 효과가 없다고 판단했기 때문이다. 하지만 빵 가게가 망하면 제빵사가 과자 가게를 내는 것처럼, 히스는 이후 수십 년 동안 기면증이나 간질, 만성통증 등 다른 질병을 겪는 환자를 대상으로 무턱대고 전극 실험을 계속했다. 동기와 감정에 미치는 영향도 조사했다.

세부적으로는 틀렸지만 신체적 원인이 주요 정신질환을 일으킨다는 점에 관한 한 대체로 히스가 옳았다. 안타깝게도 조현병 같은 장애의 원인은 이후 60년 동안이나 밝혀지지 않았다. 사망한 환자의 뇌를 살펴보아도 환자가 조현병이나 양극성 장애가 있는지 구분할 수 없었고, 뇌 조직 표본을 현미경으로 조사해도 명백한 차이가 없어 정확한 원인을 규명하기가 어려웠다. 유전학이 발전하면서 이런 질병의 진짜 원인을 밝힐 수 있게 된 것은 2015년경이었다. 더 많은 연구가 필요하지만, 이제는 뉴런 사이의 신호 전달 관련 유전자가 적고, 낮은 수준이지만 만성적인 뇌 염증을 유발하는 신경 염증 세포 관련 유전자가 많은 환자에게서 이런 질병이 발생한다는 사실이 알려졌다. 보상 체계와 관련된 도파민이 과도하게 생성되어도 질병이 생기지만, 히스가 상상했던 쾌락 결핍보다는 더 복잡하고 미묘한 방식이다. 이런 과학적 발견은 결국 효과적인 치료법으로 이어졌다.[10]

조현병이 쾌락중추의 오작동으로 발생한다는 히스의 생각은 틀렸다. 하지만 쾌락중추가 동기부여에 하는 역할과 관련해서는 옳았다. 쾌락이 특정 뇌 영역의 활동으로 발생한다는 믿음도 옳았다. 오늘날 이 영역은 동기부여의 핵심인 보상 체계의 일부라는 사실이 밝혀졌다. 안타깝게도 히스는 기술 부족과 미숙한 실험 방식 때문에 자신이 그토록 찾던 체계를 발견하지 못했다. 그 대신 그가 조현병 실험을 중단한 직후, 맥길 대학교 실험실에서 쥐를 이용해 전극 배치 기술을 실험하던 2명의 젊은 과학자들이 우연히 이 보상 체계를 발견했다.

동기는 어디에서 오는가

히스는 전극의 위치를 정확하게 짚어내지 못해 힘들어했지만, 아이러니하게도 이런 어려움은 제임스 올즈와 피터 밀너에게 유리한 행운을 가져다주었다.[11] 1953년 올즈는 박사 후 연구원이 되었는데, 설치류의 뇌를 다룬 경험이 없어서 밀너가 그를 지도했다. 올즈는 기술을 습득하려고 당시 인기 있는 연구 주제였던 뇌 기저부 부근 영역을 목표로 설치류에 전극을 이식했다. 올즈는 몰랐지만 전극은 비껴갔다.

올즈는 수술 후 회복한 쥐의 뇌를 자극하고 효과를 살펴보았다. 쥐를 큰 상자에 넣고 전극으로 미세한 전류를 흐르게 하자 쥐는 자극을 받은 위치 주변을 킁킁거리며 돌아다녔고, 다른 쪽에 옮겨놓으면 다시 자극을 받은 곳으로 돌아왔다. 상자 속 다른 쪽에서 자극을 주면 그쪽으로 달려갔다. 올즈는 원하는 위치에서 뇌 자극을 주어 쥐가 그 위치로 가도록 동기부여를 할 수 있다는 사실을 발견한 것이다. 마치 자극을 즐기던 쥐가 더 많은 자극을 받으려고 자극받은 위치로 돌아가는 듯했다.

쥐의 뇌를 X선으로 촬영한 결과, 연구자들은 올즈가 당시 모호했던 부분인 대뇌측좌핵, 간단히 측좌핵이라고 부르는 뇌 속 깊숙한 부분에 전극을 삽입했다는 사실을 발견했다. 측좌핵은 뇌 깊숙한 곳에 있는 중요한 변연계 구조로 각 반구에 하나씩 있다. 인간의 측좌핵은 각설탕이나 구슬 정도의 크기이다.

올즈와 밀너는 앞에서 쥐에게서 나타난 효과를 재현할 수 있는지 알아보기 위해서 다른 쥐의 측좌핵에 전극을 삽입했다. 실험은 성공적이었다. 이들은 쥐가 지렛대를 눌러 스스로 전극을 자극할 수 있도록 했다. 놀랍게도 쥐들은 스스로 자극하는 데 집착해서 1분에 수십 번이나 지렛대를 눌러댔다. 쥐들은 짝짓기나 먹고 마시기 등 다른 모든 일에 흥미를 잃었다. 물을 충분히 주어도 쥐들은 목말라 죽을 때까지 지렛대를 계속 눌렀다.

연구자들은 측좌핵이 감정적 쾌락을 느끼는 데에 중요한 역할을 하므로 쥐들이 쾌락에 집착하게 되었다고 추정했다. 히스의 믿음처럼 쥐의 뇌에는 쾌락중추가 있고, 쾌락은 생존 욕구보다 더 큰 동기를 부여했다. 과학자들은 다른 뇌 영역도 스스로 자극하는 행동을 유발하는지 조사했고, 뇌의 정중선을 따라 나 있고 거대한 신경섬유 다발로 연결된, 오늘날 우리가 보상 체계라고 부르는 여러 영역을 발견했다.

올즈와 밀너는 히스와 마찬가지로 쾌락이 동기의 주요 원천이라고 결론 내렸다. 그들은 「쥐 뇌의 중격 및 다른 영역의 전기적 자극으로 생성된 긍정적 강화Positive Reinforcement Produced by Electrical Stimulation of Septal Area and Other Regions of Rat Brain」라는 논문을 발표했다. 이 연구는 지역신문 「몬트리올 스타The Montreal Star」에 "맥길 대학교, 뇌의 쾌락

영역 발견 : 인간 행동을 밝히는 열쇠를 발견하여 광대한 새 연구 분야를 열다"라는 자극적인 제목으로도 발표되었다. 히스가 꿈꾸던 놀라운 돌파구였지만, 완성은 다른 이들이 이룬 셈이다.

이 연구에서 우리는 남성 참가자와 매춘부를 다룬 히스의 논문으로 되돌아간다. 올즈와 밀너의 발견으로 많은 과학자가 동물 실험에 대한 영감을 얻었다. 독특한 윤리관을 가진 히스도 그들의 작업에 영향을 받았다. 히스는 조현병 연구를 포기하고 자신만의 실험으로 올즈와 밀너의 연구를 따라갔다. 히스도 두 사람처럼 측좌핵과 주변부에 전극을 삽입했다. 하지만 히스의 실험 대상은 쥐의 뇌가 아니라 인간의 뇌였다.

마침내 히스는 환자가 움직여도 전극을 고정할 방법을 개발함으로써 실제 상황에서 환자를 연구할 수 있었다. 히스가 가장 관심을 둔 실제 상황은 성적 상황이었다. 앞에서 언급한 1972년 논문에서 히스는 전극 자극과 포르노 영화 또는 매춘부를 동원해 참가자가 오르가슴을 느끼는 동안 뇌파를 측정했다. 당시 히스는 오르가슴을 만드는 데 성공했지만 그 메커니즘을 이해하지는 못했다.

과학적 방법이 존재하는 데에는 그만한 이유가 있다. 과학적 방법은 잘못된 결론으로 건너뛰지 않도록 막고 유효한 결론으로 우리를 인도한다. 과학은 거대한 도약이 아니라 사소한 단계를 거치며 발전한다. 일상을 다루는 이론과 달리 과학적 아이디어나 가설은 정확해야 하며, 모든 실험은 세심하고 정확하게 실시해야 한다. 농구선수는 경기가 특히 잘 풀리면 마법 양말을 신어서 경기력이 좋아졌다고 생각할 수 있다. 하지만 과학자를 설득하려면 "더 좋은 경기력"이 의미하는 바를 정량화하고 마법 양말을 신었을 때와 일반 양말을 신고 출전했을 때의 결과를 통계적으로 분석해야 한다. 그러므로 매직 존슨은 농구선수에게는 좋은 별명이지만 과학자인 나는 매직 플로디노프라고 불리고 싶지는 않다.

하지만 신중한 과학은 히스의 취향이 아니었다. 히스에게는 위대한 과학자의 가장 중요한 자질이 있었다. 히스는 똑똑하고 창의적이며 동기를 부여하는 물리적 과정을 예견하는 진정한 통찰을 지녔다. 하지만 엉성하고 무모하기도 했다. 히스를 훌륭한 과학자라고 칭송하는 일은 "음식은 다 태웠지만 훌륭한 요리사이다"라는 말과 마찬가지이다. 히스는 뇌 속 쾌락의 역할과 메커니즘을 연구한 선구자였지만, 그의 아이디어나 조사 방법은 모두 정도를 벗어났다. 그래서 히스는 유망한 이론을 제시한 선구자였음에도 400건이 넘는 그의 연구는 거의 빛을 보지 못했고, 이제는 그저 과학적 호기심의 대상으로 전락했다. 하지만 히스의 아이디어는 결국 다른 사람들의 손에서 그 잠재력이 실현되었다.

포유동물이 된다는 기쁨

동물은 기회이자 도전인 상황에 끊임없이 직면한다. 동물은 먹이를 찾아 사냥하거나 사냥당한다. 생존하려면 외부 환경과 몸속 생리적 상태에서 받은 신호를 처리하여 효과적으로 행동해야 한다. 그것이 동기부여 시스템의 목적이다.

원시 생명체는 신경 동기부여 시스템이나 뉴런의 도움 없이도 환경에 성공적으로 반응했다. 예를 들어 박테리아는 보상 체계가 없다. 박테리아는 쾌락을 추구하려고 행동하지 않고 특정 분자를 만나면 자동 반응한다. 앞에서 살펴본 것처럼 박테리아는 영양소를 감지하고 반응하며, 영양이 부족한 환경에서는 서로 협력해 효율을 높인다. 에너지 자원을 소비하기만 하고 생존에 이바지하지 않는 이웃은 거부한다. 박테리아는 다른 박테리아 집단으로부터 자신의 영역을 지키고, 상대의 수에 따라 "전투" 전략을 조절한다. 다량의 분자를 방출하고 흡수하면서 생존의 위업을 달성한다. 이 접근법의 성공 여부는 박테리아의 숫자에 달려 있다. 인간의 몸에는 세포보다 박테리아가 더 많다. 이상한 일이 아니다. 지구상 박테리아의 생물량은 모든 동식물을 합한 생물량보다 많다. 우리는 인간이 먹이사슬의 왕이라고 생각하지만, 인간은 이동식 박테리아 농장이기도 하다.

박테리아는 매우 효과적으로 작동하지만 보상 체계가 없으므로 쓸데없이 복잡한 생화학적 기계처럼 자극에 저절로 반응할 뿐이다. 박테리아의 반응 시스템은 본질적으로 유연하지 않고 제한적이다. 5억 6,000만 년 전 플라나리아 같은 유기체가 처음으로 신경계를 갖게 되면서 마침내 생물은 사전 프로그래밍된 반응에서 벗어났다. 새로운 생물은 전에 없던 상황을 평가하고 특정 상황과 목표에 적합한 행동을 함으로써 반응할 능력을 가지고 있다.[12]

가장 단순한 다세포 유기체에도 기초적인 보상 체계가 있다. 뉴런

이 고작 302개뿐인 예쁜꼬마선충*C. elegans*은 중앙집중화된 신경계를 이용해 감각 정보 입력을 통합하고, 인간의 보상 체계의 특징인 신경 전달물질 도파민으로 먹이를 찾는 행동을 유도한다.[13]

파충류, 양서류, 조류, 포유류 같은 척추동물이 진화하면서 오늘날 인간의 보상 체계와 비슷한 복잡한 보상 체계 구조가 등장했다. 척추 동물의 보상 체계는 다양한 쾌락 자극을 받아 비슷한 방식으로 활성 화되는 다목적 동기부여 네트워크이다. 포유류의 뇌 속 보상 체계는 다른 동물의 뇌 속 보상 체계보다 더 정교하다.

박테리아는 근처에 있는 영양소를 감지해 그것을 찾아가고 쓸모없 거나 해로운 분자는 피하도록 프로그래밍되어 있다. (건강한) 인간이 라면 세스나 150 항공기를 씹을 때보다 오렌지를 먹을 때 더 만족스 럽다고 느낀다. 박테리아의 생화학적 구성은 주변 분자를 흡수할지 말지 결정한다. 하지만 포유류는 스스로 결정한다. 그것이 인간의 보 상 체계가 지닌 운영상의 이점이다. 우리는 저절로 반응하지 않고 여 러 요인들을 고려하여 행동을 선택한다. 우리의 뇌는 핵심 정서에서 얻은 신체 상태에 대한 지식, 다양한 행동이 가져올 결과, 관련 데이 터를 바탕으로 여러 경험이 가져다줄 즐거움을 평가하고 필요한 비 용과 비교해서 저울질한다. 그런 분석이 끝난 후에야 우리의 뇌는 목 표를 결정하고 동기를 부여하여 행동하도록 지시한다.

로버트 히스는 1980년에 은퇴했다. 그때가 되자 다른 과학자들은 수십 년의 고된 연구를 바탕으로 인간과 동물의 보상 체계를 세부적 으로 파악했다. 1980년대 중반까지 심리학 교과서에서는 보상 체계가 쾌락을 이용해서 생존과 번영에 필요한 행동을 하도록 동기부여하는 일련의 쾌락 구조라고 설명했다. 우리는 고통과 불편을 가져오는 행동은 피하고 즐거움을 극대화하는 행동을 하며, 뇌 속 만족 피드백 순환에서 보상 체계가 주는 쾌락이 줄어들면 행동을 멈춘다. 그것이 우리가 초콜릿이나 치즈케이크를 먹다가 어느 순간 멈추는 이유이다.

보상 체계 이론은 동인 이론보다 동기부여를 훨씬 잘 설명한다. 하지만 일부 연구자들, 특히 중독을 연구하는 연구자들은 여전히 보상 체계 모형이 답하지 못하는 문제에 직면해 있다. 어떤 중독자들은 약물의 효과를 좋아하지 않게 되어도 계속 약물을 복용한다. 무엇이 그들에게 동기를 부여할까? 알 수 없다. 하지만 아무도 보상 체계에 의문을 제기하지 않았다. 한 고독한 과학자가 효과 없는 실험에 매달리다, 결국 실험 방법이 아니라 다른 이유로 실패했다는 사실을 깨닫기 전까지는 말이다. 실패의 원인은 바로 실험의 바탕이 된 이론이었다. 여기에서 동물의 보상 체계를 이해할 다음 혁명이 시작되었다. 이 과학자는 보상 체계로는 우리가 느끼는 쾌락의 정도를 절반밖에 설명할 수 없다는 사실을 깨달았다.

원하기와 좋아하기

새로운 보상 체계 혁명은 쾌락과 욕망의 관계를 이해하는 심리학적 방법을 새롭게 바꾼다. 우리는 설령 좋아하는 것이라도 건강에 좋지 않거나 비윤리적이라고 판단되면 더는 찾지 않는다. 의식적 의지를 이용해 행동을 제어하기 때문이다. 하지만 건강이나 윤리적 측면은 제쳐두더라도, 무엇인가를 스스로 거부한다고 그것을 좋아하지 않는다는 의미는 아니다. 맞지 않는 바지를 입기 위해서 브라우니를 멀리한다고 초콜릿에 대한 욕망이 없다는 의미는 아니다. 욕망을 뛰어넘을 능력이 있다는 뜻이다. 심리학자들은 즐거운 경험을 미루거나 거부한다고 그 경험을 원한다는 사실 자체가 바뀌지는 않는다고 믿었다. 좋아하는 것을 원하고, 원하는 것을 좋아한다는 점은 자명해 보인다. 실은 그렇지 않다는 사실이 받아들여지기까지는 거의 30년이 걸렸다.

쾌락과 욕망을 새롭게 이해하는 첫 단계는 1986년 크리스마스 직전, 당시 미시간 대학교의 젊은 부교수였던 켄트 베리지가 로이 와이즈의 전화를 받았을 때 일어났다. 지난 10여 년 동안 와이즈는 보상 체계에서 도파민의 역할을 연구하는 획기적인 연구를 여럿 수행했고, 뉴스에서는 그의 연구를 소개하며 도파민을 "쾌락 분자"라고 이름 붙였다.[14] 와이즈는 베리지와 협력하고 싶었다. 베리지는 쥐 표정 해석의 전문가였기 때문이다. 베리지는 쥐를 자세히 관찰해 기쁨이나 혐오감 등 다양한 감정을 감지했다. 조금 괴상한 전문 지식이기는 했지만 와이즈는 쾌락 실험을 염두에 두었고, 쥐가 언제 즐거운지 판단할 수 있는 사람(또는 그렇게 하고 싶어 하는 사람)은 주변에 흔치 않았다. 하지만 베리지는 이 주제에 관한 작은 책을 쓴 데다가, 25쪽에 이르는 문헌 리뷰는 학술지에서 500회 이상 인용되었다.[15]

쥐 뇌의 기본 구조는 인간 뇌의 기본 구조와 비슷하지만 훨씬 단순하며, 쥐의 심리도 마찬가지로 인간보다 단순하다. 설탕물 공급기가 달린 철망은 쥐에게는 미쉐린 3스타 레스토랑이다. 와이즈는 도파민이 정말 쾌락 분자라면 도파민 작용을 방해함으로써 설탕물이 그저 물에 젖은 톱밥처럼 느껴지게 만들 수 있을 것이라고 추론했다. 와이즈는 쥐에게 신경전달물질인 도파민을 차단하는 약물을 투여하고, 투여 전후 쥐의 반응을 비교할 계획을 세웠다.

와이즈는 도파민 차단제를 투여하지 않은 쥐가 설탕물을 맛보면 습관처럼 작은 혀를 내밀어 기뻐하며 입술을 핥고, 도파민 차단제를 투여하면 쾌락 반응이 줄어들 것이라고 예상했다. 하지만 그런 변화를 어떻게 정량화할까? 여기에서 베리지의 장기가 빛을 발한다. 입술을 핥는 빈도가 쥐의 쾌락 정도를 나타내는 지표가 되고, 이를 "핥기 측정기"라는 특수 장비로 측정할 수 있다. 와이즈의 "멋진" 연구 계획에 감탄한 베리지는 이 유명한 과학자 팀에 기쁘게 합류했다.

하지만 실험은 실패했다. 쥐들은 도파민 차단제를 투여하기 전후 모두 똑같이 기쁜 표정을 보였다. 할리우드 영화라면, 베리지는 낙담한 채 집으로 돌아와 벽난로를 응시하다가 갑자기 모든 상황을 설명할 극적인 깨달음을 얻을 것이다. 하지만 현실에서 이 과학자들은 실패를 심각하게 받아들이지 않았다. 베리지는 이렇게 말했다. "가끔 실험이 마음대로 되지 않을 때도 있죠." 실험은 다시 하면 된다. 베리지는 그렇게 했다. 하지만 쥐의 반응은 여전히 달라지지 않았다.

와이즈는 결국 흥미를 잃었다. 하지만 더 젊고 새로운 아이디어에 개방적이었던 베리지는 또 한 번 시도했다. 이번에는 도파민을 공격해 "완전히 제거하는" 강력한 신경독을 투여했다. 쥐들은 여전히 즐겁게 혀를 핥았다. 하지만 베리지는 뭔가 이상한 점을 발견했다. 도파민을 차단한 쥐들은 여전히 단 음식을 즐기는 듯 보였지만, 스스로 설탕물을 마시려 하지는 않았다. 사실 강제로 먹이지 않으면 도파민을 차단한 쥐들은 굶어 죽었을지도 모른다. 설탕물을 먹을 때의 **즐거움**은 사라지지 않았지만, 설탕물을 마시려는 **동기**는 사라진 것이다.

베리지의 실험 결과는 쾌락이 우리를 이끈다는 일반적인 상식과 모순될 뿐만 아니라, 심지어 상식과도 벗어나 보였다. 음식이 동물에게 쾌락을 주는데도 어떻게 그 음식을 추구하지 않을 수 있을까?

베리지는 보상 체계에서 무엇인가를 좋아하는 것과 무엇인가를 추구하려는 동기, 즉 "원하기" 사이에는 차이가 있다는 이론을 세웠다. 우리는 좋아하는 것을 원하는 경향이 있지만, 그런 연관관계가 논리적으로 꼭 필요할까? 무엇인가를 좋아할 수 있지만 얻으려는 동기는 없을 수도 있지 않을까?

로봇 프로그래밍을 생각해보자. 로봇의 뇌가 주어진 상황에서 "느끼는" 쾌감 정도는 레지스터의 숫자로 표현할 수 있다. 프로그램은 무엇이 로봇에게 쾌락을 줄지 알려주고 각 쾌락 계기가 유발하는 쾌락의 양과 지속시간을 정량화한다. 로봇의 쾌락 정도, 즉 쾌락 레지스터의 숫자는 로봇의 경험에 따라 달라진다.

로봇이 바깥을 걷다가 먼 곳에 있는 장미에서 나는 희미한 향기처럼 쾌락이라고 프로그래밍된 무엇인가를 만났다고 상상해보자. 장미

쪽으로 걸어가면 향기가 더 진해지고 쾌락이 늘어나겠지만, 새로운 행동을 시작하려면 결정이나 명령이 필요하다. 따라서 로봇의 프로그래밍에 "쾌락 수준을 높일 조치를 취하라"는 지시가 없다면 로봇은 장미에 가까이 다가가려고 경로를 변경하지 않을 것이다. 그러려면 두 가지 시스템이 필요하다. 하나는 "쾌락"을 정의하는 시스템이고, 다른 하나는 쾌락 레지스터의 숫자를 늘리는 행동을 유도하는 "원하기"를 제어하는 시스템이다.

베리지는 쥐 실험으로 다음과 같은 사실을 발견했다. 좋아하기(쾌락)와 원하고 욕망하기(동기)는 상호 연결된 별개의 하위 보상 체계에서 일어난다.[16] 베리지는 인간도 그렇게 이루어졌다고 추측했다. "좋아하기"라는 보상 체계에는 "쾌락 레지스터"가 있지만 좋아하는 것을 추구하려면 그렇게 프로그래밍되어 있어야 한다. 그래서 보상 체계는 별도의 "원하기" 회로로 특정 쾌락을 추구할 만한 동기가 부여되었는지 결정한다.

인간의 뇌에는 100가지 이상의 신경전달물질이 있다. 뉴런의 대부분은 각각 한 가지 신경전달물질을 이용해 신호를 보낸다. 베리지는 원하기 시스템이 도파민으로 작동하지만 좋아하기 시스템은 그렇지 않다면 실험 결과를 설명할 수 있으리라고 추론했다. 도파민을 차단해 쥐의 원하기 시스템을 차단했지만 좋아하기 회로는 차단하지 못했다는 가설이다. 베리지의 추론이 옳다면 도파민은 "쾌락 분자"가 아니라 "욕망 분자"일 것이다.

베리지는 자신의 가설을 입증할 증거를 찾으려고 했다. 그는 도파민을 차단해 설탕물을 좋아하지만 원하지는 않는 생물을 만들었다. 반대로 설탕물을 원하지만 좋아하지는 않는 쥐를 만들 수도 있을까? 그랬다. 베리지는 전류를 약간 흘려 원하기 회로를 자극해 쥐가 쓴 퀴닌 용액을 들이키도록 유도했다. 쥐가 퀴닌 용액을 마실 때의 표정을 보아 쥐가 그 맛을 싫어한다고 판단했다.[17]

이 실험 결과는 원하기와 좋아하기가 뇌에서 독립적으로 작용한다는 강력한 증거였다. 하지만 베리지는 한 발 더 나아갔다. 그는 좋아하기의 하위 체계가 아편 유사제와 내인성 칸나비노이드cannabinoid— 헤로인과 마리화나의 천연 뇌 버전—라는 신경전달물질을 이용한다는 사실을 발견했다. 마약을 복용하면 이런 방법으로 감각적 쾌락이 증폭되므로, 이러한 약물은 뇌의 진정한 "쾌락 분자"이다.[18] 베리지가 이 신경전달물질을 차단하자 쥐는 그의 가설대로 행동했다. 쥐들은 더는 설탕물을 좋아하지 않았지만 도파민 회로는 그대로 남아 있었기 때문에 여전히 설탕물을 원했다.[19]

베리지는 인간의 행동에서 원하기와 좋아하기가 분리되었다는 증거를 계속 찾으려고 했다. 돌이켜보면 쉽게 찾을 수도 있었다. 니코틴 같은 약물에 중독되어 거의 또는 전혀 쾌락이 느껴지지 않는데도 계속 갈망하는 사람들이 그런 사례이다. 가게에 진열된 매력적인 상품을 보고 전보다 "좋아하지도" 않는데 소유욕이 자극받는 경우는 덜 해로운 사례이다. 사실 광고의 초점은 상품을 가졌을 때의 즐거움이 아니라 그것을 갖고 싶은 욕망을 자극하는 것이다.[20] 눈앞에 그 사물 자체나 매력적인 사진을 단순히 놓아두기만 해도 그런 목적을 쉽게 달성할 수 있다. 어떤 실험에서는 고열량 음식을 찍은 군침 도는 사진을 보여주어 참가자의 뇌를 자극했다. 음식 사진은 "원하기" 회로를 자극했다. 어떤 이들은 다른 이들보다 원하기 회로에 더 강력하게 반응했다. 9개월간 체중 감량 프로그램에 등록한 참가자들을 추적 조사한 결과, 음식 사진에 강하게 반응한 사람들은 체중 감량에 가장 어려움을 겪은 참가자들이었다.[21] 과학자들은 이런 데이터를 이용해서 참가자의 뇌 영상을 찍어 다이어트에 성공할지 어떨지 예측할 수 있다.

흔히 원하는 것을 얻으려고 할 때, 어려움을 겪으면 원하기와 좋아하기에 불일치가 발생한다. 심리학자들은 무엇인가를 얻으려는 탐색에서 장애물에 부딪히면 그것을 덜 좋아하는데도 더 원한다는 사실을 발견했다. 2013년 홍콩의 한 연구진은 남성 대학생 61명을 대상으로 소개팅 실험을 실시했다.[22] 이 연구는 통제 실험이었으므로, 연구자들은 학생들의 취향이 각자 다르겠지만 모든 학생이 같은 여성과 데이트하고 싶다고 느끼게 만들고 싶었다. 그래서 실험 며칠 전 연구자들은 학생들에게 4명의 여성 프로필을 보내서 1명을 선택하라고 했다. 하지만 그 프로필들은 사실 그중 한 명이 특히 더 매력적으로 보이도록 조작한 것이었다. 그래서 모든 학생은 연구자들의 의도대로 그 여성을 선택했다. 실험 날이 다가왔다.

모든 학생이 선호한 여성은 연구자가 섭외한 사람이었다. 여성은 어떤 참가자에게는 더 많이 웃고 공통 관심사를 찾고 질문을 던지며 관심을 표하도록 했다. 연구자들은 이 상황을 "얻기 쉬운" 상태라고 불렀다. 다른 참가자들에게는 쌀쌀맞게 대하고 가끔 질문을 무시하라고 했다. 이 상황은 "얻기 어려운" 상태라고 불렀다.

연구자들은 데이트 실험 후 참가자에게 상대 여성을 어떻게 느꼈는지를 1점(매우 부정적)에서 7점(매우 긍정적)까지 평가하도록 했다. 같은 척도로 "여성을 다시 만나고 싶은 동기의 강도"도 평가하게 했다. 남학생들은 당연히 "얻기 쉬운" 여성을 훨씬 더 좋아했다. 하지만 다음 만남을 더 고대한 것은 "얻기 어려운" 여성이었다. 젊은 남학생들은 얻기 쉬운 여성을 좋아하지만, 얻기 어려운 여성을 원했다. 유명한 데이트 조언자 소크라테스의 말이 약 2,400년이 지나서야 실험으로 검증된 셈이다. 소크라테스는 매춘부 테오도트에게 때로 남자들이 욕망에 "굶주릴" 때까지 애정을 드러내지 않으면 더 많은 손님을 끌 수 있다고 조언했다.[23]

뇌에서 원하기와 좋아하기를 지도화하기

켄트 베리지는 수년간 "좋아하기" 시스템의 해부학을 지도화했다. 베리지 팀은 뇌 전반의 특정 부위에 아편 유사제를 미세주사하고 쥐가 혀를 내미는 횟수로 어느 부위가 쾌락을 향상시키는지 찾아내서 즐거움의 원천을 밝히려고 했다.[24] 베리지는 좋아하기가 한 가지 주요 구조에서 발생하지 않고 보상 체계 전반에 분포된 작은 조직 덩어리 집합에 흩어져 있다는 사실을 발견했다. 인간의 쾌락 구조는 지름이 1센티미터 정도인 덩어리이다. 베리지는 이 덩어리를 "쾌락 핫스폿

hedonic hotspot"이라고 불렀다.[25] 쾌락 핫스폿 일부는 중뇌 깊은 곳 측좌핵과 복측창백핵(10여 년 전 해부학자들이 발견하고 명명한 구조)에 있고, 나머지는 의식적 쾌락 경험을 생산하는 안와전두 피질에 있다.

베리지는 측좌핵이 원하기 시스템의 핵심 구조로, 좋아하기 회로보다 훨씬 집중화되어 있다는 사실을 발견했다. 먹고 마시고 섹스하고 노래하고 텔레비전을 보고 운동하고 싶다는 생각이 들 때마다 진짜 자극을 주는 것은 구슬 크기의 측좌핵에 있는 뉴런에서 나온 신호이다. 이곳에서 욕망이 일어나 안와전두 피질로 전달되어야 욕망이라는 의식적 경험이 생긴다.[26]

원하기 시스템은 좋아하기 시스템보다 근본적이다. 원하기 시스템은 아주 단순하고 원시적인 동물을 포함한 모든 동물에게 있다.[27] 원하기 시스템은 좋아하기 시스템보다 먼저 진화했다. 사실 최초의 동물에게는 좋아하기 시스템이 없었고, 음식이나 물처럼 생존에 필요한 것들만 원하기를 유도했다. 좋아하기 시스템이 없는 생물이라도 생존에 필요한 것을 원하도록 프로그래밍되어 있으면 살 수 있었다.

반대로 유기체가 생존에 필요한 것을 원하지는 않고 좋아하기만 하도록 프로그래밍되어 있다면, 유기체는 필요를 충족할 동기를 부여받지 못해 죽을 것이다. 하지만 더 고차원적 동물이 지닌 좋아하기 시스템은 매우 유용한 목적을 수행한다. 좋아하기 시스템 덕분에 우리의 욕구와 욕망은 **곧바로** 행동을 유발하지 않을 수 있다. 좋아하기는 원하기를 자극하지만 항상 그렇지는 않다. 뇌는 원하기 회로를 활성화하기 전에 좋아하기 등 다른 요소를 고려한다. 음식은 기본적으로 생존에 필요하므로 우리는 음식을 좋아하도록 프로그래밍되어 있다. 하지만 음식이 맛있어 보인다고 아무 생각 없이 먹지 않고 잠시 멈추어 뇌가 다양한 영양 및 미적 요소를 충분히 고려하고 먹는 즐거움과 균형을 이루도록 기다린다. 바로 이런 좋아하기 시스템이 진화한 덕분에 더욱 섬세하게 행동할 수 있고, 매력적인 것도 포기할 수 있다. 의식적 마음이 지배하는 이런 "자제심 있는" 결정 능력을 연습과 결단력을 이용해서 향상시킬 수 있다는 사실은 몹시 흥미롭다.

최근 베리지는 동기부여의 다른 측면도 설명했다. 보상 체계 연구는 전통적으로 무엇인가를 피하기보다 얻으려는 동기에 초점을 맞추었지만, 사실 둘 다 중요하다. 그러다 몇 년 전 베리지는 측좌핵이 원하기뿐만 아니라 피하기 또는 도피하기 동기도 지배한다는 사실을 밝혔다.[28] 측좌핵은 욕망을 일으키기도 하지만 두려움도 일으킨다. 욕망과 두려움 사이에는 연속적 기울기가 있다. 베리지는 이를 고음과 저음이 있지만 그 사이에도 여러 음이 있는 피아노에 비유한다.

베리지의 발견에서 가장 흥미로운 점은 상황과 심리적 요인으로 측좌핵 피아노를 재조절할 수 있다는 점이다. 조명이 너무 밝거나 음악이 시끄러워서 스트레스와 과도한 자극을 주는 환경은 두려움이 유발되는 영역을 늘리고 욕망이 생성되는 영역은 줄인다. 반면 조용하고 편안한 분위기는 피아노를 반대로 조절해서 욕망을 늘리고 두려움을 줄인다.

이런 재조절은 무의식 수준에서 작동하고, 어디에서 발생하는지 알 수 없어도 효과를 발휘한다는 점에서 주목할 만하다. 내 친구 한 명은 시끄러운 사무실에서 일하게 된 후, 정확한 이유는 알 수 없지만 항상 불안한 기분을 느낀다는 사실을 알아차렸다. 마침내 소음이 원인이라고 의심하고 헤드폰을 쓰기 시작하자 불안은 사라졌다. 다른 사람보다 환경요인의 영향을 많이 받는 사람이 있기는 하지만, 베리지의 연구는 일반적으로 우리가 다른 환경에 놓이면 동일한 상황에도 다르게 반응하는 이유를 설명해준다.

베리지는 수년 동안 신중한 연구를 바탕으로 보상 체계를 설명하는 혁신적인 새로운 이론을 만들었다. 힘들여 이룬 성과였다. 그러나 초기 스승이었던 로이 와이즈는 베리지의 결론을 받아들이지 않았다. 다른 사람들도 마찬가지였다. 그래서 처음 15년 동안 베리지는 자금 지원 없이 연구하고, 다른 프로젝트에 비집고 끼어들어 연구해야 했다. 2000년, 마침내 자금이 충분히 모인 후에야 베리지는 연구에 속도를 낼 수 있었다. 하지만 자신의 아이디어를 따라잡기에는 15년이 더 걸렸고, 최근에야 그의 이론에 대한 의심이 사라졌다. 2014년부터 그의 논문은 매년 4,000회 이상 꾸준히 인용되었다. 현재 옥스퍼드 대학교의 동료인 모르텐 크린겔바흐는 그를 이렇게 평가했다. "베리지는 위대한 개척자입니다. 다른 사람의 말에 개의치 않고 그 자리에 도달했죠."

비만과 가공식품

제2차 세계대전이 끝나갈 무렵, 아버지는 독일 바이마르의 너도밤나무 숲에 있어서 부헨발트라는 이름이 붙은 강제수용소에 수용되었다. 부헨발트 수용자 수천 명은 SS의 변덕에 따라 생체실험이나 교수형, 총격으로 사망했다. 그러나 수용소의 표면적인 설립 이념은 "노동을 통한 근절"이었다. 말 그대로 수용자들을 죽도록 일하게 하는 계획이었다.

아버지는 1943년 말 부헨발트로 이송되었다. 줄어드는 체중은 죽음을 향해 똑딱거리는 시계가 되었다. 최고 75킬로그램이던 아버지의 체중은 1945년 봄이 되자 절반으로 줄었다. 그해 4월 4일 미 제89보병사단이 부헨발트의 외곽 오르트루프를 포위했다. 이어 미군이 진입하면서 독일군은 본진을 철수시켰다. 수용자 수천 명이 "죽음의 행군"에 참여해야 했다. 하지만 어떤 이들은 혼란을 이용했다. 그중에는 아버지도 있었다. 아버지와 친구 모세는 지하실 깊숙한 곳 상자 더미 뒤에 숨었다. 발각될까 봐 두려워하며 음식도 물도 없이 며칠을 추위 속에 웅크리고서 서로의 온기에 의지하여 버텼다.

4월 11일 오후 3시 15분, 미 제9기갑 보병대대의 분견대가 부헨발트 입구에 도착해서 수용소를 해방시켰다. 아버지와 모세는 미군이 시끌벅적하게 입성하는 소리를 듣고 은신처에서 나왔다. 빛이 쏟아지는 곳으로 오자, 아직 10대이거나 10대를 갓 벗어난 미군 병사들이 쇠약해진 수용자들과 여기저기에 쌓여 있는 시체를 보고 겁에 질려 있었다.

미국인들은 관대했다. 이들은 아버지와 모세에게 초콜릿, 살라미, 담배, 신선한 물 등 가진 것을 모두 주었다. 지난 몇 년 동안 궁핍했던 데다가 며칠을 완전히 굶은 아버지는 나중에 쥐나 물웅덩이만 봐도 반가울 지경이었다고 말했다. 하지만 그날은 아버지와 친구에게 잔칫날이었다. 아버지는 자제했지만 모세는 먹고 또 먹었다. 살라미도 통째로 먹었다. 몇 시간 만에 모세는 심한 장염에 시달렸다. 그는 다음 날 사망했다.

사람마다 체질이 다르듯 모든 면에 개인차가 있고, 아버지는 기질상 불쌍한 모세와 달리 자제할 수 있었다. 포유류의 동기부여 시스템은 일반적인 상황에서는 잘 작동하지만, 극단적인 상황에서는 제대로 작동하지 않는다. 극단적인 상황에서 우리는 큰 도전을 받는다. 쥐에게 음식량을 줄이는 제한 식이를 한 다음, 자유롭게 음식을 먹게 하면 모세처럼 게걸스럽게 먹는다.[29] 환경이 잘못되면 평소에는 제대로 작동하는 신경계도 모세처럼 죽음으로 이끌 수 있다. 사회가 혼란에 빠질 때마다 이런 문제가 발생하며, 균형을 잃고 잘못된 보상 체계에 이끌린 희생자들은 일상적으로 이런 문제를 겪는다.

게다가 우리의 보상 체계를 잘못된 방향으로 이끄는 사람들도 있다. 그들에게는 그것이 이득이기 때문이다. 가공식품 산업을 생각해 보자. 새 밀레니엄에 들어설 무렵 냉동 치즈케이크 회사 "사라 리"는 옛 광고 문구를 다시 끌어들였다. "사라 리를 싫어하는 사람은 아무도 없지."[30] 10년 후 신경과학자 폴 존슨과 폴 케니는 쥐들도 사라 리를 좋아한다는 사실을 밝힌 과학 연구로 이 말을 입증했다. 사라 리가 광고 문구로 "쥐도 사라 리를 좋아해"라는 말을 사용할지는 의문이지만, 사라 리가 보편적인 매력을 가지는 데에는 합당한 이유가 있다. 설탕, 지방, 소금, 각종 화합물이 잔뜩 섞여 아무리 먹어도 절대 질리지 않기 때문이다.[31] 엄청나게 중독적이지만 건강에는 매우 나쁘다. 존슨과 케니가 쥐에게 일반 사료와 이 치즈케이크를 같이 주자 쥐의 체중은 겨우 40일 만에 325그램에서 500그램으로 불었고, 뇌 일부에 병리학적 변화가 나타났다. 사라 리 한 상자가 서른 가지 첨가물이 뒤섞인 화학 실험실이라는 점을 고려해도 상당히 우려할 만한 결과였다.[32]

공정하게 말하면 쥐들은 사라 리뿐만 아니라 다른 초가공식품도 좋아했다. 연구자들은 쥐들이 설탕 시럽, 사탕, 파운드케이크 등을 마음껏 먹을 수 있는 24시간 "카페테리아"에 접근하도록 내버려둠으로써 다이어트와 보상 체계를 실험적으로 연구했다. 강박적 섭식으로 이어지는 "유사 중독 보상 기능 장애"를 연구하는 것이 목표였다. 정크푸드를 먹으려는 강박적 섭식을 유도하는 것은 걱정스러울 정도로 쉬웠다. 그도 그럴 것이 대부분의 가공식품과 패스트푸드 업자들의 목표가 바로 강박적 섭식을 유도하는 것이기 때문이다. 전 코카콜라 임원인 토드 퍼트넘은 다음과 같은 한마디로 가공식품 마케팅 부서의 노력을 요약했다. "어떻게 더 많은 사람이, 더 많이, 더 자주 먹게 유도할까?"[33]

가공식품 과다 섭취를 중독이라고 부르는 일은 이상하게 보일 수도 있지만, 오늘날 중독이라는 말은 옛날처럼 마약이나 술 같은 화학물질에만 한정되지 않는다. 현대에는 새로운 신경과학 연구를 바탕으로 중독을 훨씬 더 넓은 의미로 이해한다. 오늘날 도박, 인터넷 사용,

게임, 섹스, 음식은 모두 중독될 가능성이 있는 대상이라는 공통점이 있다. 이런 연구를 반영하여 2011년 미국 중독의학회는 중독을 "뇌 보상 기능에 일어나는 일차적이고 만성적인 질병"으로 재정의했다.[34]

보상 체계가 진화의 의도대로 제대로 작동하면 좋아하기와 원하기가 함께 작용해도 둘을 미묘하고 다양한 방법으로 구분할 수 있다. 섹스나 아이스크림을 좋아한다면 이들을 추구하도록 동기부여되지만, 베리지가 밝힌 것처럼 그렇지 않을 수도 있다. 하지만 중독성 물질이나 행동은 측좌핵에서 물리적 변화를 일으켜 도파민 분비를 크게 늘리고 유기체의 원하기 회로를 과다 자극한다.[35] 이때마다 효과가 증폭되어 중독성 행동을 반복하고 싶은 충동이 더 강해진다. 과학자들은 이를 "감작感作, sensitization"이라고 부른다. 물리적 변화는 오래 지속되며 영구적일 수도 있다. 슬프지만 중독성 약물은 흔히 좋아하기 시스템에 반대 효과를 일으킨다. 내성이 생기면 주관적인 쾌락이 감소한다. 결과적으로 중독 기간이 길어질수록 약물을 더 원하지만 덜 좋아하게 된다.

이 작동방식에 특히 취약한 사람도 있다. 유전학자들은 새로운 기술로 유전적 연관성을 밝혔다. 중독에 대한 감수성은 원하기 시스템의 도파민 수용체 관련 유전자에 따라 사람마다 다르다.[36] 어떤 것에든 중독되는 경우는 상당히 흔하므로, 중독은 인간의 유전적 설계에 발생하는 큰 결함을 나타낸다고 여겨지기도 한다. 하지만 사실 그렇지 않다. 자연에서는 중독이 거의 나타나지 않는다. 수렵채집인의 유목사회에서는 중독이 문제가 되지 않았으며, 쥐는 인간이 만든 실험실 환경에서만 중독을 드러낸다. 오늘날 인간은 "문명화된" 인간 사회의 부산물인 중독으로 고통받는다. 이 사회에서 우리는 서른 가지 첨가물이 든 치즈케이크, 위험한 약물, 그리고 노벨상 수상 과학자인 니콜라스 틴베르헌이 "초정상 자극"이라고 부르는 제품을 만든다.[37]

중독과 초정상 자극

틴베르헌은 네덜란드 연구실에서 큰가시고기를 연구하던 중 예상치 못한 환경에서 초정상 자극 개념을 우연히 발견했다. 수컷 큰가시고기의 아랫배는 밝은 빨간색이다. 큰가시고기는 수조에서도 영역을 표시하고 영역 안에 들어오는 다른 수컷을 공격한다. 틴베르헌과 학생들은 이런 행동을 연구하기 위해 죽은 물고기를 매달아 수컷을 유인했다. 편의를 위해 나중에는 나무로 만든 모형을 이용했다. 연구자들은 큰가시고기의 붉은 아랫배가 공격을 유발한다는 사실을 깨달았다. 큰가시고기는 아랫배가 붉은색이 아닌 물고기 모형은 공격하지 않았지만, 물고기 모양이 아닌데도 배 부분이 붉은색이면 공격했다. 수조 가장자리에 있는 수컷은 바깥에 빨간 자동차가 지나가기만 해도 공격 상태에 돌입했다. 틴베르헌이 발견한 가장 중요한 사실은 가짜 물고기 배가 진짜 물고기 배보다 더 밝은 빨간색이면 큰가시고기는 진짜 물고기를 무시하고 가짜 물고기를 공격한다는 점이었다.

밝은 빨간색으로 칠한 가짜 물고기는 초정상 자극이었다. 어떤 자연적 자극보다 더 강하게 자극하는 인공 구조물이다. 틴베르헌은 그런 자극을 쉽게 만들 수 있다는 사실을 발견했다. 거위는 떠돌아다니는 알을 굴려서 둥지로 되돌려놓지만, 훨씬 큰 배구공이 있으면 진짜 알은 무시하고 배구공을 되돌려놓으려 애쓴다. 실제 어미 새의 부리보다 막대에 매단 가짜 부리에 더 눈에 띄는 표시가 있으면, 아기 새는 진짜 어미 새를 무시하고 가짜 부리에서 먹이를 찾는다. 틴베르헌은 동물의 왕국 어디서든 전략적으로 더 큰 매력을 드러내는 인공 자극을 이용하면 동물의 자연스러운 행동을 가로챌 수 있다고 보았다. 바로 가공식품 업자, 담배 산업, 불법 마약 카르텔, 그리고 아편 유사제를 파는 거대 제약사가 우리 인간 "소비자"에게 하는 일이다.

대부분의 중독성 물질이나 활동은 초정상 자극이며, 큰가시고기 세계에서와 마찬가지로 인간 세계의 자연스러운 균형을 교란시킨다. 중독성 약물 대부분은 식물에서 유래했지만 정제 및 농축 과정을 거쳐 효과가 더 강력해지고 활성 성분이 혈류에 빨리 흡수된다.[38]

코카 잎을 생각해보자. 씹거나 차처럼 끓이면 적당한 자극을 주고 중독 가능성이 거의 없다. 하지만 코카인이나 크랙 같은 마약으로 정제하면 빠르게 흡수되고 중독성이 커진다. 아편 유사제를 아편 중독 없이 섭취하는 유일한 방법은 양귀비 식물을 그대로 씹는 것이다. 담배도 마찬가지이다. 담뱃잎을 수확해서 연기로 흡입할 수 있는 형태로 가공해 맛과 향을 증진하고 폐 흡수를 높일 수백 가지 첨가물을 더하면 가공하지 않은 담뱃잎보다 훨씬 중독성이 커진다. 술도 가공식품이다. 가게에서 파는 보드카 대신 자연적으로 감자를 발효해 마셔야 한다면 알코올 의존자는 거의 없을 것이다.

비만의 유행도 초정상 자극, 또는 식품 과학자들의 용어대로 지나치게 입맛 당기는 식품에 뿌리를 두고 있다. 뇌는 영양실조를 피하려고 딸기류나 동물의 살코기처럼 당분이나 지방이 많이 든 고열량 음식을 좋아하도록 진화했지만, 이런 음식은 자연에는 비교적 드물어서 자연 상태에서 비만은 거의 없었다. 산업화 이전까지 인간은 단백질, 곡물, 농산물이 많고 염분은 비교적 적은 가공되지 않은 식단을 먹고 살았기 때문에 비만은 여전히 드물었다. 하지만 지난 수십 년 동안 상업용 식품 가공업자는 마약 딜러가 중독성 약물을 제조하듯 식품을 개조했다. 보상 체계가 무엇에 반응하는지 발견하자 식품 가공업자들은 음식을 천연이 아닌 농축된 형태로 만들어 혈류에 빠르게 흡수되도록 했다. 불법 마약처럼 농축되고 혈류로 빠르게 흡수된다는 특성은 모두 보상 체계의 효과를 크게 증가시킨다.

오늘날 식품 회사는 이렇게 지나치게 입맛을 당기는 식품을 개발하기 위해서 수백만 달러를 투자한다. 그들은 이 방법을 "식품 최적화"라고 부른다. 하버드 대학교를 졸업하고, 이 분야에서 일하는 한 실험 심리학자는 이렇게 말했다. "저는 피자를 최적화했습니다. 샐러드 드레싱과 피클도 최적화했죠. 저는 이 분야의 게임 체인저입니다."[39]

식품 최적화는 게임 체인저이다. 지나치게 입맛 당기는 음식은 자연스러운 습성을 방해하기 때문이다. 배구공이 거위의 모성 본능을 방해하거나 가짜 부리가 새끼의 먹이 섭취를 방해하는 현상과 마찬가지이다. 그 결과 사람들은 쾌락을 준다고 보장된 한계를 넘어 최적화된 음식을 훨씬 더 갈망하게 된다.

비만은 미국에서만 연간 약 30만 명의 사망을 초래한다고 추산된다.[40] 이 상황은 천천히 진행된다. 그래서 아주 천천히 물을 끓이는 냄비에 빠진 속담 속의 개구리처럼, 무슨 일이 일어나는지 알아챘을 때는 이미 너무 늦다. 남용 약물과 상업용 식품 과학의 발전은 모두 인간의 감정적 보상 체계를 속인다. 과학은 음식이 우리를 중독시키는 메커니즘을 설명할 수 있지만, 과학이 주는 경고에 주의를 기울이고 비만에 빠지지 않도록 노력하는 것은 소비자의 몫이다.

원하기와 좋아하기 시스템의 설계와 작동방식은 그 메커니즘을 발견하게 되는 과정만큼 멋지다. 보상 체계의 작동방식을 분자 수준에서 파악하자 담배, 식품, 의약품 제조자(카르텔이나 몇몇 거대 제약사의 경우)들은 자신들의 이득을 위해 행동과 생화학을 이용해 보상 체계를 조작할 방법을 배웠다. 하지만 현명한 소비자인 우리는 그들이 하는 일을 파악하고 더 나은 건강한 선택으로 그들의 목적을 좌절시킬 수 있다.

7

결단력

마이크 타이슨은 상대편 가까이에 바짝 다가와 섰다. 1990년 2월, 일본 도쿄에서 열린 세계 헤비급 챔피언십 경기였다. 8라운드는 5초밖에 남지 않았다.[1] 타이슨의 상대인 제임스 "버스터" 더글러스는 자신이 여기까지 올 줄 몰랐다. 더글러스는 팔꿈치를 들고 주먹을 턱 끝까지 치켜올린 채 단단히 가드를 올렸다. 무릎을 꿇고 있어 자신보다 머리 하나는 더 작아 보이는 타이슨을 내려다보았다. 타이슨의 부아를 돋우려는 듯했다.

순간 타이슨이 꼿꼿이 일어났다. 타이슨의 오른쪽 글러브는 더글러스의 팔 사이로 파고들어 턱 아래에 정확히 맹렬한 어퍼컷을 날렸다. 더글러스의 머리가 오른쪽으로 튕겨 나갔다. 다리가 꺾였다. 더글러스는 비틀거리다 뒤로 쿵 넘어져 두 발짝쯤 미끄러졌다.

심판이 카운트를 시작하자 더글러스는 멍해졌다. 마침내 더글러가 팔꿈치에 기대어 발을 딛고 몸을 일으켜 세웠을 때는 이미 주심이 일곱까지 센 뒤였다. 아홉을 셀 때 더글러스는 가까스로 일어났지만 몸이 후들거렸다. HBO TV의 권투 해설가 래리 머천트는 "완전히 녹아웃"되었다고 설명했다. 10초만 더 있었어도 타이슨이 훅 들어와 더글러스를 끝장냈을 것이다. 하지만 라운드의 끝을 알리는 종료 벨 소리가 울렸고, 더글러스는 겨우 살아남았다. 코너로 간 그는 60초 후 털고 일어나 다음 라운드에 맞섰다.

다음 라운드 시작 벨이 울리기 직전 머천트는 더글러스가 이긴다면 소비에트 제국의 몰락으로 충격에 휩싸였던 동유럽에 "국지전 같은 일대 충격"을 줄지도 모른다고 말했다. 동료 해설가인 슈거 레이 레너드는 더글러스가 첫 몇 라운드만 이겨도 전 세계가 "충격에 빠질" 것이라고 말했다. 라스베이거스 미라지 카지노의 물주인 지미 배커로는 27 대 1의 배당률로 타이슨의 승리를 점쳤다. 그러면서 "타이슨이 지면 엄청 비난하겠지"라고도 덧붙였다. 승률 밸런스 작업을 하면서 그는 배당률을 32 대 1, 결국 42 대 1로 올렸다. 다른 카지노는 심지어 이 경기 도박에 참여하지도 않았다. 더글러스에게 돈을 걸 사람이 아무도 없었기 때문이다. 그 대신 사람들은 경기가 얼마나 오래갈지, 즉 타이슨이 더글러스를 쓰러뜨리기 전에 더글러스가 얼마나 버틸지에 돈을 걸자고 제안했다. 타이슨은 지난 다섯 번의 타이틀 경기에서 상대를 제압했다. 이전 상대가 견딘 시간은 단 93초였다.

더글러스는 원래 타이슨의 상대가 아니었다. 모두가 기다리는 "진짜" 대결은 다음 6월 애틀랜틱시티에서 열릴 예정인, 노련한 경쟁자

이밴더 홀리필드와 타이슨의 경기였다. 사실 더글러스와 타이슨의 경기 전날 밤 만찬에서 권투 프로모터 돈 킹, 당시 카지노 거물이었던 도널드 트럼프, 홀리필드의 매니저 셸리 핀클은 애틀랜틱시티 경기 계획을 논의했다. 타이슨은 개런티로 2,200만 달러를, 홀리필드는 1,100만 달러를 받았다. 더글러스의 경기 따위는 아무도 관심을 두지 않았다. 도쿄 경기는 챔피언이 큰 경기 전에 약간의 현금을 쥘 수 있도록 추가된 워밍업 경기에 불과했다. 도쿄 경기로 타이슨은 600만 달러를 받았다. 그의 펀치를 받을 사람은 더글러스든 누구든 상관없었지만 130만 달러를 받게 되어 있었다. 더글러스가 지금껏 받은 금액보다 훨씬 많은 액수였다.

아무도 버스터 더글러스를 눈여겨보지 않았지만, 그의 어머니만은 달랐다. 더글러스가 훈련할 때면 어머니 룰라 펄 더글러스는 동네방네 아들 자랑을 하고 다녔다. 더글러스가 말려도 어머니는 막무가내였다. 아들이 챔피언과 맞서 "그놈 엉덩이를 걷어차게 될" 것이라고 말했다. 더글러스도 모두의 예상을 뒤엎고 상금을 거머쥐어 어머니에게 뭐든 해드릴 수 있을지 모른다는 환상을 갖게 되었다.

경기 3주일 전 새벽 4시, 더글러스는 전화벨 소리에 잠에서 깼다. 어머니가 심각한 뇌졸중으로 갑자기 사망하셨다는 비보였다. 그의 어머니는 마흔일곱 살이었다. 더글러스는 절망에 빠졌다. "저는 완전히 껍질 속에 갇혀 있었어요. 아무도 저를 이해하지 못했죠. 전 가장 가까운 친구인 어머니를 잃었습니다. 기댈 사람은 아무도 없었죠." 더글러스의 조언자는 경기를 그만두라고 했다. 하지만 더글러스는 그러지 않았다. "어머니는 제가 계속 강한 사람이 되기를 원하셨을 거예요."

「뉴욕 타임스*New York Times*」의 제임스 스턴골드는 더글러스의 8라운드 녹다운에 대해서 "다 끝났다는 생각이 곧바로 들었다"라고 말했다. 다른 사람들도 마찬가지였다. 마이크 타이슨이 누군가를 쓰러뜨리면 끝장이다. 코너로 돌아간 더글러스도 자신이 다시 링에 오르면 타이슨이 맹렬하게 공격해와 서른네 번째 KO승을 노리리라는 사실을 알았다. 더글러스는 경기를 계속할 필요가 없었다. 아무도 그가 여기까지 오리라고는, 그가 타이슨의 펀치를 받고도 일어나리라고는 생각하지 못했다. 그가 130만 달러를 받고 포기한다고 해서 비난할 사람도 없었다. 그런데도 더글러스는 포기하지 않았다. 그는 자리에서 일어나 다시 타이슨과 맞섰다. 두 라운드가 더 지나 10라운드가 1분 52초 남은 상황에서 더글러스는 펀치를 날려 마이크 타이슨을 쓰러뜨렸다. 수십 년이 지난 오늘날까지도 권투 역사상 가장 놀라운 반전으로 남은 순간이었다.

더글러스가 마이크 타이슨을 이기자, 그후 다른 선수들도 그를 제압하기 시작했다. 타이슨은 엄청나게 공격적이고 강하며 노련한 선수였다. 선수들은 그를 두려워했다. 하지만 더글러스는 첫 몇 라운드를 버틸 투지만 있다면 타이슨도 지치기 시작하고 경기 흐름이 달라질 수 있다는 사실을 보여주었다. 타이슨의 아우라가 희미해지자 예전 같은 명성은 사라졌다. 더글러스의 이름 역시 곧 퇴색했다. 그는 타이슨 대신 홀리필드와 싸우기로 하고 2,000만 달러를 받았지만,

마음은 이미 권투를 떠난 상태였다. 더글러스는 3라운드에서 녹아웃되었고, 얼마 후 은퇴했다.

타이슨과의 경기 후에 한 기자는 더글러스에게 어떻게 이겼는지, 어떻게 8라운드에서 녹다운된 후 다시 돌아와 계속 공격할 수 있었는지, 어떻게 무명이었던 그가 아무도 하지 못한 일을 하고 마이크 타이슨을 녹아웃시킬 수 있었는지 물었다. 더글러스는 눈물을 쏟으며 이렇게 말했다. "모두 어머니 덕분입니다…… 신이여, 어머니를 축복하소서." 어머니는 아들을 믿었고, 아들은 어머니의 꿈을 이루기 위해서 살았다. 진부하지만 감동적이고, 인간의 가장 중요한 요소 중 하나인 결단력을 조명하는 순간이었다. 도쿄 경기가 있던 날 밤 더글러스는 타이슨보다도, 나중에 홀리필드와 싸울 때보다도 훨씬 결단력이 넘쳤다.

무하마드 알리에게 팔굽혀펴기를 몇 개나 할 수 있는지 묻자, 그는 "아홉 개나 열 개쯤"이라고 대답했다. 분명 더 많이 할 수 있겠지만, 자서전에서 밝혔듯이 그는 정말 고통스러워 더는 못 할 정도가 되기 전까지는 셈하지도 않았다.[2] 버스터 더글러스에게는 알리만큼의 투지가 없었다. 하지만 그날 경기에서만큼은 어머니의 죽음이 더글러스에게 승리를 향한 굳건한 결의를 불러일으켰다.

우리는 목표를 이루는 과정에서 여러 장벽에 부딪힌다. 부족한 재능이나 재정적 문제, 어려운 상황이나 신체적 문제가 우리를 가로막는다. 하지만 결단력은 이런 장벽을 깰 도구이다. 삶의 여러 상황에서 결단력은 장벽을 뛰어넘는 힘이지만, 규칙이 정해져 있고 승자와 패자가 명확하며 확실한 통계가 있는 스포츠에서는 더욱 그렇다. 사실 더글러스의 승리는 특별하지 않다. 스포츠 역사에서는 언제나 비범한 결단력을 지닌 사람이 불가능하다고 여겨졌던 일을 성취해왔다. 1마일(1.6킬로미터)을 4분에 주파하는 일은 선수들이 수십 년간 노력했지만 이루지 못한 위업이었다. 전문가들은 인간의 신체로는 이 목표를 달성할 수 없으며 시도하는 것조차 위험하다고 경고했다. 하지만 1954년 5월 6일, 의대생 로저 배니스터는 1마일을 3분 59초 4에 주파하는 기록을 세웠다. 한 달 후에는 오스트레일리아인인 존 랜디가 3분 58초의 기록을 달성했다. 곧 최고의 선수들이 1마일 4분 기록을 깨는 일은 흔해졌다. 「트랙 앤드 필드 뉴스*Track & Field News*」에 따르면 현재 1마일 4분 장벽을 깬 미국인은 약 500명에 이르며, 매년 수십 명이 목록에 이름을 올리고 있다. 새로운 변화가 일어난 것이다.[3] 신체적 변화가 아니라, 과제를 완수할 수 있다는 깨달음을 얻고 이룰 때까지 계속 밀어붙이겠다는 결단력을 이끄는 정신적 변화이다.

셰익스피어는 다음과 같이 질문했다. "가혹한 운명의 돌팔매질과 화살을 마음속으로 견디는 일이 더 고귀한가, 아니면 무기를 들고 고난에 맞서는 일이 더 고귀한가?"[4] 자연이 주는 대답은 명확하다. 무기를 들고 고난에 맞서라는 교훈이다.

앞에서 우리는 특정 방식으로 행동하려는 동기, 즉 원하기 또는 좋아하기의 이유를 살펴보았다. 이 장에서는 비슷한 주제로, 갖은 장애물과 도전에 맞서 성취하기로 한 목표를 추구하는 확고한 목적의식, 즉 결단력을 살펴본다. 느낌의 진화적 기원, 우리가 느끼는 감정의 미묘한 의미와 목적도 논한다. 하지만 새로운 감정 과학은 강력한 또 하나의 교훈을 준다. 인간은 물론 하등동물에서도 감정의 가장 기본적인 목표는 기회를 받아들이고, 도전에 직면하고, 어려움을 견디며 극복할 심리적 자원을 주는 일이라는 사실이다. 놀랍게도 과학자들은 이제 결단력의 근원을 이해하게 되었다. 결단력은 질병이나 부상을 입으면 무기력해지지만, 버스터 더글러스가 타이슨을 때려눕혔던 그날 밤처럼 열의를 불러일으키기도 한다. 이제 과학자들은 이 결단력 회로를 뇌에서 정확히 찾아낼 수 있다.

결단력은 어디에서 오는가

1957년 6월, 칠레에서 온 열네 살 소년 아르만도는 15분 정도 지속되는 심한 두통으로 잠에서 깼다.[5] 후유증은 없었다. 하지만 몇 주일 후 깨어 있을 때에도 같은 증상이 찾아왔고, 이번에는 통증이 몇 시간이나 지속되었다. 세 번째 같은 증상을 겪자 아르만도를 진찰한 의사는 부모에게 메이요 클리닉에 데려가라고 조언했다. 그곳에서 진찰한 결과, 뇌 정중선 근처 체액이 가득 찬 공동(또는 뇌실이라고도 함) 안에서 작은 종양이 발견되었다. 8월 초에 아르만도는 수술로 종양을 제거했다.

수술 전까지 아르만도는 평균 지능에 품행이 바른 유쾌한 소년이었다. 하지만 수술 후에는 주변 환경에 완전히 무관심해졌다. 아르만도는 방을 바라보려고 눈을 돌리지도, 자발적으로 몸을 움직이지도 않았다. 자세가 분명 어색한데도 더 편하게 자세를 고치지도 않았다. 지시하면 물건을 단단히 움켜쥘 수는 있었지만 말을 하거나 다른 반응을 보이지도 않았다. 말을 해도 대답하지 않았고, 대답한다고 해도 짧은 답변뿐이었다. 음식을 먹으려고 하지도 않고, 입에 넣어주어도 씹거나 어떤 식으로든 맛에 반응하지 않고 그냥 삼켰다. 부모를 알아보기는 했지만, 부모는 물론이고 다른 어떤 것에도 감정적 반응을 보이지 않았다. 버스터 더글러스의 결단력과 정반대로 이 소년에게 체화된 것은 깊은 무관심이었다.

수술 이후 한 달쯤 지나 뇌의 부기가 가라앉으면서 아르만도의 무관심도 사라졌다. 아르만도는 환경에 반응하고 목표를 추구하며 주변에 반응하기 시작했다. 예전의 본성이 갑자기 돌아왔다. 부모님의 이름을 부르고 다시 자발적으로 말하기 시작했다. 의사에게 친근하게 인사하고 농담에 웃으며 주변 환경에 관심을 보였다. 열심히 영어 공부를 해서 스페인어를 하지 못하는 직원들과도 간단한 문장으로 대화를 할 수 있게 되었다. 당시에는 이런 일이 왜 일어나는지 아무도 이해하지 못했다. 부종이 어떤 뇌 구조를 방해했을까? 이 현상은 50년 후의 한 연구에 의해서 설명되었다.

인간이 지향하는 최고의 목표는 생존과 번식이다. 하지만 우리에게는 보상을 바라고 처벌은 피하려는 결단력을 부여하는 부차적인 프로그램도 있다. 지향하는 목표를 이루도록 돕는 결단력은 진화가 우리에게 준 특성이며, 다른 정신 현상과 마찬가지로 심리적 요소와 신체적 요소를 모두 가진다. 버스터 더글러스의 이야기는 심리적 요소를, 아르만도의 이야기는 신체적 요소를 보여준다. 결단력의 심리적, 신체적 요소는 깊이 얽혀 있다. 결단력은 신체적 뇌에서도 발생하지만 심리적 사건으로도 발생할 수 있다. 사랑하는 사람을 잃으면 뇌가 달라진다. 격려의 말이나 뇌 수술로도 뇌가 바뀐다. 앞으로 살펴보겠지만, 장기적으로는 운동과 명상도 마찬가지로 뇌를 바꾼다.

감정적 과정 대부분은 복잡한 방식으로 뇌의 여러 영역에 분포한다. 우리는 원하기와 좋아하기의 원천이 보상 체계라는 사실을 이미 살펴보았다. 결단력 역시 복잡하고 다면적인 정신적 현상이어서, 최근까지 신경과학자들은 결단력을 형성하는 네트워크를 제대로 정의하거나 직접적인 경로를 파악할 수 있으리라고 기대하지 않았다. 그래서 2007년, 결단력의 물리적 측면을 지배하는 신경 회로의 비밀이 밝혀졌을 때 과학계는 상당한 충격을 받았다.[6] 이 신경 회로는 "감정 현출 네트워크emotional salience network"와 "실행 제어 네트워크executive control network"라는 두 네트워크로 구성되고, 이 둘은 별개이지만 함께 작동한다.

감정 현출 네트워크는 우리의 감정적 삶에서 다양한 역할을 하는 일련의 구조에 고정된 작은 마디로 구성된다. "서론"에서 소개한 섬엽, 전대상 피질, 편도체 같은 소위 변연계 구조이다. 반면 실행 제어 네트워크는 지속적인 주의력과 작업 기억에 영향을 미치는 실행 전전두 피질 영역으로 이루어진다.

최첨단 뇌 연구 방법이 꾸준히 개발되기 시작한 1990년대에 이르자 오래 전 해부학자들이 확인한 거대한 뇌 전반의 기능이 명확히 밝혀질 것 같았다. 하지만 그런 일은 일어나지 않았다. 새로운 기술로 뇌 기능이 명확하게 밝혀지기는커녕 관찰된 것을 이해하는 데만도 상당한 시간이 걸릴 정도로 엄청나게 복잡하다는 사실이 드러났다. 전체 뇌 구조에 있는 미세한 하위 구조와 각 영역의 숫자는 입이 떡 벌어질 정도였다. 이 구조를 연결하는 신경 배선도 매우 복잡했다. 연구자들은 뇌 구조를 이해하려고 뇌 지도를 만들었지만, 이 지도는 단순한 회로도라기보다 냄비 속에 뒤얽힌 스파게티에 가까워 보였다.

이런 발견으로 특정 부위에서 국지적으로 일어나는 뇌 기능은 (있다고 해도) 거의 없다는 견해가 입증되었다. 뇌 조직 일부를 자극하거나 파괴하면 특정 효과가 일어나기도 하지만, 해당 조직은 훨씬 더 큰 장치의 톱니에 불과했다. 뇌 기능은 대체로 지름이 수 밀리미터 정도로 작거나 훨씬 크고, 뇌 전체에 흩어진 여러 마디가 이룬 네트워크의 상호작용으로 발생한다. 감정 현출 네트워크와 실행 제어 네트워크는 이런 뇌 해부학적 구조의 두 가지 집합이다.

"현출"은 "가장 두드러지거나 중요한"이라는 의미이다. 현출 네트워크는 내부 감정과 외부 환경을 모니터링하고 중요한 것에 주목한다. 샌프란시스코 캘리포니아 대학교의 신경학자이자 현출 네트워크를 발견한 과학자 중 한 명인 윌리엄 실리는 다음과 같이 말했다. "우리의 뇌는 끊임없이 감각 정보의 공격을 받는다. 우리는 이 감각 정보가 행동을 이끄는 데 얼마나 관련이 있는지에 따라 각 정보에 점수를 매겨야 한다."[7] 감정 현출 네트워크는 입력되는 정보 중에서 가장 관련 있는 항목을 찾아내고, 이를 바탕으로 행동하거나 행동하지 않도록 자극한다.

실행 제어 네트워크는 방해 요소를 무시하고 목표에 계속 집중할 수 있도록 한다. 실행 제어 네트워크는 현출 네트워크가 활성화되면 즉시 실행된다. 그다음 필요할 때 즉시 행동할 수 있도록 뇌의 자원을 모은다.

2013년 스탠퍼드 의과대학교 신경학자 팀은 중증 간질 환자의 발작 원인을 찾으려고 하다가 우연히 현출 네트워크의 한 마디를 자극했을 때 어떤 느낌이 일어나는지 생생하게 밝혔다.[8] 문제가 되는 조직을 제거하려고 했지만 환자의 건강에는 해가 되지 않아야 했다. 의사는 문제 영역을 확인하기 위해 환자 뇌의 여러 영역에 전극을 이식하고 전류를 조금씩 흘리며 신체 반응을 관찰했다. 감각이나 생각, 느낌도 질문했다.

어떤 뇌 영역에 전극을 이식하자 남성 환자는 놀라운 대답을 했다. 그는 "결단력"을 느꼈다고 말했다. 특정 목표와는 관련이 없고 추상적인 느낌일 뿐이었지만 말이다. 환자는 이 감정을 폭풍이 몰아치는데 차를 몰고 언덕을 올라야 할 때 느끼는 감정에 비유했다. 두려움이 아니라 긍정적인 느낌이었다고 했다. "더 열심히, 더 세게 밀고 나가서 이 상황을 헤쳐나가자." 환자가 강조한 대로 정복해야 할 특별한 도전에 대한 목표가 없고 맥락도 없었지만, 이 환자는 버스터 더 글러스처럼 결단력을 느꼈다.

의사들은 운이 좋았다. 이들은 복잡한 현출 네트워크의 작은 마디하나에 실수로 전극을 이식한 것이다. 전극을 몇 밀리미터만 옮겨도 전혀 효과가 일어나지 않았지만 정확한 위치에 제대로 이식하자 행동하거나 끈기 있게 나아가야 한다는 긴요한 감각이 일어났다. 의사들은 다른 환자에게도 실험함으로써 같은 위치에서 이 마디를 발견했다.

연구의 수장인 신경학자 요제프 파르비치는 이렇게 말했다. "우리는 연구를 통해 끈기와 관련된 복잡한 심리적, 행동적 상태를 일으키는 해부학적 좌표를 정확히 찾아냈다."[9] 의사들은 거대한 네트워크에서 단 한 마디를 자극하여 특정 목표나 맥락과 관계없는 느낌을 만들었다. 파르비치는 다음과 같이 경탄했다. "의식적 인간의 뇌세포에 전달된 전기 펄스는 끈기처럼 인간의 미덕인 고차원의 감정과 생각을 만든다."

현출 네트워크의 중요한 역할은 수많은 마디로 뇌의 다른 부분과 연결된 여러 네트워크에서 나온다. 현출 네트워크는 뇌의 정중선을 따라 나 있으므로, 실행 제어 네트워크 및 전두엽의 다른 "실행" 영역, 그리고 복잡한 감정과 생리적 반응 생성에 관여하는 뇌의 피질하 부분과 상호작용한다. 이런 상호작용으로 우리가 생각하고 느끼는 것이 현출 네트워크에 전달된다.

베타 차단제를 복용하는 등의 이유로 현출 자극이 줄어들면 활기가 감소하고 비정상적으로 느린 반응을 보인다.[10] 아르만도처럼 현출 네트워크 요소가 크게 방해받으면 완전히 무관심해진다. 반대로 네트워크를 강화하면 강한 결단력을 느낀다. 실리에 따르면, 필사적으로 "행동해야 할 필요, 인내해야 할 필요"를 느끼게 된다. 어머니의 죽음으로 마치 뇌에서 "결단력" 스위치가 켜진 것 같았던 버스터 더 글러스와 마찬가지이다.

강한 결단력이 뇌 속 특정 과정에서 나오고, 강력한 현대 기술로 이 과정을 확인할 수 있다는 주장은 너무 단순해 보일지도 모른다. 하지만 2017년에 과학자들은 실험실 조건에서 버스터 더글러스의 기적을 재현한 놀라운 실험으로 이 주장의 힘을 보여주었다. 과학자들은 뇌를 자극해 감정 현출 및 실행 제어 복잡계에서 결단력을 켜는 일종의 "끈기 스위치"를 활성화했다.[11]

쥐와 인간의 결단력

2017년 과학자들의 실험에서 "챔피언"과 "도전자"는 타이슨과 더글 러스가 아니라 쥐들이었다. 쥐들끼리 권투경기를 하게 만들 수는 없 지만 물리적 경쟁을 하도록 강제할 수는 있다. 과학자들은 쥐 두 마 리를 좁은 관 양쪽에 넣었다. 쥐들은 자연스러운 본능에 따라 앞으 로 밀고 나갔다. 하지만 관이 너무 좁아서 두 마리 중 한 마리만 앞으 로 나아갈 수 있었다. 한 쥐가 나아가면 다른 쥐는 나아가려는 전략 을 포기하고 대신 뒤로 물러나야 하는, 줄다리기를 뒤집은 상황 같 다. 쥐들은 둘 다 처음에는 앞으로 나아가려고 했지만, 결국 한 마리 는 후퇴했다. 쥐들은 체격이 비슷했으므로 이 경쟁은 힘이 아니라 결 단력 시험이었다.

연구자들은 쥐들을 경쟁시켜 승자와 패자를 결정한 다음, 패자 쥐들을 모아 광유전학光遺傳學이라는 최첨단 기술을 이용해 쥐의 결단력 스위치를 자극했다. 이 스위치로 패자를 승자로 바꿀 수 있었을까?

광유전학 기술은 쥐의 뇌 속 정확한 위치에 케이블을 이식해 레이저 광 펄스를 보내는 방법이다. 이렇게 하면 근처 뉴런을 "켜거나" "끌" 수 있다. 연구자들은 패자 쥐의 뉴런을 켠 다음 승자 쥐와 재대결시켰다. 그러자 패자였던 쥐도 결단력 스위치가 켜진 다음에는 80-90퍼센트가 승리했다.

개인적으로 나는 이 쥐 이야기가 버스터 더글러스의 이야기만큼 고무적이라고 생각한다. 더글러스의 사례는 우리가 적절한 감정적 결단력을 발휘하면 인간을 넘어선 초인간(여기서 "인간"은 우리의 옛 자아를 의미한다)이 될 수 있다고 말한다. 하지만 쥐 이야기는 이런 믿음이 단지 희망이 아니라는 점을 분명히 보여준다. 뉴런을 제대로 자극하면 실제로 회복력과 결단력을 높일 수 있다.

스탠퍼드 대학교 연구진의 실험 결과는 사람마다 타고난 실행 제어 네트워크의 구조와 기능이 다르며, 그에 따라 역경에 대처하는 능력에도 차이가 있음을 보여준다. 파르비치는 다음과 같이 말했다. "이런 타고난 차이는 보통 어린 시절에 확인할 수 있고, 행동 요법이나 약물 치료, 또는 우리가 제안하는 전기 자극으로 개선할 수 있다." 파르비치의 연구 이후 몇 년 동안 네트워크를 개선하는 여러 가지 방법들을 제안하는 연구가 많이 이루어져서, 다행히도 우리는 결단력을 높이기 위해서 더글러스처럼 가까운 이가 죽거나 쥐처럼 뇌에 레이저 광 펄스를 쏠 필요가 없어졌다.

그중 두 가지 기술은 주목할 만하다. 앉아서 일하는 사람은 유산소 운동을 하면 된다. 최근 연구에 따르면 하루 15분 정도만 운동해도 심장 건강이 개선되고 실행 제어 기능이 향상된다.[12] 운동과 실행 제어 기능은 큰 연관이 없어 보이지만, 사실 운동하면 BDNF라는 "성장 인자"가 증가한다. 성장 인자는 뇌에 주는 일종의 비료로 계산 능력을 향상시키고, 뇌가 학습하고 적응하는 데에 필요한 새로운 연결을 형성하는 일에 도움을 준다. 동물 연구에서는 BDNF 수치가 늘면 우울증이 감소하고 회복력이 향상된다는 사실도 밝혀졌다. 물론 운동을 시작하기조차 힘들 수도 있다. 실행 제어 능력이 부족한 사람이라면 운동하려는 결단력조차 부족할 수 있다. 하지만 일단 운동을 시작할 수만 있다면 실행 기능이 계속 증가하여 결국 운동하려는 결심이 훨씬 쉬워지고 긍정적인 피드백으로 이어진다.

결단력을 높이는 다른 방법은 주의력 제어나 감정 조절, 자각을 늘리는 마음챙김 명상이다. 한 연구에서 흡연자들에게 2주간 마음챙김 훈련을 한 결과 흡연이 60퍼센트나 감소했다. 보통은 매우 달성하기 어려운 성과이다.[13] 명상 프로그램 후 참가자들의 뇌 영상을 살펴보자, 실행 제어 네트워크의 활동이 매우 증가했다는 사실이 확인되었다.

어떤 사람들은 선천적으로 높은 실행 통제력을 지닌 "실행자"이다. 그 무엇도 이들의 목표를 방해할 수 없다. 이들에게 결단력은 삶의 방식이다. 다행히 이제 평범한 사람도 결단력을 향상시킬 수 있는 방법을 알게 되었다.

컴퓨터의 무관심

컴퓨터와 달리 인간이나 동물의 감정 시스템은 언제 행동해야 할지 결정할 수 있다. 핸슨 로보틱스 사가 2015년에 개발한 로봇 소피아를 생각해보자. 배우 오드리 헵번을 모델로 한 휴머노이드 소피아는 외모나 목소리가 사람 같고, 인상적인 표정을 지을 수 있다. 하지만 진짜 인간답지는 않다.

소피아는 다양한 자극에 특정한 방식으로 반응하도록 프로그래밍되었다. 소피아의 대화 능력은 프로그래밍된 여러 반응 중 하나이다. 소피아는 사람과 닮았지만 다른 컴퓨터와 마찬가지로 독립적으로 생각하고 행동할 수 없다. 소피아를 방이나 정원, 복잡한 거리 한가운데로 데려가면 소피아는 무엇을 할까? 방을 둘러볼까? 아니다, 그러려면 호기심이 필요하다. 정원의 아름다움을 살펴볼까? 아니다, 그러려면 즐거움 감각이 필요하다. 조심히 길을 건너고 안전하게 인도를 걸을까? 아니다, 소피아에는 위험을 피하려는 동력이 없다.

소피아 같은 로봇은 매력적이다. 재치 있는 문장을 만들고 가벼운 농담으로 당신을 무장해제시킬 수도 있다. 하지만 소피아는 인간과 같은 의미에서 행동을 "결정하지" 않는다. 소피아는 프로그램이 켜질 때부터 정지 지시가 내려질 때까지 일련의 고정된 지시를 실행할 뿐이다. 그래서 프로그램에 없는 일이 일어나면 소피아는 반응하지 않는다. 화재경보기가 울려도 도망가지 않는다. 초콜릿을 주어도 먹고 싶어하지 않는다.

미리 정해진 계기契機에 반응하여 대본에 짜인 일련의 행동을 실행하는 일은 진화 초기에 우리가 개발한 기술이며, 이런 기술은 인간은 물론 모든 동물의 스크립트에 남아 있다. 하지만 고등동물은 원시 생물이나 소피아 같은 로봇과 달리 예정에 없던 계기를 주는 **새로운** 상황을 평가해 어떻게 행동할지 **결정할** 수 있다. 끊임없이 늘어나는 복잡성을 처리할 때 이 능력이 활성화된다. 제3장에서 살펴보았듯이 감정 계층 구조의 가장 아래에는 심리학자들이 핵심 정서라고 부르는, 모든 경험을 좋고 나쁨으로 양분해서 느끼는 능력이 있다. 두려움, 불안, 슬픔, 배고픔, 고통 같은 기본적인 느낌도 여기에서 나온다. 인간의 뇌 회로는 자부심, **부끄러움**, 죄책감, 질투 같은 미묘하고 정교한 사회적 감정도 만든다. 궁극적으로 이런 모든 감정은 상호작용하면서 행동하거나 또는 행동하지 않으려는 충동을 형성한다. 행동할지 여부를 결정하고, 지시가 어렵고 내키지 않더라도 계속 노력하도록 동기부여를 하는 충동은 감정의 가장 큰 선물 중 하나이다.

결단력 테스트

결단력의 역할을 이해하려면 환경을 탐색할 때 행동의 비용과 이점을 계속 평가해야 한다. 결단력 회로는 목표가 얼마나 중요한지, 어떤 행동이 더 주의를 기울이거나 실행할 만한지, 어떤 행동을 무시해야 하는지를 결정하는 데에 도움이 된다. 결단력 회로는 사고, 감각, 운동 회로에 영향을 미치고 신경 과정을 더욱 효율적으로 바꾼다. 어떤 과제에 직면하든, 해결하려는 문제가 무엇이든 성공하려는 동기만 있다면 우리의 고유한 정신적, 신체적 능력은 훨씬 더 향상될 수 있다.

물론 주어진 순간에 발휘되는 개인의 결단력은 상황에 따라 다르다. 하지만 우리에게는 기본적인 결단력이나 추진력이 있다. 심리학자들은 이를 평가할 설문지를 개발했다.[14] 치료사가 작성할 수도 있고, 그 사람을 잘 아는 지인이 작성할 수도 있다. 스스로 평가할 수도 있다. 아래에 스스로 평가할 수 있는 설문지를 제시했다. 심각한 정신장애가 있는 환자라면 친구나 가족이 설문지를 작성하는 편이 더 정확하다.

동기부여를 연구하는 한 과학자는 다음과 같이 말했다. "무관심하고 제대로 기능하지 못하는 사례는 정신과 병원뿐만 아니라 보통 사람에게서도 수없이 발견할 수 있다. 매일 텔레비전 앞에 수동적으로 앉아 있거나, 교실 뒤에 멍하니 앉아 있거나, 출근하면서 무기력하게 주말을 기다리는 사람들에게서 말이다."[15] 당신은 얼마나 결단력이 있는가? 아래 설문에 "매우 그렇다", "어느 정도 그렇다", "약간 그렇다", "전혀 아니다"로 답해보자.

1점 = 매우 그렇다   2점 = 어느 정도 그렇다   3점 = 약간 그렇다
4점 = 전혀 아니다

1. 나는 사물에 관심이 있다. _____

2. 하루 동안 일을 마무리한다. _____

3. 스스로 무엇인가 시작하는 일은 중요하다. _____

4. 새로운 경험에 흥미가 있다. _____

5. 새로운 것을 배우는 데 흥미가 있다. _____

6. 무엇인가를 할 때 열심히 노력한다. _____

7. 인생을 열심히 살려고 노력한다. _____

8. 무엇인가 시작하면 끝을 보아야 한다. _____

9. 흥미로운 일을 하며 시간을 보낸다. _____

10. 매일 내게 무엇인가를 하라고 지시할 사람은 필요 없다. _____

11. 나는 내 문제에 충분히 관심을 기울인다. _____

12. 친구가 있다. _____

13. 친구들과 보내는 시간은 중요하다. _____

14. 좋은 일이 일어나면 흥분된다. _____

15. 내 문제를 정확하게 이해하고 있다. _____

16. 하루 동안 일을 마무리하는 것은 중요하다. _____

17. 나는 진취적이다. _____

18. 나는 동기가 있다. _____

총점 _____

이 설문지에서 높은 점수는 무관심함을, 낮은 점수는 결단력이 있음을 나타냅니다. 가장 낮은 점수는 18점이고, 건강한 성인의 평균 점수는 24점입니다. 60대의 평균은 28점으로 올라갑니다. 응답자 절반의 점수는 같은 연령대의 평균에서 4점 차 이내였고, 응답자 3분의 2의 점수는 6점 차 이내였습니다.

이 목록은 즉각적인 상황에서 느끼는 순간적인 결단력이 아니라 평상시에 느끼는 안정적인 결단력의 기준선을 측정하도록 고안되었다. 앞에서 언급했듯이 운동이나 명상 같은 장기적 기술을 연습하면 결단력 기준선을 올릴 수 있다. 특정 질병을 앓으면 기준선이 내려갈 수도 있다. 사실 이 척도는 건강한 사람이 아니라 외상성 뇌 손상이나 우울증, 알츠하이머 질환처럼 결단력이 줄어드는 문제를 겪는 사람들을 위해서 개발되었다. 외상성 뇌 손상을 겪는 30-50세 환자의 평균 점수는 37점이었고, 우울증 환자의 평균 점수는 42점, 중등도中等度의 알츠하이머 질환자의 평균 점수는 49점이었다.

의지력 감소

전두측두엽성 치매 환자처럼 극단적인 경우에는 감정 현출 네트워크가 저하되어 아르만도처럼 심각한 무관심을 나타낼 수 있다. 아르만도는 수술 후 뇌부종으로 인한 일시적인 뇌 손상 때문에 갑자기 무관심을 나타냈다. 반면에 치매는 점진적으로 발생하므로, 치매 환자를 살펴보면 감정 현출 네트워크가 장기간에 걸쳐 서서히 약해질 때에 행동이 어떻게 변화하는지 살펴볼 수 있다.

바로 나의 어머니에게 일어난 일이다. 어릴 때 나는 부모님과 두 형제와 함께 작은 아파트에서 살았다. 비좁은 아파트였지만 생활공간의 3분의 1이 금지 구역이 아니었다면 조금 더 견디기 쉬웠을 것이다. 부모님이 나머지 구역의 싸구려 가구보다 조금 더 나은 소품으로 꾸

며둔 식당과 거실은 출입 금지 구역이었다. 이 구역 바닥에는 카펫이 깔렸고, 테이블에는 펠트 천이 덮여 있었다. 소파와 안락의자는 내 고등학교 친구들이 가구 콘돔이라고 불렀던 비닐 덮개가 씌워져 있었다. 물리적으로 차단되어 있지는 않았지만 "출입 금지" 명령은 경찰의 통제선만큼이나 강력했다.

출입 금지 구역은 유대인 대축일과 유월절에만 열렸다. 어릴 때 유대교 명절에는 학교에 가지 않고 성전에서 기도하며, 저녁 식사 때는 코셔 고기와 감자를 먹어야 했다. 유월절과 나팔절, 속죄일로 이어지는 18일 이외에 금지된 방에 들어가면 감시자인 어머니가 사납게 소리쳤다. 나는 그 방에 대한 어머니의 태도를 이해했다. 어머니에게 그런 열의는 일상적이었기 때문이다. 바닥이 더러우면 어머니는 그냥 빗자루나 걸레를 들지 않았다. 바닥에 무릎을 꿇고 마치 수술실처럼 박박 문질러 닦았다. 나이가 들어 무릎이 아프고 부어올라도 한번 산책하러 나가면 그냥 동네 한 바퀴 정도가 아니었다. 몇 킬로미터를 걸었다. 텔레비전에 싫어하는 정치인이 나오면 그냥 고개를 절레절레 젓지 않았다. 콜레라에 걸려 죽어 마땅하다며 이디시어로 중얼거렸다. 어린 내게 사랑한다고 말할 때도 가볍게 입맞춤하지 않았다. 내 이마 전체에 키스를 퍼부었다. 어머니가 무관심한 것은 아무것도 없었다. 나는 열에 아홉은 사망한 나치 수용소에서 어머니가 살아남는 데 필요했던 자질은 바로 그 열의라고 생각했다.

아버지가 돌아가신 후에 어머니는 캘리포니아로 이사해 우리 집 옆 게스트 하우스에서 지내셨다. 당시 여든 살이었던 어머니는 50년은

족히 되었을 거실 가구를 가져오셨다. 몇 년 후 나는 어머니의 변화를 알아차렸다. 처음에는 나이가 들어 수더분해지신 탓이라고 생각했다. 어머니는 축일이 아닌데 우리가 금지된 의자에 앉아도 그다지 개의치 않으셨다. 50년 된 비닐 덮개를 벗기자고 제안했을 때도 선선히 동의했다. 시간이 지나면서 나는 어머니의 변화가 모서리가 무뎌지는 것과는 뭔가 다르다는 점을 알아차렸다. 성격이 수더분해지는 것이 아니었다. 우울증도 아니었다. 슬픔이나 절망, 정신적 고통 같은 일반적인 우울증 증상은 없었다. 하지만 어머니는 점점 더 무심하고 성격이 황폐해지며 가라앉았다. 그러던 어느 축일 아침, 보통 때라면 잠옷 차림으로 늦게 나타난 나를 꾸짖으셨을 어머니가 대축일 행사에도 무심하셨다. 나는 문제가 생겼다는 사실을 깨달았다.

몇 년 후 어머니는 일상생활에도 도움이 필요해져서 요양원에 들어가셨다. 요양원으로 옮기고 얼마 지나지 않은 어느 날 아침, 나는 어머니와 함께 커피를 마시러 식당에 갔다. 어머니는 공용 탁자에 앉아서 베이컨과 달걀을 들고 계셨다. 어머니는 유대교의 율법에 따라 평생 돼지고기를 드신 적이 없다. 그 규칙을 매우 엄격하게 지키셨기 때문에 설령 어머니가 속옷 차림으로 식당에 앉아 계셨다고 해도 나는 그만큼 놀라지는 않았을 것이다. 나는 어머니를 빤히 바라보았다. "왜?" 나는 잠시 할 말을 잃고 분명히 말했다. "엄마, 베이컨 드시고 계시네요." 어머니는 어깨를 으쓱하고 대답했다. "먹으라고 주던데. 맛있네." 몇 년이 지나자 어머니는 홀로 남겨지면 온종일 그저 의자에 앉아 텔레비전을 보게 되었다. 집으로 모셔와 보살펴드려야 할 시점이었다.

독단적이고 히스테릭한 어머니는 오랫동안 느리게 진행된 변화를 거쳐 마침내 정체되었다. 이 글을 쓰고 있는 지금 어머니에게 뭘 하고 싶으신지 물으면 어머니는 그저 미소 짓는다. 뭘 드시고 싶은지 물어보아도 그냥 어깨를 으쓱하신다. 하지만 어머니 앞에 음식을 놓으면 보통은 드신다. 드시라고 잘라놓으면 더 잘 드신다. 아르만도와 달리 어머니는 음식을 입에 가져가 씹고 즐기고 계속 드신다. 다행히도 내가 이야기를 시작하면 아직 간단한 대화를 할 수 있다. "걱정 마! 괜찮아!"라는 어머니의 새로운 태도는 기존의 "걱정해야 해! 불행하게 느껴야 해!"라는 태도를 넘어서는 신선한 개선이다. 하지만 그런 변화가 내적 붕괴의 신호라는 점은 또한 슬프다.

노화로 인지적 쇠퇴가 일어나며 동기부여가 달라지는 현상은 과학자들의 연구 대상이었다. 이런 현상은 뇌 구조와 기능의 연관성을 파악하는 데 도움이 되기 때문이다. 또 노화로 일어나는 변화를 인식하고 좋은 건강 습관을 들여 정신적 쇠퇴를 막도록 노력하게 만든다.

노화 외에도 부상이나 질병은 아니지만 결단력에 부정적인 영향을 미치는 삶의 조건도 있다. 바로 수면 부족이다.[16] 잠이 부족하면 전에는 중요해 보였던 일도 더는 중요하지 않다는 것을 알아차린 적이 있지 않은가? 다음 날 아침에 일어났을 때 커피가 준비되어 있도록 커피 메이커를 설정하는 일을 밤 9시에 한다면 좋은 생각이지만, 새벽 2시에 그런 행동을 하는 것은 부적절하다. 필요 없는 행동이다. 자연스럽게 깼을 때 커피를 준비해도 충분하다. 일할 때도 마찬가지이다.

방금 쓴 글을 훑어보면 매끄럽게 수정하고 싶은 부분이 많다. 하지만 늦은 밤에 같은 작업을 한다면 결점은 눈에 띄지 않고 이만하면 괜찮다고 넘어가며 자신을 속일 것이다. 푹 자고 일어나 다음 날 다시 읽어볼 때까지는 말이다. 그 사실을 알기 때문에 나는 자야 할 때는 글을 수정하지 않는다.

적당한 수면은 동기를 유지하는 데 중요하고, 특히 감정 건강에도 중요하다. 신경 영상 연구에 따르면 렘 수면 동안에는 감정 현출 네트워크의 마디를 포함한 뇌의 각 구조가 크게 활성화된다. 이 활성화는 주요 뇌 영역에서 밤사이에 기능을 재설정하는 활동과 관련이 있다. 한 연구자는 건강한 참가자 29명에게 2주간의 활동과 느낌을 상세히 기록하도록 했다.[17] 꿈 일기도 쓰게 했다. 연구자는 참가자가 낮동안 보고한 감정적 걱정의 3분의 1에서 절반 정도가 그날 밤 꿈에 다시 나타난다는 사실을 발견했다. 꿈의 대부분이 기억나지 않는다는 점을 고려하면 상당한 비율이다. 적절한 결정과 행동을 유도하도록 수면이 감정 현출 반응을 밤사이에 적절하게 재보정한다는 강력한 증거이다.

충분히 잠을 자지 않으면 어떻게 될까? 많은 일이 일어난다. 한 연구에서는 하루만 수면이 부족해도 감정적으로 부정적인 사진을 볼 때 fMRI로 평가한 편도체 반응 활성이 60퍼센트 증폭된다는 사실을 발견했다. 하룻밤만 제대로 자지 못해도 낮은 스트레스 상황에 반응하여 스트레스, 불안, 분노가 증가한다는 주관적 보고를 담은 연구도 있다. 수면이 부족하면 공격성도 늘어난다. 일주일 내내 매일 5시간도 채 못 자면 설문지와 일기 문서를 기반으로 평가했을 때 두려움이나 불안이 과장되는 정서장애가 점점 증가한다.

결단력과 무관심을 연구한 과학자들이 알려준 사실을 바탕으로 우리는 감정의 가장 기본적인 기능을 파악할 수 있다. 결단력과 무관심은 사랑이나 증오, 행복이나 슬픔, 심지어 두려움이나 불안보다 더 근본적인 효과를 낸다. 그리고 결단력은 누군가 또는 무엇인가에 손을 내밀고 말하고 움직이는 등 행동할 충동을 일으키며, 목표를 완수할 때까지 행동할 에너지를 준다.

감정적인 존재인 우리에게는 욕망이 있다. 우리는 그 욕망에 따라 소설을 쓰겠다는 고결한 의도에서부터 양치질을 하겠다는 하찮은 목표에 이르기까지 목표와 그에 따른 하위 목표를 설정한다. 하지만 그 목표가 크든 작든 어떤 목표를 달성하려면 행동하도록 결심해야 한다. 이것이 감정 현출 네트워크의 역할이다.

인간은 최선을 다할 때 기운이 넘치고 활기차며 스스로 동기부여를 한다. 우리는 노력하고 행동하고 헌신한다. 스스로 행동을 개시할 능력이 있고 상당한 인내심을 발휘한다는 사실은 우리가 살아 있다는 증거이다. 인간뿐만 아니라 가장 원시적인 동물에게도 이런 능력이 있다. 초파리의 뇌도 무엇을 하라고 지시받을 필요가 없다. 초파리도 스스로 포식자를 피하고, 짝을 찾고, 접근을 거부당할 때 술로 자신을 어떻게 위로해야 하는지 안다.

제3부

감정 성향과 감정 조절

8

감정 유형

"모든 사람은 특별합니다. 신체적으로나 지적으로도 그렇지만, 감정적으로도 그렇죠." 그레고리 코언은 이렇게 말한다. 그는 로스앤젤레스 지역의 정신과 의사이다. 큰 키에 호감 가는 눈빛을 가진 그는 일이야기를 할 때면 열정에 가득 찬 진지한 목소리로 말하는 사람이다. "사람마다 감정 반응 패턴은 다릅니다. 우리가 가진 감정 도구 상자는 모두 같지만, 그 안에 든 도구가 작동하는 방식은 사람마다 다르죠. 다른 심리적 특성처럼 감정에도 개인차가 있습니다. 때로 유전의 장난이나 나름의 과거 때문에 감정 도구가 제대로 작동하지 않기도 하죠. 저는 감정 패턴 때문에 문제가 생기는 사람들을 돕고 있습니다."

코언은 짐이라는 새로운 환자 이야기를 했다. 짐은 아내가 자신과 이혼하려고 한다는 사실을 막 알게 되었다. "그 일 때문에 전 화가 났어요." 짐은 코언에게 확실하지는 않다는 듯 이야기했다.

첫 진료에서 짐은 아내가 세 번째 부인이라고 말했다. "결혼 생활은 무난했어요. 그러다 어느 날 집에 왔는데 아내는 짐을 다 싸서 나가버렸죠. 경고 한 번 없었고, 아내가 그런 생각을 하고 있었는지조차 전혀 몰랐습니다."

짐은 아내가 왜 이혼을 원하는지 이해할 수 없다고 말했다. 아내의 감정을 몰랐기 때문에 아내가 떠난 지금도 문제가 있었다는 사실을 여전히 깨닫지 못했다. 하지만 코언은 캐묻지 않았다. 끼어들지 않는 대신 환자 스스로 어디로 나아가는지 보고 싶었다.

짐은 말을 이었다. "전 아내를 사랑했고, 아내도 절 사랑했습니다. 저만큼 다른 남자를 사랑한 적은 없어요." 무엇보다 짐은 "훌륭한 아이들"이 셋이나 있다고 말했다. 그런 남자를 떠난다니 말이 될까?

짐은 단호하게 말했다. 하지만 코언은 짐이 자신의 생각만큼 이상적인 상대는 아니라고 확신했다. 코언은 짐을 밀어붙였고, 결국 짐은 자신이 바람피웠다는 사실을 시인했다.

짐은 말했다. "다 아내 탓이에요. 아내는 제게 아무 반응도 보이지 않았거든요." 그러고는 말을 이었다. "아내는 알코올 의존증이었던 것 같아요. 진짜 문제가 있는 사람은 바로 아내죠. 아내가 모든 일의 원인이라고 생각해요." 진료가 끝날 때쯤 짐은 아이들과도 대화하지 않는다고 실토했다. 짐은 그 일도 이상하게 생각했다. "저는 훌륭한 아버지였는걸요." 짐은 이렇게 주장했다.

코언은 내가 눈을 굴리는 것을 바라보았다. 내가 짐을 얼간이에 거짓말쟁이라고 생각한다는 것을 간파한 듯했다. 하지만 코언은 그렇게 간단하지 않다고 말했다. "네, 겉으로 보기에 짐은 솔직하지 않은 것 같습니다. 하지만 거짓말을 하고 있는 건 아니에요. 그냥 틀린 거죠. 짐의 의식적 마음은 진짜로 자신이 훌륭한 남편이자 아버지고, 괜찮은 사람이라고 믿고 있습니다. 하지만 무의식의 깊은 곳에서는 그 반대가 사실이지요. 그는 불쾌하고 비호감입니다."

코언은 짐이 전형적인 자기부정의 사례라고 설명한다. 자신을 평생 속여야 한다는 대가가 있기는 하지만, 마음은 고통스러운 것을 덮기 위해서 무엇이든 하려고 든다.

코언에 따르면, 짐의 정신 상태를 지배하는 것은 표면적인 과장과 허풍이 아니다. 짐의 삶을 지배하는 것은 수치심이다. 그것은 자신에 대한 부정적인 평가에서 생기며, 숨거나 도망치려는 욕망을 낳는 고통스럽고 굴욕적인 느낌이다. 가장 해로운 감정 중의 하나이다. 짐은 무의식 속 자신에 대한 참을 수 없는 부정적 견해를 자각하지 못하도록 원시적 방어 메커니즘인 자기애적 껍데기를 만들어 자신을 보호하려고 했다.

모든 감정은 환경이나 상황에 대한 반응으로 생겨난다. 감정이 생기면 생각을 인도한 다음 사라진다. 하지만 짐은 수치심에 과민하게 반응하기 때문에, 보통은 그다지 신경 쓰지 않는 부드러운 비판에도 강한 수치심을 느끼며 반응을 보인다. 그 결과 짐은 자주 수치스러운 상태에 빠졌고, 이 수치심은 평생 그가 하는 모든 행동에 영향을 미쳤다.

우리는 모두 다양한 감정에 대해서 다르게 반응한다. 코언은 환자들의 감정적 성향을 "감정 유형"이라고 불렀다. 학술 문헌에서는 비슷한 개념을 기질, 상황에 대한 생물학적 민감성, 스트레스 반응성, 정서 유형, 감정 유형 같은 다양한 이름으로 부른다.

짐의 감정 유형은 수치심 쪽으로 매우 강하게 기울어져 있다. 코언이 짐의 "지배적인 감정 상태"가 수치심이라고 말할 정도이다. 하나의 감정 또는 일련의 감정이 감정 유형을 지배한다는 생각은 고대 그리스와 로마 시대의 의사들까지 거슬러 올라간다. 당시 의사들은 사람들을 네 가지 유형으로 분류했다. 낙천적인 사람은 긍정적이고 외향적이다. 우울한 사람은 두려움과 슬픔에 취약하다. 성마른 사람은 화가 많고 공격적이다. 침착한 사람은 금방 흥분하지 않는다. 하지만 이런 분류는 너무 단순하다. 우리는 한 가지 감정이 지배하는 하나의 감정 유형이 아니다. 우리는 균형 잡힌 감정적 삶을 살아간다.

감정 유형은 무엇이 특정 감정을 유발하는지, 감정이 얼마나 빠르게 형성되는지, 얼마나 강렬한지, 감정이 사라지는 데 얼마나 걸리는지로 설명할 수 있다. 심리학자들은 이를 각각 "임계치", "정점까지의 잠재기", "크기", "회복"이라는 용어로 설명한다.[1] 감정 유형의 각 측면은 사람마다 다르며, 해당 감정이 긍정적인지 부정적인지에 따라 영향을 받는다.

어떤 사람은 쉽게 상처받거나 당황하지만 겁먹지는 않는다. 다른 사람은 극단적인 상황이 아니면 상처받거나 당황하지 않지만 쉽게 겁먹는다. 어떤 사람은 피곤해 보이거나 옷이 이상하다는 말을 들으면 곤혹스러워하지만, 다른 사람은 그저 어깨를 으쓱하고 넘어간다.

감정 반응의 "임계치"는 사람마다 다르다.

"정점까지의 잠재기"는 감정 반응이 발달하는 시간이다. 어떤 사람은 금방 불안해하지만, 다른 사람은 천천히 불안감이 쌓인다. 감정 반응의 "크기"도 매우 다양하다. 길이나 가게 앞에 줄을 서 있을 때 누군가 끼어들면 그다지 화를 내지 않는 사람도 있지만, 엄청나게 분노하는 사람도 있다. 마지막으로 "회복"은 감정이 원래 상태로 돌아감을 의미한다. 어떤 사람은 감정을 빨리 내려놓지만, 다른 사람은 계속 그 감정을 붙들고 있다. "회복"은 긍정적인 감정에 적용할 때는 혼란스러운 용어일 수 있다. 칭찬을 듣고 좋은 느낌이 사라지는 데에 걸리는 시간을 "회복 시간"이라고 부르면 이상하게 들리지만, 심리학자들은 그렇게 부른다.

이런 특성을 종합해보면 각 감정 반응을 나타내는 각자의 성향은 일종의 감정적 지문이라고 볼 수 있다. 그것이 당신의 감정 유형이다. 감정 유형을 어떻게 깨닫고 개발하며, 원한다면 어떻게 바꿀 수 있을까?

본성과 양육

대학생 때 마음에 드는 여자 친구를 집에 데려온 적이 있다. 여자 친구는 어머니에게 내가 어릴 때 어떠했는지 물었다. "분명 귀여웠겠죠." 여자 친구는 말했다. 하지만 어머니는 강한 폴란드어 악센트로 대답했다. "귀엽다고? 음, 아니, 그런데 넌 레니가 **지금**은 문제 있다고 생각하는 거니? 어릴 때 레니가 어떠했는지 봤어야 하는데! 괜찮은 아이였어. 오해는 말거라. 하지만 세 살 때 아빠 면도기를 쓰려다가 얼굴을 베었지 뭐냐. 그게 다는 아니란다. 응급실에 간 적도 한두 번이 아니야. 교장실에도 수없이 불려갔지. 사람은 절대 변하지 않아. 그냥 참는 게 나을 거다. 다른 여자 친구들은 그렇게 못 했지. 다시는 여자 친구를 사귀지 못할 거라고 생각했단다!" 차라리 여자 친구랑 눈 치우기 같은 일이나 할걸 하고 생각했다.

어머니는 항상 우리가 커서 어떻게 될지 알고 있다고 믿었다. 어머니는 형이 원래 수줍음이 많고 불안해했다고 한다. 남동생은 항상 다정하고 수다스러웠다. 나는 호기심이 많았지만 귀엽기보다는 위험해서 고양이를 죽일 뻔한 적도 있었다. 실제로 형은 자라서도 외로운 사람이 되었고, 남동생은 환자들과 너무 수다를 많이 떤다고 윗사람에게 자주 꾸지람을 듣는 의사가 되었다. 나도 어머니의 이론에 맞게 자랐다고 생각한다. 어릴 때 면도기를 가지고 실험했던 나는 자라서 과학자가 되었으니 말이다.

물론 어머니의 믿음처럼 사람의 감정 유형에는 타고난 측면이 있다. 태어난 지 2~3개월밖에 되지 않은 아기도 미소 짓고 웃거나 좌절과 분노를 나타내는데, 아기마다 각 감정 유형에서 다른 반응을 보인다.[2] 하지만 자라면서 경험이 감정 유형의 발달에 이바지한다는 사실은 분명하다.

짐이 수치심에 예민해진 것은 어릴 때 짐의 어머니가 끊임없이 그를 비판한 결과였다. 아기였을 때 짐이 어머니의 젖꼭지를 너무 세게 물어서 어머니가 비명을 지르고 아기 침대에 짐을 다시 던져버린 다음 발끈하며 그 자리를 떠났던 것이다. 짐이 무도회 턱시도를 사러 갔을 때도 마찬가지였다. 어머니는 괜찮아 보이는 옷을 하나 발견하고 짐에게 보여주었다. 짐이 썩 마음에 들어하지 않자 어머니는 갑자기 홱 돌아서서 알아서 하라며 짐을 버려두고 차로 가버렸다. 두 사건 사이에는 수십 년의 시차가 있지만 그사이에도 비슷한 사건이 적지 않았고, 모두 짐에게 같은 메시지를 주었다. "넌 최악이야."

코언은 이렇게 말했다. "성인이 되어서도 짐은 어린 시절의 감옥에 갇혀 있었죠. 계속 수치심을 느끼는 일은 극단적인 경우지만, 어린 시절의 경험에서 수치심 성향이 형성되는 일은 드물지 않습니다. 다른 감정도 마찬가지예요. 우리의 감정 유형은 우리의 유전자와 어린 시절의 경험이 상호작용한 결과입니다."

둘 중 어느 요소가 지배적인지에 대해서는 논쟁이 분분하지만, 심리학자들은 모두 본성과 양육 둘 다 감정 발달에 중요하다는 사실을 인정한다. 오늘날 우리는 신경과학의 등장에 힘입어 감정적 특성을 뇌 네트워크에서 일어나는 과정과 연관해서 살펴보며 본성과 양육의 상호작용을 깊이 통찰하게 되었다.

본성과 양육 문제를 다룬 첫 번째이자 가장 통찰력이 풍부한 연구 중 하나는 몬트리올 맥길 대학교의 과학자 마이클 미니가 1990년대에 수행한 연구이다. 미니는 오늘날 "후성유전학epigenetics"이라고 불리는 분야의 선구자이다. 그는 본성이 유전적 경로를 통해서 영향을 미치는 것과 비슷한 방식으로 양육이 효과를 발휘하는 메커니즘을

밝혀냈다.[3]

후성유전학의 핵심은 유기체의 DNA에 유전적 특성이 부호화되어 있지만, 이 특성이 유기체에 나타나려면 관련 DNA가 활성화되어야 한다는 점이다. 이 과정은 자연히 일어난다고 알려져 있었지만, 이제는 이 DNA가 켜지거나 꺼지기도 하며 환경이나 경험에 따라서 결정되기도 한다는 사실이 밝혀졌다. 우리는 평생 유전자에 매여 있지만 항상 이 유전자의 영향을 받지는 않는다. 유전자는 보통 바뀔 수 있다. 후성유전학은 환경과 경험으로 DNA의 효과가 바뀌는 과정을 연구한다.

미니는 마드리드에서 열린 국제 학회에서 맥길 대학교의 다른 과학자인 모세 스지프와 우연히 만나 연구를 시작했다. 스지프는 DNA를 화학적으로 변형해 유전자 활동이 바뀌는 과정을 연구하는 전문가였다. 같은 대학에 있었지만 한 번도 만난 적이 없던 두 사람은 바에 가서 함께 맥주를 마셨다. "좀 많이 마셨죠." 스지프는 말했다.[4]

맥주를 비우면서 미니는 스지프에게 자신의 쥐 실험 이야기를 했다. 보살핌을 덜 주는 어미가 키운 새끼 쥐는 보살핌을 많이 주는 어미가 키운 새끼 쥐보다 더 불안해한다는 사실을 밝힌 실험이었다. 보살핌을 많이 받지 못한 쥐의 스트레스 유전자 활동이 어떻게 바뀌었는지도 설명했다. 스지프의 마음에 불이 켜졌다. 보살핌을 많이 받은 쥐와 그렇지 못한 쥐에게서 나타나는 불안의 차이는 후성유전 때문일까? 이 아이디어는 기존의 후성유전학이나 신경과학적 사고방식 모두와 모순된다. 당시 후성유전학 학자들은 변화 과정이 배아 단계나 암세포에 한정되어 있다고 믿었다. 한편, 신경과학자들은 장기적인 행동 변화는 신경 회로의 물리적 변화 때문에 일어나며 DNA 발현과는 아무 관련이 없다고 주장했다. 하지만 미니는 스지프의 예감에 강한 흥미를 느껴 그 생각을 밀고 나가기 시작했고, 결국 스지프와 협력했다.

행동 후성유전학

미니가 스지프에게 설명했던 쥐는 평상시 불안 수준이 높았다. 환경의 위협에도, 익숙하지 않거나 예상치 못한 사건에도 과민 반응했다. 낯선 환경에 놓이면 옴짝달싹하지 않고, 놀라게 하면 펄쩍 뛰어올랐다. 스트레스를 받으면 심장박동을 더 빠르게 하고 싸우거나 도망칠 상태로 근육을 준비시키는 글루코코르티코이드라는 호르몬을 다량 분비했다. 평상시 불안이 높은 암컷은 계속 스트레스 상태에 있으므로 새끼를 잘 돌보지 않고 적당한 관심도 주지 않았다.

미니의 실험실에 있는 다른 쥐들은 달랐다. 평상시 불안 수준이 낮은 쥐는 새로운 환경에 놓이면 주변을 탐색했다. 전기 자극을 주어도 스트레스 호르몬이 적게 분비되었다. 이런 암컷 쥐는 새끼에게 매우 세심한 주의를 기울였다.

미니는 새끼를 핥고 털을 골라주는 데에 많은 시간을 보내는 어미 쥐의 새끼 역시 느긋하다는 사실을 알아차렸다. 느긋한 새끼의 어미 쥐도 느긋한 성격이었다는 의미이다. 반면에 새끼를 핥거나 털을 골라주는 일이 거의 없는 어미 쥐의 새끼는 불안해했다. 즉 불안한 쥐는 불안한 어미에게서 태어났다는 사실도 밝혀졌다. 느긋함 대 불안함이라는 특성은 유전적으로 대대로 전해지는 듯했다. 하지만 스지프가 옳았다면 그 이상이 있었다.

미니는 독창적인 실험을 했다. 태어날 때 새끼를 바꿔 불안한 어미 쥐의 새끼는 느긋한 어미 쥐가 키우게 했고, 느긋한 어미 쥐의 새끼는 불안한 어미 쥐가 키우게 했다. 느긋함 대 불안함이라는 감정 유형이 유전된다면 새끼를 바꿔도 아무런 차이가 없어야 한다. 하지만 결과는 달랐다. 새끼 쥐는 자신을 낳은 어미 쥐의 특성이 아니라 양육한 어미 쥐의 특성을 닮으며 자랐다. 미니는 유전이 성격을 바꾸는 하나의 요인이라는 사실을 이미 알고 있었지만, 이번 실험에서는 쥐의 유전자가 아니라 어미의 행동이 새끼의 감정 유형을 좌우하는 듯했다. 대체 어떻게 된 일일까?

미니와 동료들은 생리학적 조사를 통해 어린 시절의 경험이 쥐의 뇌에서 스트레스 호르몬 수용체를 지배하는 유전자—일종의 "느긋함" 유전자—를 변화시킨다는 사실을 발견했다. 어미 쥐가 핥고 털을 골라주면 느긋함 유전자가 활성화된다. 어미가 소홀하면 메틸 기methyl group라는 원자 덩어리가 느긋함 유전자를 포함하는 DNA 분절에 부착되어 이 유전자의 작용이 억제되고 새끼 쥐는 불안해지기 쉽다.

미니와 동료들의 연구는 본성과 양육이 상호작용하고 경험이 DNA의 작용을 바꾸는 방식을 보여주며, 본성 대 양육 논쟁에서 빠진 연결 고리를 이어주었다. 하지만 과거의 경험으로 유전자 발현이 달라진다는 생각은 당시에는 혁명적이었다. 많은 과학자가 이 아이디어를 받아들였지만 쥐에게 일어나는 현상이 인간에게는 적용되지 않을 수도 있다고 주장했다. 그래서 미니는 또다른 연구를 실시했다.

미니와 동료들은 아동 학대를 당하고 스스로 목숨을 끊은 사람들의 뇌 조직 시료와 방대한 심리 및 의료 기록을 확보했다. 미니는 쥐와 마찬가지로 학대받지 않은 사람들의 뇌 조직과 달리 학대받은 사람의 뇌에는 스트레스 호르몬 수용체 유전자가 훨씬 더 메틸화되었다는 사실을 발견했다. 쥐와 마찬가지로 어린 시절에 스트레스를 많이 받으면 성인이 되어도 역경에 대처하는 능력이 떨어지고, 결국 자살에 취약해진다. 미니는 우리의 감정 유형이 유전적 소인은 물론 후성유전학에서 비롯된다는 사실을 발견했다. 양육은 이런 중요한 메커니즘을 통해서 효과를 발휘한다.

미니와 동료들의 연구는 행동 후성유전학이라는 새로운 분야로 이어졌다. 성향은 유전되지만 뇌를 변화시켜서 성향을 극복할 수 있다는 사실이 밝혀지면서, 감정 문제로 고통받는 이들에게 큰 희망을 주었다.

감정 유형은 어린 시절의 경험에서 큰 영향을 받고, 성인기에는 보통 그다지 변하지 않는다. 감정 유형을 바꾸려고 상당한 노력을 기울이지 않는 한 어느 정도는 그대로 성인이 된다. 하지만 미니의 연구는 우리가 감정 유형을 바꿀 수 있음을 보여주었다. 어린 시절에 물려받은 감정 유형을 평생 가질 필요는 없다. 우리는 뇌를 변화시킬 수 있다. 그 첫 번째 단계는 자신의 감정 유형이 무엇인지를 아는 것이다.

내 감정 유형 파악하기

감정은 보통 자신을 위한 생각, 결정, 행동에 영향을 미친다. 따라서 어떤 감정에도 무뎌지는 일은 좋지 않다. 하지만 너무 강한 감정을 느껴도 삶이 복잡해진다. 감정 유형에는 옳고 그름이 없지만, 삶을 더 편하게 만드는 감정 유형이 있고 불필요한 고통을 일으키거나 원하는 삶을 방해하는 감정 유형이 있다. 다음 장에서는 어떻게 감정을 조절하고 다른 사람의 감정에 영향을 미칠 수 있는지 살펴볼 것이다. 하지만 그전에 자신의 감정 유형을 알아보면 흥미롭고 유익할 것이다. 어떤 독자는 책의 교훈을 자신의 삶에 적용하기 위해서 이 책을 읽고 있을 것이다. 그저 인간의 본성을 잘 알고 싶어서 이 책을 읽는 독자도 있을 것이다. 당신이 후자라도 자신의 감정 유형을 이해하는 일은 유용하다. 자신의 감정 유형을 알면 다른 사람을 이해하는 데에도 도움이 되기 때문이다.

임상의와 감정 연구자들은 감정이 개인마다 다르다는 사실이 감정의 가장 주목할 만한 특성이라는 점을 강조한다. 감정 유형의 범위는 매우 다양하다. 사람들은 비슷한 상황과 도전에서 상당히 다르게 반응한다. 수년 동안 심리학자들과 정신과 의사들은 이 개인차를 연구하기 위해서 여러 "설문지"를 개발하여 학술지에 발표했다. 이들이 개발한 설문지는 감정의 여러 측면을 특성화하는 데에 도움이 된다. 하지만 이 설문지는 감정을 체계적으로 탐색하기 위한 것이 아니라, 각 연구자가 전공한 특정 감정을 이해하기 위해서 개발했다고 보아도 무방하다. 여기서 제시하는 다섯 가지 설문지는 학술 문헌에서 흔히 이용되며 가장 영향력이 있다고 입증된 것이다. 이 설문지는 수치심과 죄책감, 불안, 분노와 공격성, 기쁨과 행복, 낭만적 사랑과 애착을 측정한다. 설문지를 작성하면 일상에서 당신이 다양한 감정적 상황에 어떻게 대처하는지 파악하는 데에 도움이 될 것이다.

이 목록은 자기 계발서 저자들이 만든 것이 아니라, 인간의 핵심 정신을 이해하려는 과학자들이 만든 것이다. 감정적 삶을 방해하는 신체적, 정신적 장애가 있는 사람들을 연구하기 위해서 고안된 목록도 있지만, 그런 목록조차 원래는 장애가 없는 사람을 대상으로 검증되었다. 연구자들은 여러 시행착오를 거쳐 설문지를 개발하고 수백 수천 명, 때로는 1만 명 이상의 참가자를 대상으로 설문지를 검증했다. 그 결과를 바탕으로 참가자의 점수에서 일관성과 안정성을 확보했다. 여기서 일관성이란 화요일에 질문을 하고 목요일에 다시 같은 질문을 하면 점수가 비슷해야 한다는 의미이다. 안정성이란 오늘과 6개월 후에 설문한 결과가 비슷해야 한다는 의미이다(인생을 바꾸는 큰 사건이 일어나거나 치료를 받지 않았다면 말이다).

이제 연구로 검증된 평가도구를 소개하겠다. 모든 질문에 답하고 싶지 않을 수도 있고, 다음 장으로 계속 넘어가면서 나중에 답하고 싶을 수도 있다. 깊이 생각할 필요는 없지만 과거의 행동과 느낌에 대해서 솔직하게 답변해야 한다. 그러면 자신에 관해서 많이 배울 수 있을 것이다.

놀랍게도 자신의 감정 유형을 모르는 사람이 많다. 자신의 생각과 결과가 다르다면 참조해서 살펴보자. 그러나 설문 결과가 옳을 수도 있다는 가능성은 남겨두자. 예상치 못한 놀라운 결과가 이제껏 몰랐던 자신의 성향에 대해서 눈을 뜨게 해줄 수도 있다.

질문에 어떻게 대답할지 평가할 수 있을 만큼 가까운 사이라면 그 사람을 상상하며 설문에 답하여 다른 사람을 이해할 수도 있다. 반대로 당신에게 중요한 사람이나 가까운 사람에게 당신이라고 가정하고 응답하도록 부탁해서 스스로의 결과와 비교해보면 재미있는 깨달음을 얻을 수도 있다. 자신이 솔직하게 응답했는지 확인할 수도 있다.

설문지의 형식과 채점 방식은 비슷하지만 똑같지는 않다. 여러 연구자가 만든 설문지인 데다가 각각 그들만의 연구 방식을 따랐기 때문이다. 따라서 지침과 설명을 주의 깊게 읽어야 한다. 특히 설문지 중 어떤 문장은 긍정문이고 다른 문장은 부정문으로 표현되어 있다는 점에 유의하자.

한 질문을 너무 깊게 생각하지 말자. 정답도 없고 속임수 질문도 없다. 대체로 당신의 기준에서 사실이라고 생각되는 점에 응답하면 된다. 대답하고 싶지 않은 설문지 자체를 건너뛸 수는 있지만, 한 설문지 내에서는 모든 항목에 답해야 한다. 그렇지 않으면 평가가 무효화될 수 있다.

어떤 질문에서는 당신이 하지 않을 행동을 제시할 수도 있다. "직장에서 뭔가를 깨뜨렸는데 숨긴다"라는 질문에 당신이 어떻게 반응할지 묻는다면, 그럴 일이 없더라도 최대한 그런 상황을 가정하고 평가해야 한다. 절대 일어나지 않을 상황이라도 그런 상황을 가정해 당신이 어떻게 반응할지 묻는 것이다.

답을 고르기 어려운 항목이 있을 수도 있다. "2점 = 대체로 그렇다"와 "3점 = 매우 그렇다"는 어떻게 다른가? 당연히 어려울 수 있지만 둘 중 어느 것을 골라도 괜찮다. 질문은 충분하므로 답변이 조금 모호하더라도 다른 질문으로 상쇄되고, 설문지 자체도 그렇게 세부적이지는 않다. 1점 차이는 큰 의미가 없다. 그러니 너무 심각하게 생각하지 않아도 된다. 맨 처음 떠오른 답이 아마 당신에게 가장 맞는 답일 것이다. 마지막으로 모든 설문지는 당신의 성향이나 능력을 측정하는 것이지, 실제 행동이나 현재의 일시적인 느낌을 측정하는 것이 아님을 분명히 알아야 한다.

수치심과 죄책감 설문지[5]

다음은 일상생활에서 발생할 수 있는 열한 가지 상황입니다. 자신이 다음 상황에 놓여 있다고 상상해보십시오. 각 상황에서 나타내는 두 가지 일반적인 반응(a와 b)이 제시되어 있습니다. 둘 중에 선택하는 것이 아닙니다. 주어진 상황에서 당신이 보일 반응과 얼마나 비슷한지 점수를 매깁니다. 반응 a와 b가 모두 당신이 보일 반응과 비슷하다면 모두 5점으로, 둘 다 그렇지 않다면 모두 1점으로 점수를 매깁니다.

응답 방법   각각의 반응에 대해서 다음과 같이 1-5점으로 점수를 매깁니다.

1점 = 전혀 아니다   2점 = 대체로 아니다   3점 = 때때로 그렇다

4점 = 대체로 그렇다   5점 = 매우 그렇다

1. 친구와 점심을 먹기로 했는데 5시가 되어서야 친구를 기다리게 했다는 사실이 문득 떠올랐다.

   a) "나는 왜 이렇게 부주의할까"라고 생각한다. _____

   b) 당장 친구에게 설명하고 기분을 풀어주어야 한다고 생각한다. _____

2. 직장에서 뭔가를 깨뜨렸는데 숨긴다.

   a) 직장을 그만둬버릴까 생각한다. _____

   b) "이거 곤란한데, 고쳐놓거나 다른 걸 사다놔야겠어"라고 생각한다.

      _____

3. 직장에서 프로젝트를 계획하고 막판까지 기다렸는데, 결국 결과가 좋지 않았다.

   a) 자신이 무능력하다고 느낀다. _____

   b) "프로젝트를 제대로 이끌지 못했으니 질책받을 만해"라고 느낀다.

      _____

4. 직장에서 내가 실수했는데 애꿎은 동료가 꾸지람받는 것을 보았다.

   a) 조용히 지나치고 그 동료를 피한다. _____

   b) 그러면 안 된다고 생각하고 상황을 제대로 수습하려고 애쓴다. _____

5. 친구들과 놀다가 내가 던진 공이 친구의 얼굴에 맞았다.

   a) 공 하나 제대로 던지지도 못하다니 무능하다고 생각한다. _____

   b) 사과하고 기분을 풀어주려고 애쓴다. _____

6. 운전하다가 작은 동물을 치었다.

a) "난 왜 이렇게 아둔하지"라고 생각한다. _____

b) 더 주의했어야 하는데 그렇지 못했다는 생각에 심란하다. _____

7. 시험을 아주 잘 봤다고 생각했는데 실은 완전히 망쳤다는 사실을 깨달았다.

a) 바보처럼 느껴진다. _____

b) "더 열심히 공부할걸" 하고 생각한다. _____

8. 친구들과 수다 떨면서 그 자리에 없는 친구를 놀렸다.

a) 내가 속 좁은 사람이라고 느껴진다. _____

b) 사과하고 친구의 좋은 점을 말해준다. _____

9. 직장에서 중요한 프로젝트를 맡았는데 큰 실수를 했다. 사람들은 당신을 믿었는데 기대에 부응하지 못해 상사가 당신을 비난한다.

a) 숨고 싶다. _____

b) "문제를 제대로 파악하고 더 잘했어야 했는데"라고 생각한다. _____

10. 친구가 휴가 가는 동안 맡아둔 강아지가 도망가버렸다.

a) "난 너무 무책임하고 부주의해"라고 생각한다. _____

b) 앞으로 더 주의하겠다고 다짐한다. _____

11. 동료의 집들이에 갔다가 크림색 새 카펫에 레드와인을 흘렸는데, 아무도 눈치채지 못한 것 같다.

a) 빨리 그 자리를 피해 다른 데로 가고 싶다. _____

b) 남아서 얼룩 지우는 것을 돕는다. _____

응답 a의 총점 = 수치심 점수_____

응답 b의 총점 = 죄책감 점수_____

점수 범위는 죄책감과 수치심 모두 11-55점입니다. 여러 연구에서 응답자 절반의 수치심 점수는 25-33점 사이이고, 죄책감 점수는 42-50점입니다. 수치심과 죄책감 모두에서 여성은 보통 평균보다 2점 높고 남성은 2점 낮습니다.[6]

수치심과 죄책감을 다룬 체계적이고 실증적인 연구는 최근까지 적었다. 그래서 해당 분야의 선도 연구자들은 이 상황을 개선하는 데 도움이 되도록 설문지를 개발했다. 수치심과 죄책감은 다른 사람과의 관계에서 자신을 바라보는 두 가지 감정이다.[7] 수치심은 당신과 다른 사람이 당신을 어떻게 보는지에 대한 걱정을 나타내고, 죄책감은 당신의 행동이 다른 사람에게 어떤 영향을 미칠지에 대한 걱정을 나타낸다. 앞에서 언급했듯이, 수치심은 숨거나 도망치려는 욕구와 관련이 있고, 죄책감은 사과하거나 상황을 수습하려는 욕구와 관련이 있다. 사회적 관계에서 수치심과 죄책감은 잘못된 행동이나 부정행위를 억제하고, 상황을 수습하거나 사과하고 속죄하게 만드는 역할을 한다. 흥미로운 한 종단 연구에 따르면 죄책감에 민감한 5학년 학생들은 자라서 다른 학생들보다 음주 운전을 할 가능성이 낮고 지역사회 봉사를 많이 한다는 사실이 밝혀졌다.

죄책감과 수치심 경향은 어린 시절 가족의 경험에 뿌리를 두고 있다. 두 경향은 부모, 특히 아버지로부터 물려받는다. 수치심은 두 살쯤 나타나지만 죄책감은 더 강한 인지 능력이 필요하므로 일반적으로 여덟 살 이전에는 나타나지 않는다. 수치심은 다른 사람과의 관계에 부정적인 영향을 미치는 고통스러운 감정이다. 수치심에 민감한 사람은 부정적인 사건이 일어났을 때 다른 사람을 비난하며 분노와 적대감을 드러내고, 보통 다른 사람에 대한 공감 능력이 부족하다. 반면 죄책감에 민감한 사람은 화를 덜 내며, 화를 돌려 말하지 않고 직접 표현하고 다른 사람과 잘 공감하며 부정적인 결과에 대한 책임을 잘 받아들인다.

불안 설문지[8]

응답 방법 자신과 가장 잘 맞는다고 생각하는 숫자를 적어 점수를 매깁니다.

1점 = 절대 아니다　2점 = 때때로 그렇다　3점 = 대체로 그렇다

4점 = 항상 그렇다

1. 나는 안전하다고 느낀다. _____

2. 나는 차분하고 냉정하고 침착하다. _____

3. 나는 쉽게 결정을 내린다. _____

4. 나는 만족스럽다. _____

5. 나는 행복하다. _____

6. 나는 자신에게 만족한다. _____

7. 나는 한결같은 사람이다. _____

8. 나는 유쾌하다. _____

9. 나는 편안하다. _____

10. 나는 사소한 문제도 지나치게 걱정한다. _____

11. 나는 신경질적이고 안절부절못한다. _____

12. 최근의 걱정거리나 관심사를 생각하면 긴장되고 혼란스럽다. _____

13. 나는 자신감이 부족하다. _____

14. 문제가 쌓여 있어서 극복하지 못할 것 같다. _____

15. 내가 실패자처럼 느껴진다. _____

16. 너무 실망스러워서 그 기분을 떨쳐낼 수가 없다. _____

17. 다른 사람들처럼 나도 행복했으면 좋겠다. _____

18. 별로 중요하지 않은 생각이 마음속을 차지해 괴롭다. _____

19. 나는 심기가 불안하다. _____

20. 내가 무능하다고 느껴진다. _____

불안 설문지의 1-9번 항목은 불안이 낮음을, 10-20번 항목은 불안이 높음을 나타내도록 구성되었습니다. 따라서 점수 산정방식은 "수치심과 죄책감 설문지"보다 조금 복잡합니다. 점수 계산방법은 다음과 같습니다.

1) 1-9번 항목의 점수를 더합니다. _____

2) 45에서 1)의 값을 **뺍니다**. _____

3) 10-20번 항목의 점수를 더합니다. _____

4) 2)와 3)의 값을 더한 것이 당신의 불안 점수입니다. _____

불안 설문지의 점수 범위는 20-80점입니다. 평균은 35점입니다. 응답자 중 절반 정도의 점수는 31-39점입니다.[9] 자주 불안을 겪는 우울증 환자의 점수는 보통 40점대에서 50점대입니다.[10]

위협을 느끼면 불안이 일어난다. 두려움은 특정하고 식별 가능하며 당면한 위험에 대한 반응이다. 반면에 불안은 잠재적이고 예측할 수 없는 위험, 실제로 피해를 유발할 확률이 낮은 위험이나 불명확하고 애매하며 명확한 원인이 없는 위험을 느낄 때 생긴다. 따라서 만성 두려움보다 만성 불안 상태가 더 흔하다. 진화의 관점에서 두려움과 불안은 모두 위험에서 우리를 보호하는 데에 도움이 되지만, 그 방식은 매우 다르다. 두려움은 방어 반응인 싸움-도피 반응을 자극하며, 위협이 사라지면 빠르게 가라앉는다. 불안은 덜 직접적인 대처 방법으로 몇 시간이나 지속될 수 있으며, 잠재적으로 해로운 상황을 예측하고 준비하도록 자극하여 우리를 보호한다.

너무 불안한 성향이면 건강에 좋지 않다. 불안하면 스트레스가 유발되고 만성적으로 스트레스 호르몬이 과다 분비되어 여러 질병을 일으키기 때문이다. 불안 정도가 높으면 사망률이 높아진다. 하지만 불안 정도가 비정상적으로 낮아도 사망률이 높아진다. 불안 정도가 낮으면 위험한 상황에서 도움을 구하거나 위협을 피하려고 신중하게 행동할 가능성이 줄어들기 때문이다. 피부 아래에 덩어리가 만져져도 의사를 찾지 않고, 흡연하거나 위험한 행동을 할 가능성이 높다.

분노와 공격성 설문지

수치심과 죄책감을 함께 살펴보아야 하는 것처럼, 분노와 공격성도 연관되어 있으므로 함께 파악해야 합니다. 공격성은 분노에 대한 반응이기 때문입니다. 아래에 제시된 분노와 공격성 설문은 감정 유형상 이어져 있으므로 한 쌍으로 보아야 합니다.

응답 방법 자신과 가장 잘 맞는다고 생각하는 숫자를 적어 점수를 매깁니다.

1점 = 내 성격과 전혀 다르다   2점 = 내 성격과 약간 다르다

3점 = 내 성격과 비슷하기도 하고 아니기도 하다

4점 = 내 성격과 약간 비슷하다   5점 = 내 성격과 똑같다

1. 나는 금방 화를 내지만 금방 가라앉는다. _____

2. 화가 나면 분노를 터뜨린다. _____

3. 때때로 화가 폭발해버릴 것 같다. _____

4. 나는 성격이 한결같은 사람은 아니다. _____

5. 친구들은 내게 성미가 급하다고 한다. _____

6. 때때로 이유 없이 벌컥 화를 낸다. _____

7. 화를 조절하기 어렵다. _____

　　총 분노 점수 = _____

1. 내 생각과 친구들의 생각이 다르면 거리낌 없이 이야기한다. _____

2. 대체로 다른 사람의 생각에 동의하지 않는다. _____

3. 사람들이 나를 화나게 만들면 내 생각을 그대로 말한다. _____

4. 나와 의견이 다른 사람과는 토론하기 힘들다. _____

5. 친구들은 내게 약간 논쟁적이라고 한다. _____

총 공격성 점수 = _____

분노 설문지의 점수 범위는 7-35점입니다. 평균 점수는 17점이며, 응답자 중 절반의 점수는 13-21점입니다.

공격성 설문지의 점수 범위는 5-25점입니다. 평균 점수는 15점이며, 응답자 중 절반의 점수는 12-18점입니다.[11]

흔히 분노와 공격성을 파괴적이거나 비생산적이라고 보는 경향이 있다. 하지만 진화의 관점에서 분노와 공격성은 우리의 생존과 번식 가능성을 높였기 때문에 진화했다. 따라서 자신과 다른 사람의 분노와 공격성을 이해하려면 이 감정의 진화적 기원을 이해해야 한다.

동물 세계에서 어떤 동물이 생존하고 유전자를 전달할 수 있을지는 음식, 물, 짝짓기 상대 같은 자원에 대한 접근성이 결정한다. 오늘날 인간 세계에서는 자원에 대한 접근성이 무력적 위협으로 결정되지 않지만 우리가 진화해오는 동안, 그리고 대부분의 동물 사회에서는 무력적 위협이 접근성을 결정했다. 아마도 개인과 자손에게 필요한 자원 접근성을 확보하는 일이 진화 과정에서 분노와 공격성의 가장 중요한 기능이었을 것이다.

생존 욕구를 충족하기 어렵거나 다른 사람이 목표 달성을 방해하면 분노라는 감정이 행동을 취하도록 자극한다. 분노 반응은 분노를 일으킨 계기와 관련 없어 보이는 경우도 많지만, 생존의 관점에서는 이해할 수 있는 현상이다. 분노 보복은 현재의 위협뿐만 아니라, 미래에 분노 행동이 받아들여지지 않을 때 발생할 비슷한 위협을 억제하도록 고안되었기 때문이다.

공격성은 다양한 상황에서 활성화되는 중요한 방어 반응이다. 누군가 내 아이를 위협하면 공격성이 나온다. 위의 설문지에서 확인한 공격성은 언어적 공격성으로, 수만 년 전에는 존재하지 않았지만 오늘날 사회에서는 의미 있는 현대적 공격성이다. 공격성 점수가 낮으면 자신을 드러내기 주저한다는 의미이고, 공격성 점수가 매우 높으면 다른 사람이 당신을 논쟁적인 사람으로 여긴다는 신호이다.

오늘날 분노나 공격성은 옛 조상이 살던 환경에서와는 다른 효과를 낼 수 있고, 통제 불능에 빠질 수도 있다. 분노나 공격성 척도에서 높은 점수를 받았거나 스트레스를 많이 받아 분노나 공격성 임계치가 낮아졌다면 감정 조절에 주의를 기울여야 한다. 과한 분노로 후회할 일을 저지르거나 편두통, 과민성 대장증후군, 고혈압 등 다양한 신체적 문제를 겪을 수도 있다. 실제로 연구에 따르면 습관적으로 분노하거나 공격적으로 반응하는 사람은 침착한 사람보다 조기에 심장마비를 일으킬 가능성이 훨씬 높다.

다음 장에서 감정을 제어하는 방법을 논하겠지만, 특히 분노와 공격성이라는 감정을 다룰 때는 다음 두 가지 방법이 효과적이다. 하나는 상황에서 한 발 물러나 잠시 쉬며 산책하거나 심호흡하면서 시간이 흘러 진정되도록 내려놓는 것이다. 다른 하나는 분노의 대상에게 연민을 가지는 것이다. 누군가가 무기를 들고 돈을 달라며 협박한다고 치자. 화를 내고 그 사람을 비난할 수도 있지만, 그 사람을 극단으로 몰고 간 불행과 고난을 짐작해볼 수도 있다. NBA 선수 루 윌리엄스는 노스필라델피아 거리에서 신호에 멈춰 있을 때, 총을 든 강도가 자동차 창문을 두드리며 돈을 요구하자 바로 그렇게 행동했다. 윌리엄스는 강도의 마음을 사로잡았고, 결국 강도는 이렇게 말했다. "방금 감옥에서 나왔어요. 다쳤고 배가 고파요. 가진 건 이 총밖에 없어요." 결국 강도는 물러났고 윌리엄스는 그에게 저녁 식사를 대접했다. 달라이 라마는 다른 누구보다 이런 방식을 옹호한다. 한 여성은 달라이 라마를 만나러 가던 중 개를 때리는 남자를 보았다.[12] 여성은 달라이 라마에게 그 남자 이야기를 했다. 달라이 라마는 이렇게 말했다. "그 개만이 아니라 그 남자도 안쓰럽게 여기는 것이 연민입니다." 분노를 가라앉히고 연민을 느끼면 모든 상황에 도움이 된다.

옥스퍼드 행복 설문지[13]

응답 방법 다음은 행복을 설명하는 여러 문장입니다. 각 항목에 얼마나 동의하거나 동의하지 않는지 다음과 같이 숫자를 적어 점수를 매깁니다.

1점 = 절대 아니다   2점 = 대체로 아니다   3점 = 약간 아니다

4점 = 약간 동의한다   5점 = 대체로 동의한다   6점 = 완전히 동의한다

1. 나에 대해 그다지 만족하지 않는다. _____

2. 푹 쉬었다고 느끼며 일어나는 경우는 드물다. _____

3. 미래는 그다지 긍정적이지 않다. _____

4. 세상이 좋은 곳이라고 생각하지 않는다. _____

5. 내가 매력적이라고 생각하지 않는다. _____

6. 내가 하고 싶은 것과 해온 것 사이에는 차이가 있다. _____

7. 내가 내 삶을 좌우하고 있다는 느낌이 그다지 들지 않는다. _____

8. 결정을 내리기가 쉽지 않다. _____

9. 내 인생에 특별한 의미나 목적이 있는 것 같지 않다. _____

10. 다른 사람과 잘 어울리지 못한다. _____

11. 나는 그다지 건강하지 못한 것 같다. _____

12. 과거를 떠올리면 그다지 좋은 기억이 없다. _____

13. 다른 사람에게 관심이 많다. _____

14. 인생이 매우 보람 있다고 느낀다. _____

15. 대체로 사람들에게 아주 따뜻하게 대한다. _____

16. 즐거운 일이 많다. _____

17. 나는 항상 헌신적이고 열심이다. _____

18. 산다는 것은 좋은 일이다. _____

19. 나는 많이 웃는다. _____

20. 인생 전반에 충분히 만족한다. _____

21. 나는 매우 행복하다. _____

22. 세상 많은 것이 아름답다. _____

23. 다른 사람에게 항상 좋은 영향을 준다. _____

24. 내가 원하는 것은 모두 할 수 있다. _____

25. 무슨 일이든 맡을 수 있다. _____

26. 정신적으로 완전히 깨어 있다고 느낀다. _____

27. 대체로 즐겁고 기쁘다. _____

28. 활력이 넘친다고 느낀다. _____

29. 나는 여러 상황에 좋은 영향을 주는 편이다. _____

이 설문지의 1-12번 항목은 행복도가 낮음을, 13-29번 항목은 행복도가 높음을 나타내도록 구성되었습니다. 그래서 점수 산정방식은 다른 설문지보다 조금 복잡합니다. 점수 계산방법은 다음과 같습니다.

1) 1-12번 항목의 점수를 더합니다. _____

2) 72에서 1)의 값을 **뺍니다**. _____

3) 13-29번 항목의 점수를 더합니다. _____

4) 2)와 3)의 값을 더한 것이 당신의 행복 점수입니다. _____

옥스퍼드 행복 설문지의 점수 범위는 17-162점입니다. 평균 점수는 115점이며, 응답자 점수의 대부분은 95-135점입니다.[14]

행복 설문지는 기본 행복 수준을 나타낸다. 행복 수치는 당신의 DNA에서 오는 기준값이며 행복에 대한 "감수성"을 결정한다. 당신이 진정 행복한지, 얼마나 행복한지는 이 기준값뿐만 아니라 외부 환경이나 행동 같은 다른 요인에 따라 달라진다.

흔히 우리는 외부 환경이나 삶의 여러 사건이 행복에 미치는 영향을 과대평가한다. 돈을 많이 벌고, 더 좋은 차를 타고, 좋아하는 스포츠 팀이 세계 선수권 대회에서 우승하면, 실제보다 훨씬 더 행복해진다고 여긴다. 마찬가지로 직장을 잃거나 연인과 헤어지거나 우리 팀이 중요한 대회에서 지면 실제보다 훨씬 불행해진다고 믿는다. 그러나 상황과 사건이 우리에게 영향을 미치기는 하지만, 생각만큼 많이 오랫동안 행복 수준을 바꾸지는 않는다. 한 고전적 연구에서 연구자들은 「포브스Forbes」가 선정한 가장 부유한 미국인 100명과 전화번호부에서 임의로 뽑은 대조군 100명에게 얼마나 행복한지 말해달라고 요청했다.[15] 한 해에 1,000만 달러 이상 버는 부유한 미국인은 평균 미국인보다 아주 조금 더 행복할 뿐이었다.

연구에 따르면 행복 기준값과 현재 상황, 최근 일어난 사건은 행복 수준을 결정하는 데에 큰 역할을 하지만 이것이 전부는 아니다. 그렇다면 나머지는 무엇일까? 바로 우리의 행동이다. 게다가 다행히도 나머지 요인과 달리 우리는 행동을 통제할 수 있다. 행복 연구자들은 최근 수년간 행동을 광범위하게 연구했다.[16] 행복 목록에서 기대보다 낮은 점수를 받았거나 더 행복해지고 싶다면 이 분야의 전문가인 소냐 류보머스키가 제안하는 행동을 살펴보자. "가족이나 친구들과 함께 시간을 보내라. 당신이 가진 모든 것에 집중하고 감사하라. 다른 사람들에게 자주 친절한 행동을 하라. 미래를 생각할 때 낙관하라. 삶의 쾌락을 음미하고 현재 순간을 살도록 노력하라. 매주 또는 매일 운동하라. 사회적 활동이든, 아이들을 가르치든, 소설을 쓰든, 멋진 정원을 가꾸든, 평생의 목표를 찾고 이를 위해 노력하라."[17] 류보머스키는 다음과 같이 말한다. "체육관에 가든, 조깅이나 킥복싱 또는 요가를 하든, 많은 사람이 신체적 활동에 얼마나 많은 시간을 들이고 노력하는지 생각해보라. ……더 큰 행복을 원한다면 이렇게 해야 한다. 더 행복해지려면 항상 일상에서 노력하고 헌신해 일대 전환을 일으켜야 한다."

낭만적 사랑과 애착 설문지

이 설문지는 사랑과 애착에 대한 "감수성"을 측정합니다. 다른 사람과 가까운 관계를 맺거나, 친밀하고 사랑하는 관계를 맺는 일을 편안하게 느끼는지 질문합니다. 연애하고 있다면 지금의 관계를 구체적으로 반영하지 말고 일반적으로 각 항목에 답합니다.

응답 방법 각 항목에 대해 1에서 7 사이의 숫자를 적어 점수를 매깁니다.
1점 = 절대 동의하지 않는다 …… 7점 = 완전히 동의한다

1. 내 사적인 생각과 감정을 상대방과 공유하는 일은 편안하다. _____
2. 상대방과 가까이 있으면 매우 편안하다. _____

3. 상대방에게 가까이 가기는 비교적 쉽다. _____

4. 상대방에게 가까이 가기는 어렵지 않다. _____

5. 보통 상대방과 내 문제나 고민을 의논한다. _____

6. 필요할 때 상대방에게 의지하는 것이 도움이 된다. _____

7. 상대방에게 모든 것을 이야기한다. _____

8. 상대방과 이것저것 이야기를 나눈다. _____

9. 상대방에게 의지하면 편안하다. _____

10. 상대방에게 의지하기는 쉽다. _____

11. 상대방에게 애정을 가지고 대하기는 쉽다. _____

12. 상대방은 나와 내 요구를 진심으로 이해한다. _____

13. 상대방에게 내 속마음을 보이지 않는 편이 낫다. _____

14. 상대방에게 의지하기 어렵다. _____

15. 상대방에게 내 모든 것을 드러내기 불편하다. _____

16. 상대방에게 너무 가까이 가지 않는 편이 낫다. _____

17. 상대방이 너무 가까이 오려고 하면 불편하다. _____

18. 상대방이 너무 가까이 오면 신경 쓰인다. _____

이 설문지의 1-12번 항목은 애착을, 13-18번 항목은 애착 거부를
나타내도록 구성되었습니다. 점수 계산방법은 다음과 같습니다.

1) 1-12번 항목의 점수를 더합니다. _____

2) 13-18번 항목의 점수를 더합니다. _____

3) 48에서 2)의 값을 뺍니다. _____

4) 1)과 3)의 값을 더한 것이 당신의 사랑 및 애착 점수입니다. _____
낭만적 사랑과 애착 설문지의 점수 범위는 18-126점입니다. 평균은
91.5점입니다. 응답자 중 절반 정도의 점수는 78-106점입니다. 당신
의 점수가 이 범위보다 낮다면 다른 사람보다 친밀한 애착에 덜 열려
있다는 의미이며, 이 범위보다 높다면 다른 사람보다 더 열려 있다는
의미입니다.[18]

사랑이라는 감정 상태는 뇌의 화학작용에 엄청난 영향을 미친다.[19]
예상할 수 있듯이 사랑하는 사람을 바라보기만 해도 뇌에서 도파민
이 분비되어 보상 체계에서 원하기 장치가 활성화된다. 하지만 사랑
은 뇌 속 다른 영역을 비활성화하기도 한다. 사랑은 부정적인 감정과
연관된 뇌 영역을 비활성화해 행복의 절정에 빠진 듯한 느낌을 준다.
사회적 판단과 연관된 영역도 비활성화하므로, 흔히 사랑에 빠진 사
람은 다른 사람에게 덜 비판적이다. 자신과 다른 사람을 구분하는 영
역도 비활성화되어 나와 연인이 하나라는 느낌을 받는다. 따라서 깊
은 사랑에 빠지면 자신의 상태보다 연인이 좋은 상태에 있는지 주의
를 기울이도록 편향된다. 왜 자연은 우리에게 이렇게 복잡하고 인생
을 바꾸는 정신 상태를 부여했을까? 이런 감정은 인간의 생존과 번
식 성공에 어떻게 이바지할까?

인류학자들은 낭만적 사랑이 아주 오래된 감정이라고 주장한다.
사랑은 약 180만 년 전에 진화한 감정이다. 포유류가 번식하려면 어
머니는 시간과 노력, 헌신을 아기에게 집중적으로 쏟아야 한다. 짝짓

기 상대에게 애착을 느끼면 부부의 생존 능력뿐만 아니라 자손의 생존 능력도 커진다. 여성은 자손의 생존에 더 많은 관심을 기울이고, 남성은 식량을 모으고 주거지를 조달하고 보호하며 여성을 돕고 이런 기술을 자손에게 전수한다.

오늘날 사랑이라는 감정은 전 세계적으로 비슷하다. 한 설문조사에서 인류학자들은 매우 다양한 147개 문화에서 낭만적 사랑의 증거를 발견했다.[20] 기술 시대 이전 수렵채집인으로 고립되어 사는 탄자니아의 하드자 부족에게도 사랑과 결혼, 헌신이 있다. 하드자 부족을 연구한 진화심리학자들은 상대방에 대한 헌신과 생존한 자녀 수, 즉 "생식 성공률"에 상관관계가 있음을 발견했다.[21] "성격이 나쁜 것으로 악명 높은" 시인 필립 라킨조차 이렇게 말했다. "우리를 살아가게 하는 것은 사랑이다."[22]

내 감정 유형 알기

이제 자신의 성향을 평가했으므로 당신의 점수를 살펴보고 감정 유형을 따져보자. 기쁨과 사랑 점수가 높다면 다행이지만 수치심과 죄책감 성향이 있을 수도 있다. 비정상적으로 불안하다는 사실을 새롭게 발견하거나 확인했을 수도 있다.

설문 점수에는 옳고 그름이 없다. 사람마다 감정 유형이 다르고 그 차이는 내 본질의 일부이다. 감정 유형의 모든 측면이 평균점일 필요는 없다. 내 친구들은 만성적으로 불안해하지만 그 사실을 오히려 자랑스러워한다. 그들은 만성적으로 불안한 성향이 만사에 더 조심하고 문제를 피하는 데 도움이 된다고 주장한다. 매우 즐겁고 낙천적인 사람들은 차선의 결정을 해도 행복을 느낀다. 감정 유형 검사를 한 사람들은 검사 결과를 바탕으로 자신을 깨닫고 자신의 행동에 숨은 원인과 감정을 더 잘 파악하게 되었다고 말했다. 일단 자신의 감정 유형을 깨닫고 나면 더 충만하고 풍요로운 삶을 방해하는 측면을 개선할 수 있다.

감정 유형은 본성과 양육, 뇌의 물리적 구성 및 뇌에 영향을 미친 과거의 경험이 서로 복잡하게 작용해서 이루어진 결과이다. 우리는 모두 감정에 반응하지만 감정을 통제할 능력도 있다. 감정 통제나 조절은 의식적, 무의식적으로 이루어질 수 있다. 처음에는 의식적으로 통제해야 했던 감정 조절도 연습하면 나중에는 더 자연스럽게 이루어질 수 있다. 당신의 감정 유형이 어떻든 자신의 위치를 깨닫는 일은 감정이 삶에 미치는 영향을 이해하고 감정 유형을 바꾸기 위해 어떤 노력을 기울일지 결정하는 첫걸음이다. 마지막 제9장에서는 감정 유형을 이해하고 개선하기 위해서 무엇을 할 수 있을지 다룰 것이다.

9

감정 관리

2011년 10월, 뉴욕 서부 리로이 고등학교의 한 치어리더 학생이 낮잠을 자다 깬 뒤 얼굴에 경련이 일고 턱이 제멋대로 떨리며 앞으로 튀어나오는 증상을 겪었다.[1] 증상이 계속되던 몇 주일 후, 선배이자 친구인 치어리더도 낮잠을 자다가 깬 뒤로 말을 더듬기 시작했다. 얼마후 그 학생도 경련을 일으켰다. 팔이 마구 움직이고 머리는 앞뒤로 흔들렸다. 2주일 후에는 세 번째 사례가 발생했다. 곧 10대 소녀 여럿이 이 병에 걸렸다.

증상의 특성으로 보건대 신경질환이나 독성물질 오염의 가능성이 제기되었다. 한 신경과 전문의는 연쇄상구균 감염에 따른 드문 면역반응을 원인으로 지목했다. 다른 사람은 학교의 식수나 운동장 토양에 원인이 있지 않을까 의심했다. 근처에 있는 40년 된 시안화물 더미에서 무엇인가 흘러나왔을 가능성도 제기되었다. 조사자들은 과거 전염성 있는 신경성 틱 발병을 다룬 학술 문헌을 검색했다. 뉴욕 주 보건부도 조사에 뛰어들었다. 정규교육을 받지는 않았지만 환경오염 문제로 퍼시픽 가스 앤드 일렉트릭 사와 싸워 3억3,300만 달러의 보상금을 받아낸 것으로 유명한 에린 브로코비치도 합세했다. 연구자들은 수개월에 걸쳐 학생들의 가족력, 과거 질병, 독성물질 노출 가능성을 자세히 조사했다. 학교 식수에서 58가지의 유기화합물, 63가지의 살충제 및 제초제, 11가지의 금속 함유 여부도 조사했다. 실내 공기도 자세히 조사했고, 곰팡이가 있는지도 샅샅이 뒤졌다.

특이한 점은 나오지 않았고 몇 가지 풀리지 않은 의문만 남았다. 왜 이 병은 사춘기 소녀들에게만 나타났을까? 왜 부모나 형제자매는 아무런 영향을 받지 않았을까? 만일 독소가 수년에서 수십 년 동안 주변에 있었다면 증상은 왜 갑자기 나타났을까? 결국 전문가들은 소녀들이 일종의 심리적 전염병을 겪었다는 데 동의했다.

자주 뉴스에 오르내리지는 않지만 집단 심인성 질병은 생각보다 자주 발생한다. 2002년 노스캐롤라이나의 한 고등학교에 다니는 여학생 10명도 비슷한 증상을 겪었다. 2007년 버지니아의 한 고등학교에 다니는 여학생 9명도 마찬가지였다. 하지만 이런 현상은 나이나 성별, 특정 문화에 한정되지 않았다. 비슷한 사례가 전 세계에서 발견되었고, 심지어 뉴기니의 수렵채집 부족에서도 비슷한 현상이 발생했다.[2] 사람들이 사회적으로 연결되어 있고 장기적으로 극심한 불안을 겪는 모든 집단에서 발생할 수 있는 증후군이었다.

1759년에 애덤 스미스는 훨씬 가볍고 일상적인 증후군을 다음과 같이 묘사했다. "다른 사람이 팔다리를 맞는 상황을 보면 우리는 자신의 팔이나 다리를 자연스레 움츠리고 뒤로 뺀다."[3] 스미스는 그런 모방이 "거의 반사적"이라고 생각했다. 그가 옳았다. 우리는 다른 사람이 느끼는 대로 느끼게 되어 있다. 실제로 뇌 영상 연구에 따르면, 다른 사람이 어떤 감정을 느끼는 것을 보면 자연스럽게 같은 감정을 일으키는 뇌 구조가 활성화된다.[4]

감정이 한 사람에게서 다른 사람으로, 조직 전체로, 사회 전체로 퍼져나가는 현상은 새로운 감정 과학의 중요한 하위 분야이다. 최근 몇 년 동안 이 분야의 연간 연구 수는 열 배나 늘었다. 심리학자들은 이 현상을 "감정 전염emotional contagion"이라고 한다.

동료와 대화한다고 가정해보자. 대화가 약간 불편해지면서 점점 불안을 느낀다. 자리를 뜨면서 대화를 시작하기 전에는 기분이 좋았다는 사실을 떠올린다. 그 동료가 전에도 종종 비슷한 영향을 주었다는 사실을 깨닫는다. 불안해하는 경향이 있는 동료와 대화하면 나도 그렇게 된다. 왜 그런 일이 일어날까?

역사적으로 인간의 생존은 사회적 상황에서 작동하는 능력에 달려 있다. 우리는 다른 사람을 이해하고 관계를 맺는 방법을 찾아야 한다. 다른 사람과 감정을 동기화하면 관계를 촉진하는 데 도움이 된다. 그래서 인간은 다른 영장류처럼 모방을 타고났다. 대화할 때는 상대방과 박자를 맞춘다. 아기가 입을 열면 엄마도 입을 연다.[5] 미소, 고통스러운 표정, 애정, 당혹감, 불편함, 혐오감을 모방하기도 한다. 웃음도 전염된다. 이것이 텔레비전 코미디 쇼에 가짜 웃음소리가 깔리고, 웃어줄 준비가 된 청중이 심야 토크쇼 스튜디오에 동원되는 이유이다. 집에서 혼자 들으면 그저 그런 농담도 청중이 반응하는 웃음소리에 재미있게 들린다.

여기서 말하는 모방은 의식적으로 의도한 것이 아니라 무의식에서 나온다. 이때 우리는 모방하고 있다는 사실을 깨닫지 못한다. 모방은 의식적 의도로는 불가능한 짧은 시간에 일어나기도 한다. 한 고전적인 연구에서는 무하마드 알리가 빛을 감지하는 데 190밀리초가 걸리고, 그에 반응해 펀치를 날리는 데는 40밀리초가 더 걸리지만,[6] 사회적 관계 실험에 참여한 대학생들이 다른 사람의 얼굴과 몸 움직임을 동기화하는 데는 고작 21밀리초밖에 걸리지 않는다는 사실을 발견했다. 동기화가 이처럼 빨리 일어나려면 의식적 통제 밖에 있는 피질하 뇌 구조에서 일어나야 한다. 의식적으로 다른 사람을 따라 하려고 하면 보통은 가짜라는 사실이 금방 들통난다.

감정 전염의 효과 중 하나는 우리의 행복에 친구, 가족, 이웃의 행복이 영향을 준다는 점이다. 어떤 의미에서 우리는 함께 어울리는 사람과 마찬가지라고 볼 수 있다. 최근 하버드 대학교와 캘리포니아 대학교 샌디에이고는 공동 작업으로 4,739명의 삶을 20년 이상 관찰한 연구에서 같은 결과를 얻었다.[7] 참가자들은 낯선 사람으로 구성된 무작위 집단이 아니었다. 이들은 거대한 사회적 네트워크를 이루고 있었다. 각 참가자 집단은 가족, 이웃, 친구, 친구의 친구 등 사회적 유대 관계에 있는 평균 10.4명의 지인으로 구성되었고, 총 5만3,000건이 넘는 상호 연결을 맺었다. 연구자들은 참가자를 2년에서 4년마다

면담해 행복도를 확인하고 사회적 유대 변화를 기록했다. 그리고 네트워크 분석이라는 정교한 수학적 방법을 이용해서 데이터를 컴퓨터화하고 분석했다. 결론은 다음과 같았다. 주변 사람이 행복하면 자신도 행복하고 미래에도 행복할 가능성이 크다. 비슷한 사람과 관계를 맺는 성향 때문이 아니라 **행복의 확산** 때문이다.

감정 전염을 다룬 새로운 연구 중 감정 전염이 얼마나 쉽게 일어나는지 보여주는 연구 결과는 매우 놀랍다. 다른 사람과 직접 만나거나 전화해야 감정이 전염되는 것은 아니다. 감정은 문자 메시지나 소셜미디어로 전달된다. 논란의 여지가 있지만 2012년 소셜미디어 회사 페이스북이 사용자들 모르게 한 감정 조작 연구를 살펴보자. 페이스북은 68만9,000명의 뉴스피드에서 긍정적이거나 부정적인 감정 콘텐츠를 필터링해 사용자가 보는 내용을 조작했다.[8] 페이스북 연구자들은 뉴스피드에 긍정적인 내용이 적게 보이면 사용자도 긍정적인 게시물을 적게 올리고 부정적인 게시물을 더 많이 올린다고 보고했다. 부정적인 내용이 적게 보이면 반대 경향을 보였다. 사용자의 콘텐츠를 조작하지 않은 트위터 연구 역시 부정적인 콘텐츠를 많이 보는 사람은 부정적인 게시물을 많이 올리고, 긍정적인 콘텐츠를 많이 보는 사람은 긍정적인 게시물을 더 많이 올린다는 사실을 발견했다.[9]

감정의 여러 측면과 마찬가지로 감정 전염도 과거에는 진화적 이점이 있었지만 오늘날에는 이점만 주지는 않는다. 하지만 한 가지 측면에서 상당히 중요하고 긍정적인 교훈을 준다. 다른 사람의 찡그린 표정이나 문자 메시지가 우리의 감정 상태를 바꿀 수 있다면, 반대로 우리도 그렇게 할 수 있다는 사실이다. 게다가 연구에 따르면 우리는 실제로 자신의 감정을 통제할 수 있다.

마음은 감정을 통제한다

감정은 우리를 깊은 슬픔과 고양된 기쁨으로 이끈다. 감정은 뒤에서 우리의 선택과 행동을 이끄는 지배적인 동력이며 목표를 수립하고 달성하게 만드는 이유이다. 하지만 우리를 탈선으로 이끄는 가장 큰 요인이기도 하다. 사랑하는 사람을 잃었다는 사실을 떠올리며 가슴 아픈 슬픔을 느끼는 것은 괜찮다. 하지만 마리화나 통을 열 수 없어서 슬퍼지는 것은 좋지 않다. 여러 감정 연구와 이 책에서 되풀이되는 주제 중 하나는 감정이 우리에게 필수적이고 보통은 이롭지만 항상 그렇지는 않다는 사실이다. 감정은 대체로 지금과는 많이 다른 시대에 진화해왔기 때문에 오늘날의 요구에는 적합하지 않을 수 있다. 특히 지나치게 강렬한 감정 상태는 해로울 수도 있다. 불안은 조심성을 기르도록 진화했지만 공황을 유발할 수도 있다. 소중한 것을 잃었다는 슬픔은 우리에게 무엇이 중요한지 되돌아보게 해주지만, 희망과 낙관을 몰아내고 우울함에 빠지게 만들 수도 있다. 분노는 화가 나는 상황을 해결하도록 동기부여하고 아드레날린 수치를 높여 폭발적인 힘을 내게 하지만, 다른 사람을 배제하도록 만들고 목표를 좌절시킬 수도 있다.

감정을 조절하면 도움이 되는 상황이 많다. 감정을 드러내면 비전문적이고 부적절하게 보이는 상황에서는 감정을 숨기거나 억제하는 편이 최선일 수도 있다. 건강을 위해서 우리가 느끼는 감정의 강도를 낮추고 싶을 때도 있다. 성공한 사업가, 정치인, 종교 지도자는 다른 사람과 소통할 때 감정을 제어하고 감정을 도구로 사용할 수 있다. 이런 사실은 감성지능 연구에서도 잘 밝혀져 있다. IQ 점수는 인지 능력과 관련이 있지만, 감정을 조절하고 감정 상태를 파악하는 일은 사업과 개인적인 성공에서 중요한 열쇠이다.

감정을 조절하는 능력은 인간이 지닌 고유한 특성이다. 동물도 우리와 같은 신경전달물질을 사용하고, 여러 고등동물의 감정도 우리와 비슷한 뇌 회로로 연결되어 있다. 불안한 쥐에게 발륨을 주면 불안이 가라앉는다. 문어에게 엑스터시를 주면 사랑을 느낀다. 인간에게 효과가 있는 향정신성 약물은 쥐에게도 같은 효과를 보인다. 하지만 동물은 스스로 이런 변화를 일으킬 능력이 없다. 어떤 감정을 느끼더라도 그 감정을 조절하거나 지연시키거나 숨길 수 없다. 대부분의 동물은 어떤 감정이 일어나면 숨기지 못하고 즉시 반응한다. 인간은 감정을 조절하고 연장하고 속이고 억제할 수 있지만, 고양이는 싫어하는 먹이를 두고 좋아하는 척할 수 없으며 귀찮게 하면 그 감정을 억누르지 못한다. 인간과 동물의 감정 시스템이 지닌 두드러진 차이점이다.

인간이 감정을 조절할 수 있다는 사실에는 심리적 이점이 있지만 신체적 이점도 있다. 감정 조절은 신체 건강, 특히 심장질환과 관련이 있다.[10] 남성 노인을 13년간 살펴본 연구에 따르면, 감정 조절을 잘하지 못하는 사람은 감정 조절을 잘하는 사람보다 심근경색을 일으킬 확률이 60퍼센트 더 높았다. 과학자들은 아직 그 메커니즘을 명확히 밝혀내지 못했지만, 감정을 조절하면 신체의 스트레스 반응 시스템이 덜 활성화된다고 생각한다. 신체적 위험이 다가오면 스트레스 반응이 일어나 맞서도록 대비한다. 혈압과 심박수가 오르고, 근육이 조이고, 동공이 확장되어 더 잘 볼 수 있게 된다. 우리 조상이 초원에서 하이에나의 공격을 받을 때는 이런 반응이 유용했다. 하지만 언어적 공격을 받거나 상사에게 꾸지람을 들을 때는 그다지 유용하지 않다. 게다가 이런 반응은 대가를 치러야 한다. 격한 감정은 스트레스 호르몬을 분비하여 심혈관 질환 등을 일으키는 염증 반응을 유도한다.

감정 관리의 이점을 감안하면, 감정 관리라는 목적을 달성하기 위해서 여러 가지 방법들이 개발되었다는 사실은 당연해 보인다. 효과적인 방법도 있지만 그렇지 않은 방법도 있었다. 지난 10년에서 20년 사이에 연구 심리학자들은 다양한 감정 관리 방법의 효과를 집중적으로 검증하고 분류했다. 다음으로 가장 효과적인 세 가지 감정 관리법인 수용, 재평가, 표현에 대해서 말하고자 한다.

수용 : 금욕의 힘

제임스 스톡데일의 이야기를 생각해보자. 1965년 9월, 해군 사령관인 스톡데일은 북베트남에서 세 번째 전투 임무를 수행하고 있었다.[11] 나무 꼭대기 바로 위를 시속 1,000킬로미터에 가까운 속도로 비행하던 중 그의 A-4 스카이호크 제트기가 대공포와 충돌했다. 스카이호크 제트기의 제어 시스템이 떨어져나가 제트기를 조종할 수 없었다. 비행기에 불이 붙었고, 스톡데일은 탈출했다.

낙하산을 타고 마을로 착륙하는 동안 스톡데일은 곧 자신의 삶을 통제할 수 없게 되리라는 사실을 깨달았다. 그는 이렇게 생각했다고 회상했다. "수천 명을 책임지는 해군 사령관으로 온갖 지위와 선의를 아는 선량함의 수혜자였던 나는 경멸의 대상이 되겠구나. ……베트남 사람들 눈에는 내가 범죄자로 보이겠지."

새로운 삶이 현실이 되는 데는 그리 오래 걸리지 않았다. 스톡데일은 착륙하자마자 사람들에게 심한 구타를 당해 다리가 부러졌고 평생을 절뚝거리며 걸어야 했다. 그는 넘어지고 발로 차이고 밧줄로 단단히 묶인 채 북베트남 포로수용소로 끌려가 7년 6개월 동안 수용되었다. 동료 수감자이자 나중에 친구가 된 존 매케인 상원의원보다 더 긴 기간이었다. 그동안 스톡데일은 16차례나 고문을 당했다.

수년간의 고문과 박탈은 감정적 대가를 치러야 했다. 공포, 고통, 슬픔, 분노, 불안에 사로잡히지 않기는 쉽지 않다. 하지만 동료 수감자들의 눈에 스톡데일은 바위와 같았다. 탈출에서 살아남은 유일한 해군 선임 사령관인 그는 거의 조종사가 500명으로 불어난 감옥의 은밀한 지도자가 되었다. 전쟁이 끝난 후 스톡데일은 군인으로 돌아가 중장에 올랐고, 1992년 대통령 선거에서 로스 페로의 러닝메이트가 되었다. 스톡데일은 어떻게 잔혹한 포로 상태에서 성공적으로 대처할 수 있었을까?

스톡데일은 제트기에서 탈출해 작은 마을의 도로에 착륙하기 전 어림잡아 30초가 남았다고 생각했다. 그는 나중에 이렇게 회상했다. "나는 속으로 이렇게 중얼거렸다. '이 상황이 적어도 5년은 걸리겠지. 나는 기술의 세계를 떠나 에픽테토스의 세계로 들어간다.'"

스톡데일은 스탠퍼드 대학교에서 고대 철학자 에픽테토스를 연구했다. 그곳에서 한 교수가 보여준 그리스 금욕주의 철학의 교과서인 에픽테토스의 『엥케이리디온*Enchiridion*』 사본을 만났다. 『엥케이리디온』은 스톡데일의 성경이 되었고, 격추 전 항공모함에서 3년을 지내는 동안 언제나 그 책은 그의 침대 옆 작은 탁자에 놓여 있었다.

금욕주의는 종종 오해를 받는다. 금욕주의는 부유함은 물론 편안함조차 피하라고 주장한다고 여겨지지만, 금욕주의의 본질은 그렇지 않다. 금욕주의는 신체적 안락함에 지나치게 얽매이지 말고 부富나 물질에 중독되지 말라고 경고하지만, 그런 것들을 악으로 몰아붙이지는 않는다. 금욕주의가 애써 감정을 피해야 한다고 주장한다는 말도 사실이 아니다. 금욕주의는 심리적으로 감정의 노예가 되어서는 안 된다고 주장한다. 감정에 휘둘리지 말고 적극적으로 감정을 통제해야 한다는 의미이다.

에픽테토스는 다음과 같이 썼다. "자신의 주인이 된다는 의미는 자신이 추구하는 것을 확고히 하고 피하려는 것은 없앨 수 있다는 뜻이다."[12] 욕망을 충족하는 일이 오직 자신에게 달려 있다면 내가 나의 주인이 되고 나는 자유로워진다. 금욕주의의 주장은 바로 이것이다. 내 삶을 책임지고, 내가 성취할 수 있거나 바꿀 수 있는 일을 이루도록 애써 노력해야 하지만, 그럴 수 없는 것에는 힘을 낭비하지 말아야 한다.

특히 금욕주의는 통제할 수 없는 일에 감정적으로 반응하지 말라고 경고했다. 에픽테토스의 주장대로 우리는 환경이 아니라 그 환경에 대해 내리는 판단 때문에 슬픔을 느낀다. 분노를 생각해보자. 비 때문에 소풍을 망쳤다고 비에 분노하지는 않는다. 비를 멈추게 할 수는 없으므로 비에 분노하는 일은 어리석다. 하지만 우리는 다른 사람이 우리를 잘못 대했다며 화를 낸다. 하지만 비가 내린다고 비난할 수 없는 것처럼 내가 다른 사람을 조종하거나 바꿀 수는 없다. 마찬가지로 어리석은 일이다.

다른 사람의 행동을 바꿔야 내가 편해진다고 느끼는 일은 날씨 탓을 하는 일만큼 부질없다. 에픽테토스는 다음과 같이 썼다. "스스로 통제할 수 없는 문제가 있다면 내게 아무것도 아닌 일이라고 생각하라."[13] 금욕주의를 진정으로 받아들이고 실천한다면 감정 낭비를 피하거나 줄일 수 있다. 하지만 금욕주의를 포용하려면 마음을 다스려야 한다. 그저 머릿속으로 아는 데에 그치지 않고 마음 깊이 믿어야 한다. 그러면 감정 반응 체계를 바꿀 수 있다.

스톡데일이 포로수용소에 있을 때, 금욕주의는 새로운 상황을 받아들이는 데에 도움이 되었다. 그는 자신의 처지를 두려워하며 걱정하지 않고 생존과 더 나은 삶을 위해서 무엇을 할 수 있을지 고민했다. 다음에 무슨 일이 일어날지 불안해하는 일은 내려놓았다. 그는 고문을 멈출 수 없다는 사실을 받아들이고 고문에 대한 두려움을 극복했다. 고문이 언제든 다시 일어나리라 가정하고, 그렇다면 어떻게 살아남을지에 집중했다.

수용은 금욕적 접근법의 핵심이다. "최악"의 상황이 일어날 수 있음을 받아들이고 어떻게 하면 긍정적으로 대응할 수 있을지에만 집중하면 감정적 고통을 줄일 수 있다. 이렇게 하면 감정이 우리를 방해하지 않고 동기부여를 한다. 스톡데일의 이야기는 하나의 사례일 뿐이지만, 오늘날 연구자들은 통제 실험을 통해서 이 방법의 강력한 효과를 밝혀냈다.

한 연구에서는 학생들에게 간단한 알아맞히기 게임을 시켰다.[14] 이따금 게임을 중단하고 선택권을 주었다. 게임을 계속하려면 고통스러운 전기충격을 받아야 하고, 아니면 게임을 그만둘 수 있다. 전기충격의 강도와 시간은 점점 늘어난다. 연구자들은 참가자를 두 집단으로 나누고 게임 전 간단한 연습을 시켰다. 한 집단에게는 전기충격에 집중하지 않는 방법으로 고통을 다루도록 연습시켰다. 늪을 건넌다고 생각하고, 고통을 이기려면 즐거운 장면을 상상하는 것이 최선이라고 설명했다. 다른 집단에게는 수용 연습을 시켰다. 고통이 심해지더라도 맞서지 않으면 견딜 수 있다고 설명했다. 이들에게도 고통은 늪을 건너는 것과 비슷하다고 설명했지만, 즐거운 장면을 상상하는 대신 불쾌한 느낌을 인지하고 그대로 받아들이며 감정과 싸우지 않는 것이 최선이라고 설명했다.

수용 방법을 학습한 참가자들은 게임을 그만두지 않고 오래 진행하며 훨씬 잘 진행할 수 있었다. 금욕주의자라면 이미 간파했겠지만, 설명할 수 없는 뇌 처리 과정을 거쳐 이성과 감정이 함께 작동한 고전적인 성공 사례이다. 이 처리 과정은 감정과 관련된 여러 피질하 구조에 영향을 미치는 전전두엽 피질의 집행 네트워크 구조에서 일어난다.[15] 뇌에서 일어나는 과정을 제대로 조율하면 감정을 조절할 수 있다.

재평가 : 감정 방향 바꾸기의 힘

회의에 참석하러 차를 몰고 가다가 공사장으로 막힌 길을 만났다고 상상해보자. 우회로로 가려다가 오히려 길을 잃고 20분을 허비했다. "저 멍청이들은 왜 정확하게 길을 표시하지 않았지?" 이렇게 생각하면 화가 난다. 아니면 이렇게 자신을 비난할 수도 있다. "왜 난 항상 길을 잃지? 뭐가 문제야?" 그렇게 반응하면 좌절하게 된다. 회의 참석자들이 당신이 늦는 바람에 얼마나 짜증을 낼지 상상하며 불안해질 수도 있다. 길이 막혔다는 상황과 그 결과에 대한 부정적인 평가는 모두 어느 정도 사실이지만, 이 중 한 가지 (또는 다른) 해석을 내리면 그 해석이 우리의 감정을 지배하고 결정할 수도 있다.

감정은 이런 식으로 작동한다. 뇌가 먼저 방금 일어난 일을 이해하는 단계를 거쳐 감정적 반응을 일으킨다. 심리학자들은 이 단계를 "평가"라고 한다. 평가는 무의식적 마음에서 진행되지만 의식 수준에서도 발생하므로 우리가 개입할 수 있다. 상황을 보는 방식에 따라 떠오르는 감정이 달라진다면 우리가 원하는 감정이 일어나도록 생각을 바꿀 수 있지 않을까? 앞선 사례라면 이렇게 유도할 수 있다. "사람이 많으니까 내가 늦어도 별로 신경 쓰지 않을 거야." 또는 "나는 평소에는 정시에 도착하니까 아무도 화내지 않을 거야." 이렇게 생각할 수도 있다. "공사 때문에 늦어서 다행이야. 지루한 회의 시간을 20분이나 빼먹을 수 있다니 좋은 핑계인걸." 뇌가 사건을 이해하는 방식을 바꾸면 원치 않는 감정을 일으키는 회로를 줄일 수 있다. 심리학자들은 이런 유도된 사고를 "재평가"라고 한다.

감정적 반응은 힘을 주기도 하고 힘을 빼기도 한다. 힘을 주는 감정은 모든 상황에서 교훈을 찾고 목표를 향해 나아갈 수 있게 한다. 힘을 빼는 감정은 부정적인 생각에 빠지게 만들고 목표를 방해한다. 감정을 재평가하면 생각에서 자라나는 부정적인 패턴을 인식하고, 현실적이지만 더 바람직한 방식으로 바꿀 수 있다.

재평가를 다룬 연구는 삶의 상황, 사건, 경험에 어떤 의미를 부여할지 스스로 선택할 수 있다는 사실을 보여주었다. 나를 무시하는 점원을 원망하는 대신에 손님이 너무 많아 힘들겠다며 그 점원을 동정할 수 있다. 돈이 많다며 떠벌리는 사람을 불쾌해하기보다 그가 다른 사람보다 일이 재미없어서 자신 없나 보다 하며 안타까워할 수도 있다. 재평가한다고 해서 상황에 대한 부정적인 평가가 완전히 사라지지는 않지만, 긍정적으로 평가하면 우리 사고에 새로운 가능성을 더하고 사물을 부정적으로 보는 성향을 완화할 수 있다.

재평가의 힘을 보여주는 한 가지 사례는 매사추세츠 주에 있는 미육군 네이틱 군사 시스템 센터NSSC의 인지과학 연구자들이 최근 실시한 연구이다.[16] 연구자들은 건강한 청년 24명을 연구했다. 참가자들은 연구실을 세 번 방문해서 90분간 힘들게 러닝 머신 위를 뛰었다. 연구자들은 30분째와 60분째, 그리고 달리기가 완전히 끝났을 때 참가자들이 느끼는 피로나 고통, 불쾌감을 조사했다.

참가자가 처음 러닝 머신을 달릴 때, 연구자들은 어떻게 대처할지 지시하지 않았다. 다음에 달릴 때에는 참가자 절반에게는 인지적 재평가를 적용하여 부정적인 감정을 완화하도록 했다. 운동이 심장에 좋다고 생각하거나 실험을 완수했을 때에 느낄 자부심에 집중하게 했다. 나머지 참가자 절반에게는 앞에서 게임을 이용한 수용 연구에서 사용했던 방식처럼 해변에 누워 있는 상상을 하면서 주의를 흐트러뜨리도록 했다. 예상대로 이런 주의 흐트러뜨리기 방법은 별 효과가 없었다. 하지만 인지적 재평가를 적용한 집단은 피로와 불쾌함이 현저히 줄었다고 보고했다.

재평가 기술은 기분이 나아지게 만드는 데에 그치지 않는다. 직장에서 성공의 열쇠가 될 수도 있다. 감정은 마음속 계산을 조절하므로, 강한 감정을 완화하는 일은 스트레스가 많은 직업에서 특히 중요하다. 북동 옥스퍼드 밀턴 킨스의 개방대학교 경영대학원 교수인 마크 펜턴 오크리비가 주도한 사례 연구를 보자.[17]

말투가 부드럽고 백발에 머리가 벗어지기 시작한 펜턴 오크리비의 경력은 다채롭다. 그는 경영대학원 학계에 들어오기 전까지 학교 관리인, 요리사, 정부 연구 기관의 수학자, 야외 활동 강사, 수학 교사, 정서불안 청소년 치료사, 그리고 경영 컨설턴트로 일했다. 2010년 그와 몇몇 동료들은 감정 및 감정 조절 전략의 역할을 탐구하기 위해 런던 투자은행이라는 실제 세계에 직접 뛰어들었다. 연구자들의 배경 덕분에 그들은 대규모의 중요 금융 전문가 집단에 깊숙이 접근할 수 있었다.

연구자들은 투자은행 네 곳(미국 세 곳, 유럽 한 곳)의 전문 트레이더 118명 및 고위 관리자 10명과 심층 면담을 했다. 연구 대상자는 주식, 채권 및 파생상품 트레이더 중에서 대표적 표본을 구성했다. 이들은 각자의 거래 성공률을 반영하여 보상해준다는 계획하에 자신의 경력과 급여를 공개하는 데에 동의했다. 연구 대상자의 경력은 6개월에서 30년 사이이며 급여(보너스 포함)는 연간 약 10만에서 100만 달러 사이였다.

심리학자들은 "시스템 1"과 "시스템 2"라는 두 개의 병렬 프로세스로 진행되는 의사결정 방식을 설명했다. 노벨상 수상자 대니얼 카너먼이 그의 책 『생각에 관한 생각』에서 널리 퍼뜨린 방식이다.[18] 시스템 1은 빠르고 무의식에 기반하며, 복잡하고 많은 정보를 처리할 수 있다. 시스템 2는 느리고 의식적으로 숙고하며, 주어진 시간에 처리할 수 있는 정보의 양이 제한되어 있다. 정신적으로 고갈될 수도 있다.

유가 증권 트레이딩이라는 복잡하고 바쁜 세상에서 성공하려면 시스템 1과 같은 결정 방식이 중요하다. 빠르고 정교한 정보의 흐름은 의식적 마음의 능력 바깥에서 일어나기 때문이다. 야구선수가 의식적 조절만으로 시속 150킬로미터로 날아오는 작은 공을 칠 수 없듯이, 트레이더들은 결정을 내릴 때 무의식에 따라 결정을 내려야 한다.

바로 여기에 감정이 들어온다. 무의식 수준에서 감정은 과거 경험을 끌어와 어디에 주의를 쏟을지 지시하고 위협과 기회를 지각하게 한다. 끊임없이 흘러들어오는 데이터와 그에 따른 결과는 감정을 거쳐 직관을 형성하고 재빨리 적절한 행동을 선택하게 한다.

어떤 음식을 먹고 아팠던 기억을 암호화할 때에 혐오감이라는 감정이 어떠한 역할을 하는지 생각해보자. 굴을 먹으려는데 그 속에서 기어다니는 벌레를 발견했다면, 즉시 그전에 겪었거나 들었던 비슷한 상황에 비추어 상황을 의식적으로 분석하고 먹던 것을 뱉어낼 것이다. 이와 비슷하게 트레이더는 감정을 통해서 과거 트레이딩 경험을 끌어온다. 면담했던 한 매니저는 이렇게 말했다. "흔히 트레이더에게 박사학위가 있으면 옵션 이론을 잘 이해하니까 트레이딩을 잘하리라 생각하죠. 하지만 꼭 그렇지는 않습니다. 직감도 좋아야 하죠."

의사결정에서 감정은 이처럼 긍정적인 기능을 한다. 감정이 날뛰면 부정적인 효과가 일어난다. 펜턴 오크리비 연구진이 확인한 결과, 가장 성공률이 낮은 트레이더는 경험이 부족하고 감정을 제대로 제어하지 못하는 사람들이었다.

트레이딩은 진행이 빠르고 부담이 크며, 복잡하고 중요한 결정을 순식간에 내려야 하는 일이다. 많은 돈이 걸린 결정이다. 트레이더들은 이렇게 말했다. "감정적으로 감당하기 쉽지 않은 일입니다. 1억 달러 가까이 손실이 난 경우도 있죠." "돈을 잃으면 주저앉아 울고 싶어집니다. 트레이더의 인생에서 고점과 저점은 엄청난 희열 아니면 망연자실한 충격이죠." "너무 스트레스를 받아 병이 난 적도 있어요."

비교적 성공률이 낮은 트레이더는 감정 때문에 어려움을 겪었지만 감정이 자기 일에 중요한 역할을 한다는 사실을 받아들이지 않았다. 이들은 감정이 의사결정에 영향을 미친다는 사실을 부인하며 감정을 억누르려고 했다.

성공적인 트레이더는 확연히 다른 태도를 보였다. 그들은 자신의 감정을 인정하고 감정에 이끌린 행동을 반성하려는 높은 의지를 보여주었다. 감정과 올바른 의사결정이 불가분의 관계에 있음을 인식했다. 높은 성과를 내려면 감정이 필요하다는 사실을 받아들이며 "직관이 어디에서 오는지, 감정은 어떤 역할을 하는지 비판적으로 성찰했다." 성공적인 트레이더는 감정의 긍정적이고 필수적인 역할을 받아들이는 한편, 감정이 너무 강할 때 감정을 가라앉히는 법을 알아야 한다는 점을 이해했다. 성공적인 트레이더에게 중요한 문제는 감정을 피하는 법이 아니라 감정을 조절하고 활용하는 법이었다.

펜턴 오크리비는 트레이더에게 가장 성공적인 감정 조절 방법이 재평가였다고 지적했다. 성공적인 트레이더는 큰 손실을 입으면 가끔 일어날 수 있는 일이라고 말한다. 한 번 크게 성공했다고 사람이 달라지지 않듯이, 큰 손실을 보았다고 망하지는 않는다는 말이다. 그들은 동료 트레이더의 운이 부침을 겪는 상황을 지켜보았고, 운이 나쁘다고 세상이 끝장나지 않는다는 사실을 잘 알고 있었다.

트레이더 매니저는 효과적인 감정 조절의 중요성을 인지했다. 한 매니저는 이렇게 말하기도 했다. "나는 감정의 조절자 역할을 해야 합니다." 하지만 감정을 조절해줄 윗사람은 필요 없다. 우리는 스스로 감정을 조절해야 한다. 감정 조절의 기초이자 가장 중요한 단계는 자각이다. 우리는 모두 자신의 느낌을 인지하고 관찰할 수 있다. 사람들 대부분은 감정에 집중만 하면 생각보다 감정을 훨씬 잘 관찰할 수 있다는 사실을 안다. 그다음 진짜 느낌을 파악하면 앞에서 언급한 전략을 활용하여 감정을 관리하는 단계로 나아갈 수 있다. 감정을 인식하고 관리하는 감성지능의 이런 측면을 배양하고 개발한다면 유용한 감정 조절 무기인 재평가를 이용해서 자신의 감정을 자유자재로 다루는 조절자가 될 수 있다.

표현 : 말의 힘

캐런 S.는 중소 할리우드 제작사의 최고 운영 책임자이다. 그 업계는 힘들고 경쟁이 치열하다. 까다로운 사람들을 다루어야 하고, 업계에서 성공하려면 계약이 취소되거나 부당한 취급을 받아도 사업상 고객과 좋은 관계를 유지해야 한다. 때로 화가 나서 어쩔 줄 모를 때도 있다. 그래서 그는 자신만의 해결책을 발견했다. 자신이 느낀 부당함을 상세하게 나열하고, 진실하고 솔직한 감정을 적어 이메일을 쓴다. 하지만 그 이메일을 보내지는 않는다. 임시보관함에 저장했다가 며칠 후 다시 봐야지 하고 생각하지만 그런 일은 없다. 캐런은 감정을 표현하는 이 간단한 방법으로 문제가 이미 해결되었다는 사실을 발견했다. 이렇게 하면 신경 쓰이는 분노를 금방 삭이고 다시 일로 돌아갈 수 있었다.

감정을 말하거나 쓰는 일이 감정 극복에 도움이 될까? 많은 사람이 이 방법을 알지만, 심리학자들의 설문조사 결과 대부분은 그런 방법이 효과가 없고 말로 표현하면 오히려 감정이 증폭된다고 믿었다.[19] 남성은 특히 감정을 표현하려는 의지가 낮다. 여자 아기는 엄마의 얼굴을 더 자주 보고 분노나 기쁨을 표정으로 표현하지만, 그렇지 않은 남자 아기는 더 사회 중심적이다. 그래서 남성들은 열다섯 살이나 열여섯 살이 될 때까지 젠더의 고정관념에 굴복해서 자신의 느낌이 전달하는 목소리를 듣지 않는다.[20]

일반적인 생각과 반대로 원치 않는 부정적인 감정을 표현하면 감정을 진정시키는 데에 도움이 된다. 임상심리학자들은 믿을 만한 친구나 소중한 사람, 특히 비슷한 문제를 겪은 사람과 이야기를 나누면 가장 효과적으로 감정을 진정시킬 수 있다는 사실을 발견했다. 적절한 대화의 시점도 중요하다. 감정을 드러내는 일은 중요하지만 두렵기도 한데, 듣는 쪽이 주의가 산만하거나 당신의 말을 들을 시간이 없다면 대화가 잘 풀리지 않을 수도 있다.

연구 심리학자들은 사람들을 다룬 경험이 임상의만큼 많지는 않지만, 감정을 나누는 대화가 유익한지, 그렇다면 왜 그런지 알아보는 학문적 연구를 여럿 실시했다. 학계에서는 자신의 감정을 말하거나 쓰는 일을 "정서 이름 붙이기"라고 한다.

최근 연구에 따르면 정서 이름 붙이기는 불쾌한 사진이나 영상을 본 후 느끼는 고통을 낮추고, 대중 연설을 앞두고 긴장한 사람의 불안을 진정시키며, 외상 후 스트레스 장애의 강도를 줄이는 등 광범위하고 다양한 효과를 보였다. 자신의 감정을 드러내면 뇌에서 전전두엽 피질 활동이 증가하고 편도체 활동이 감소한다. 재평가 방법의 효과와 비슷하다.[21] 캐런 S.가 사용한 방법처럼 화난 일을 풀어 쓰는 방법도 혈압을 낮추고 만성통증 증상을 줄이며 면역 기능을 향상시킨다.

속상한 감정을 표현하는 행동의 이점은 오래 이어진다. 최근에 내 차가 빨간불에 멈춰 있을 때, 전속력으로 달리던 택시가 뒤에서 들이받아 나를 거의 덮칠 뻔했다. 그후 나는 운전이 불편해졌다. 어디에서든 아무 경고 없이 다른 차가 내 쪽으로 위태롭게 다가올까 봐 조심스러웠다. 복잡한 거리에서 신호에 멈춰 있을 때는 특히 불안했다. 하지만 친구나 지인들과 사고 이야기를 나누며 내 감정을 공유하다 보니 감정이 점점 희미해졌다. 이야기를 나눈다고 금방 진정되지는 않았지만 효과는 오래갔고, 점점 트라우마를 극복하는 데에 도움이 되었다.

감정에 관한 대화가 가치 있다는 사실을 보여주는 일화적인 증거가 많고 임상의들도 이 방법의 가치를 확신하지만, 최근까지 정서 이름 붙이기의 이점을 입증하는 과학 연구는 "실제" 가정이나 직장이 아닌 심리학 연구실에서 이루어졌다. 하지만 2019년 7명의 과학자들이 실시한 흥미진진한 실제 상황 연구가 「네이처」에 실리자 상황은 달라졌다.[22]

이 과학자들은 트위터 타임라인에 표시되는 감정을 연구했다. 실험실에서 실시하는 연구는 수십 또는 수백 명의 참가자로 제한되지만, 이들은 무려 10만9,943명의 트위터 사용자가 12시간 동안 실시간으로 올리는 감정적 내용을 분석했다. 트위터 서버에는 현실 세계에서 일어나는 사건에 반응한 참가자의 실제 생각을 담은 트위터 게시 글인 트윗이 보존되어 있다.

100만 시간이 넘는 트윗에서 감정을 어떻게 분석할까? 이런 조사를 자동화해주는 기술이 있다. 감정 분석이라는 이 기술은 마케팅, 광고, 언어학, 정치 과학, 사회학 및 기타 여러 분야에서 활용된다. 컴퓨터에 일련의 텍스트를 입력하면 감정 분석 전문 소프트웨어가 감정 내용이 긍정적인지 부정적인지와 감정의 강도를 평가한다.

「네이처」에 실린 논문은 베이더VADER라는 프로그램을 사용했다. 조지아 공과대학교에서 개발한 이 프로그램은 소셜미디어, 로튼 토마토 사이트의 영화 리뷰,「뉴욕 타임스」의 독자 게시판, 온라인의 기술 제품 후기 등에서 가져온 수천 개의 문장으로 검증되었다. 시험 문장에서 베이더는 훈련된 인간 평가자와 매우 비슷한 평가를 했다.

연구자들은 60만 명 이상의 트위터 사용자들이 쓴 10억 개 이상의 트윗을 조사했다. 여기서 "슬퍼"나 "너무 행복해"처럼 감정을 나타내는 명확한 진술이 포함된 트윗을 올린 10만9,943명의 사용자를 선택했다. 그다음 그들의 트위터에서 이런 명확한 감정을 표현하기 전후 6시간 동안 올린 모든 트윗을 얻었다. 이 트윗을 베이더 소프트웨어에 입력하여 총 12시간 동안 각 사용자의 감정 상태 유형을 생성했다.

연구자들이 발견한 사실은 놀라웠다. 부정적인 감정은 일정한 강도의 기준선을 유지하다가 트윗에 주요 감정을 표현(예를 들면 "슬퍼")하기 30분에서 1시간 전부터 부정적인 감정이 빠르게 축적되기 시작했다. 아마도 부정적인 감정이 축적되고 절정에 이른 것은 어떤 충격적인 정보나 사건에 대한 반응이었을 것이다. 그다음 트위터에 감정을 표현한 직후부터는 감정의 강도가 급격히 감소했다. 트윗은 나쁜 감정을 누그러뜨렸다.

누그러뜨리지 않아도 되는 긍정적 감정의 곡선은 훨씬 완만했다. 감정 표현(예를 들면 "너무 행복해") 전에 감정이 축적되었지만, 트윗이 다른 주제로 옮겨가도 감정이 급락하지 않고 천천히 사라졌다.

10만 트위터 사용자의 감정 기복을 관찰하여 일화적 증거와 실험적 증거를 확인할 수 있었다. 셰익스피어가 『멕베스*Macbeth*』에서 "슬픔이 말하게 하라, 말하지 않은 슬픔은 답답한 마음에 속삭여 무너지게 하리니"라고 쓴 것과 마찬가지이다.[23] 다른 위대한 극작가들과 마찬가지로 셰익스피어도 훌륭한 심리학자였다. 그는 슬프다는 말을 표현한 트위터 사용자들이 안도감을 찾으리라는 사실을 알았다.

감정의 기쁨

어렸을 때 나는 문제가 많았다. 내가 한 일뿐만 아니라 내가 하지 않은 일도 걱정했다. 어머니는 이렇게 말씀하셨다. "네 평판이 좋지 않으면 사람들은 너를 탓해. 그리고 한번 나쁜 평판을 얻으면 사람들의 마음을 바꾸기 어렵지." 감정 과학을 연구하며 나는 종종 이 생각을 떠올린다. 인간의 사상과 학문을 연구하는 수 세기 동안 감정은 나쁜 평판을 받았고, 그 의심을 바꾸기는 어려웠다. 하지만 최근 몇 년 동안 신경과학이 발전하면서 학자들이 감정을 보는 방식이 바뀌었다. 오늘날 우리는 감정이 역효과를 낳는 경우는 일부이고 항상 그렇지는 않다는 사실을 알게 되었다.

나는 이 새로운 감정 과학을 살펴보는 여행에서 감정의 역효과에 대한 잘못된 믿음을 밝히고, 감정이 우리의 정신적 자원을 최대한 활용하는 데에 어떻게 도움이 될지 확인할 수 있기를 바란다. 감정은 우리가 신체 상태와 환경에 유연하게 반응하도록 돕고, 원하기와 좋아하기 시스템을 함께 작동하여 행동에 동기를 부여한다. 감정은 우리가 서로 관계를 맺고 협력하도록 도우며, 지평을 확장하고 새로운 경지에 이르도록 밀어준다. 이성과 감정은 서로 협력하여 우리의 생각 대부분을 형성한다. 감정은 외출 전 겉옷을 입을지부터 은퇴를 위해서 어떻게 투자할지에 이르는 크고 작은 모든 판단과 결정에 매 순간 영향을 미친다. 감정이 없다면 우리는 길을 잃을 것이다.

모든 종이 사는 환경에는 생존과 번식에 최적화된 생태적 틈새가 있다. 인간은 그중에서도 가장 다양한 생태계에서 번성한다. 인간은 사막, 열대우림, 얼어붙은 극지 툰드라, 심지어 국제 우주 정거장에서도 살아간다. 인간의 회복력은 정신적 유연성을 바탕으로 하며, 이 유연성은 대부분 우리의 정교한 감정에서 온다.

어디에서 어떻게 사는지와 관계없이 세상은 우리에게 끊임없는 도전 과제를 준다. 우리는 주변 환경을 감지하는 감각, 그리고 지식과 경험에 비추어 정보를 처리하는 사고에 의존해 이 도전에 맞선다. 지식과 과거의 경험은 주로 감정을 통해서 우리의 생각으로 들어온다.

부엌에서 고기를 구울 때마다 불이 날 가능성을 이성적으로 분석하지는 않지만, 불에 대한 약간의 두려움은 불 주위에서 하는 생각과 행동에 영향을 미치고 더 안전한 결정을 내리도록 유도한다.

감정은 인간의 심리적 도구 중 하나이지만 개인마다 차이가 있다. 어떤 사람은 두려움을 많이 느끼지만 다른 사람은 덜 두려워한다. 행복이나 다른 감정도 마찬가지이다. 감정이 발생하는 데에는 그만한 이유가 있고 보통은 이롭지만, 우리가 사는 현대 사회에서는 역효과가 날 때도 있다. 자신의 감정을 인식하고 소중히 여기며 자신의 고유한 감정 유형을 알아야 한다는 것이 이 책의 주제이다. 일단 자신의 감정을 자각하면 감정을 관리해 자신에게 유리한 방향으로 이끌 수 있다.

에필로그
작별 인사

앞에서 언급했듯이 어머니는 몇 년 동안 요양원에서 휠체어에 앉아 있어야 하는 것 말고는 만족스럽고 건강하게 지내셨다. 나는 일주일에 한두 번 어머니와 함께 초콜릿 밀크셰이크를 마시며 산책했지만, 2020년 코로나 전염병이 대유행하자 요양원이 폐쇄되었다. 홀로코스트를 겪은 어머니가 예견한 새로운 대재앙, 갑작스럽고 비극적인 사회 붕괴가 마침내 현실이 되었다.

요양원 직원과 다수의 환자가 코로나19 확진 판정을 받았다. 어머니도 감염되었을지도 모른다는 전화를 받았다. 히틀러도 못 했고 20년간 이어진 흡연과 세 번의 오랜 암 투병, 여든다섯 살 때 식당의 긴 계단에서 굴러떨어진 사고도 못 한 일을 이 작은 단백질 덩어리가 해낸 것이다.

며칠 후 주치의는 어머니의 상태가 악화되어 임종이 가까워졌다고 전화했다. 어머니는 아흔여덟 살이고 치매도 앓고 있어서 병원에 보낼지 말지를 내가 결정해야 했다. 요양원에 남아 계신다면 하루 이틀 내에 돌아가실지 모른다고 했다. 곧바로 병원으로 옮기면 어머니는 살 수도 있을 것이다.

어머니는 병원을 끔찍이 싫어했다. 낯선 환경, 불편한 침대, 끔찍한 정맥주사, 혐오스러운 주삿바늘, 끊임없이 드나드는 낯선 사람들, 요양원에서 돌봐주는 좋은 사람들이 없는 환경 때문이었다. 지난번 입원했을 때 어머니는 불안해했고, 일어나서 병원을 나가야겠다며 침대에서 억지를 부렸다. 진정될 때까지 어머니를 꼭 안고 있어야 했다. 이번에는 어머니를 방문하는 일이 허용되지 않았다. 길고 고통스러운 죽음을 맞을지도 모를 병원으로 보내드려야 할까? 현실을 보면 어머니는 홀로 돌아가실 것이 분명한데도 말이다.

어머니의 삶이 항상 편치는 않았지만, 나는 어머니가 편안한 죽음을 맞이할 자격이 있다고 생각했다. 어머니가 요양원에 계실 때는 창문으로 어머니에게 사랑한다고 말할 수 있었다. 삶의 끝이 다가오면 어머니와 함께 있지 못해도 내가 넘어지거나 학교에서 싸웠을 때 나를 도와주셨던 순간을 기억하며, 어머니를 안고 내 영혼이 거기 있다는 사실을 알려드릴 수 있었다. 마지막 숨을 내쉴 때까지 내가 어머니의 영혼과 함께 손을 잡고 입 맞추고 있다는 사실을 어머니가 느끼셨으면 했다. 요양원에 계속 모신다면 그렇게 할 수 있고 어머니도 행복하고 편안하게 느끼시겠지만, 어머니에게 일종의 사형선고를 내리는 셈이었다. 병원이 어머니를 살릴 수 있다면 어떻게 될까?

의사는 회진을 돌기 위해서 자리를 비워야 하니 오후 6시 이전까지 결정해달라고 했다. 내게는 8분이라는 시간이 주어졌다. 숨이 막히고 눈물이 고였다. 온몸이 떨렸다. 논리적으로 생각하기 어려웠다. 사실 아무 생각도 나지 않았다. 어머니에게 죽음을 선고할 수 있을까? 그럴 수 없다. 어머니를 고문하도록 선고할 수 있을까? 그럴 수도 없다. 수많은 시간 동안 연구하고 책을 쓰는 내내 나는 감정이 우리의 생각, 계산, 결정을 이끄는 정신 상태라는 사실을 깨달았지만, 내 감정은 나를 이끌어주지 않는 듯했다. 감정은 나를 채찍질했다.

나는 의사에게 잠깐 생각해보고 다시 전화해도 될지 물었다. 의사는 망설이다가 동의했고, 6시가 지나 자리를 비우면 다시 연락하기 힘들다고 했다. 그 말은 6시 전까지 전화하지 않으면 어머니가 요양원에서 돌아가시게 된다는 뜻이었다.

나의 아들 니콜라이는 내가 자신이 아는 사람들 중 가장 침착하고 흔들리지 않는 사람이라고 말한 적이 있다. 나는 집이나 직장에서 갈등이 있거나 투자가 신통치 않을 때 나를 돕는 감정 조절 기술을 오래 전에 배워두었다는 사실이 자랑스러웠다. 하지만 이번에는 감정을 통제할 수 없었다. 어머니를 병원에 보낼 생각을 하니 오싹했다. 나는 어머니를 병원에 보내지 않기로 하며 울었다.

나 자신이 부족하게 느껴졌다. 강렬한 감정을 조절하는 방법에 대한 장을 쓰고 있던 나는 눈물바다에 무너지는 위기를 겪고 있었다. 5시 58분이었다. 결단을 내려야 했다. 아직 마음을 결정하지 못했지만 의사가 자리를 비우기 전에 전화를 걸어야 했다.

나는 증권 트레이더의 연구 사례가 떠올랐다. 투자에 성공한 노련한 트레이더는 자신의 감정을 받아들이고 감정의 이점을 이해하지만, 투자에 실패한 경험이 부족한 트레이더는 감정을 억누르려고 얼마나 노력했던가. 나는 느끼는 대로 놓아두어야 했다. 감정과 싸우지 않고 감정이 나를 이끌도록 내버려두어야 했다. 차갑고 냉정한 이성에 기대기에는 너무 복잡하고 급박한 결정이었다. 이것은 내 마음을 위한 결정이 아니었다. 그저 내 마음만이 내릴 수 있는 결정이었다.

어떤 대답을 할지 결정하지 못한 채 나는 의사에게 전화를 걸었다. 전화벨이 울리는 동안 마음을 정했다. 어머니가 요양원에서 평화롭게 돌아가시게 해야겠다는 결론이었다. 마침내 의사가 전화를 받았다. 의사는 어떻게 할지 물었다. 나는 어머니를 병원에 보내달라고 말했다.

동료들이 트럭 쪽으로 가는 모습을 아버지가 지켜보고 있었듯이, 나는 어떤 행동을 하고 어떤 행동은 하지 않기로 했다. 갑작스럽게 바뀐 내 결정에 스스로 놀랐지만 맞서지는 않았다. 의사는 내가 올바른 결정을 했다고 생각한다며 구급차를 부르겠다고 말했다.

어머니는 병원에서 잘 견뎌냈다. 나는 어머니와 영상통화로 대화할 수 있었다. 그렇게 하려면 바쁜 간호사가 병동에 하나뿐인 아이폰을 찾아내고, 내가 보호 장비를 착용하도록 도와주어야 했지만, 며칠에 한 번씩 꼭 그렇게 했다. 간호사는 어머니가 전보다 나아졌고 치료도 잘 받으셨다고 말했다. 나는 어머니가 살아남을 기회를 뺏지 않은 것에 감사했다. 일주일 하고도 반이 지나자 의료진은 어머니가 요양원으로 돌아가셔도 된다고 말했다. 의사들은 어머니의 기력에 깜짝 놀랐다. 모두가 어머니를 에너자이저 광고에 나오는 토끼 같다고 했다.

그러나 요양원은 어머니를 받을 준비가 되어 있지 않았다. 요양원은 코로나 사태 때문에 하루에 받을 수 있는 환자가 정해져 있었다. 대기자 명단도 있었다. 어머니는 하루 더 병원에 머물러야 했고, 또 하루, 다시 하루가 지났다. 적어도 상황은 나쁘지 않았다. 어머니의 상태에는 이상이 없다고 보고되어 있었다.

겨우 요양원에서 어머니를 받아들일 준비가 되자, 이번에는 어머니의 상태가 급격히 나빠졌다. 의사들은 어머니를 돌려보낼 수 없다고 마음을 바꿨다. 의료진은 어머니의 상태를 걱정했다. 어머니는 산소 치료를 받아야 했고, 더는 영상통화도 불가능했다. 이 책을 완성했을 때의 상황이었다. 금요일 밤 자정 직전이었다. 나는 원고를 편집자에게 넘기고 술 한잔을 하고 잠이 들었다.

새벽 3시가 조금 넘어 나는 전화 한 통에 잠에서 깼다. 병원이었다. 어머니가 방금 돌아가셨다고 했다.

몇 달이 지난 지금에 와서야 나는 어머니의 마지막 날들을 바탕으로 이 부분을 수정할 수 있게 되었다. 아직도 그날을 생각하면 마음이 아프다. 사랑하는 사람들도 보지 못한 채 죽어가는 어머니를 상상하는 일은 가슴 아프다. 하지만 나는 어머니를 병원에 보내기로 한 결정을 후회하지 않는다. 오히려 내 마음의 소리를 듣게 되어 다행이라고 생각한다. 이제는 그 결정이 어머니에게 싸울 기회를 드렸다는 사실을 안다. 그런 기회를 어머니에게서 박탈했다고 생각하면 나 자신을 결코 용서하지 못했을 것이다.

마음과 감정이 어떻게 작동하는지 이해하고, 그 지식을 이용해서 감정을 효과적으로 관리하는 일은 단순한 과학이 아니라 기술이다. 명상의 달인인 내 친구 디팩 초프라는 어떤 소식에도 초연하다. 나는 그가 초연한 마음을 명상에서 얻는다고 생각한다. 연구에 따르면 명상은 뇌를 바꿔 실행 기능이 잘 작동하고 우리가 선택한 감정 조절 기술을 제대로 적용할 수 있도록 돕는다. 나는 갈 길이 멀다. 하지만 이 책을 쓰는 일이 도움이 되었다. 이 책을 쓰면서 나 자신을 이해하게 되었고, 내 감정적 삶에 집중하면서 여러 가지 교훈을 얻을 수 있었다. 이 책을 읽는 당신도 이런 감정의 이점을 얻기를 바란다. 하지만 기적은 없다. 자신을 개선하려면 끊임없는 연구와 노력이 필요하다. 더 잘 대처할 수 있지 않았을까 후회하는 상황은 언제나 닥칠 수 있지만, 감정을 과학적으로 이해하면 실망에서 벗어나 앞으로 같은 실수를 반복하지 않도록 자신에 대한 지식을 완벽하게 갖출 수 있다. 하지만 그런 실수가 정말 일어난다고 해도 사람은 누구도 완벽하지 않다는 사실에서 위안을 얻기를 바란다.

감사의 말

이 책은 내 열한 번째 논픽션 책이다. 항상 내 곁에 있어준 이들과 새로운 이들이 나를 도와주었지만, 한 가지 공통점은 내 책이 이 모든 사람에게 큰 빚을 졌다는 점이다. 내 절친한 친구인 캘리포니아 공과대학교의 신경과학자 랠프 아돌프스에게 가장 큰 빚을 졌다고 할 수 있다. 이 책을 쓰는 몇 년 동안 랠프는 수많은 개념을 설명하고, 여러 전문가를 소개해주었으며, 초고를 읽고 엄청난 격려를 해주었다. 그의 동료 데이비드 앤더슨 역시 큰 도움을 주었다. 동료 신경과학자이자 심리학자인 제임스 러셀, 제임스 그로스, 리사 펠드먼 배럿도 마찬가지이다. 운 좋게도 임상심리학자인 리츠 폰 슐레겔 및 킴벌리 앤더슨, 그리고 법의학 정신과 의사인 그레고리 코언의 도움도 받을 수 있었다. 철학자 네이선 킹은 고대 그리스인의 사상을 이해하도록 도와주었다. 친구와 가족들은 초안을 읽고 이해하기 어려운 부분을 말해주었다. 세실라 밀런, 알렉세이 플로디노프, 니콜라이 플로디노프, 올리비아 플로디노프, 샌퍼드 펄리스, 프레드 로스, 그리고 사랑과 지지는 물론 소중한 의견을 들려주는 놀라운 편집자이자 모든 면에서 내가 크게 의존하는 조언자인 아내 도나 스콧에게 감사한다. 판테

온북스의 앤드루 웨버, 그리고 판테온의 높은 기준에 맞추도록 도와주며 훌륭하고 건설적인 조언을 아끼지 않은 편집자 에드워드 카스텐마이어에게도 감사드린다. 항상 에드워드의 탁월한 문학적 기술과 경험을 활용할 수 있어 영광이라고 생각했고, 이번에도 예외는 아니었다. 라이터스하우스의 캐서린 브래드쇼와 수전 긴즈버그 역시 초기 아이디어 구상에서부터 표지 디자인 논의까지 모든 면에서 항상 나를 도와주었다. 2000년에 처음 수전을 만난 일은 아름다운 우정과 만족스러운 작가 이력의 시작이 되어주었다. 마지막으로 삶과 죽음을 통해서 이 책에 너무나 많은 교훈을 주신 사랑하는 내 어머니에게 작별을 고한다.

주

서론

1. 편도체가 모두 두려움에 꼭 관여하지는 않는다. Justin S.Feinstein et al., "Fear and Panic in Humans with Bilateral AmygdalaDamage," *Nature Neuroscience* 16 (2013): 270 참조. 두려움과 불안의 관계에 대해서는 Lisa Feldman Barrett, *How Emotions Are Made* (New York: Houghton Mifflin Harcourt, 2017) 참조.

2. Andrew T. Drysdale et al., "Resting-StateConnectivity Biomarkers Define Neurophysiological Subtypes of Depression," *Nature Medicine* 23 (2017): 28–38.

3. James Gross and Lisa Feldman Barrett, "The Emerging Field of Affective Neuroscience," *Emotion* 13 (2013): 997–98.

4. James A. Russell, "Emotion, Core Affect, and Psychological Construction," *Cognition and Emotion* 23 (2009): 1259–83.

5. Ralph Adolphs and David J. Anderson, *The Neuroscience of Emotion: A New Synthesis* (Princeton, N.J.: Princeton University Press,2018), 3.

6. Feldman Barrett, *How Emotions Are Made*, xv.

제1장 생각 대 느낌

1. Charlie Burton, "After the Crash: Inside Richard Branson's $600 Million Space Mission," *GQ*, July 2017.

2. 캘리포니아 모하비에서 실시한 스케일드 콤포짓 사 직원과의 인터뷰에서 인용 (2017년 9월 30일). 직원은 익명을 원했다.

3. Melissa Bateson et al., "Agitated Honeybees Exhibit Pessimistic Cognitive Biases," *Current Biology* 21 (2011): 1070–73.

4. Thomas Dixon, " 'Emotion': The History of a Keyword in Crisis,"*Emotion Review* 4 (Oct. 2012): 338–44; Tiffany Watt Smith, *The Book of Human Emotions* (New York: Little, Brown, 2016), 6–7.

5. Thomas Dixon, *The History of Emotions Blog*, April 2, 2020, emotionsblog.history.qmul.ac.uk.

6. Amy Maxmen, "Sexual Competition Among Ducks Wreaks Havoc on Penis Size," *Nature* 549 (2017): 443.

7. Kate Wong, "Why Humans Give Birth to Helpless Babies," *Scientific American*, Aug. 28, 2012.

8. Lisa Feldman Barrett, *How Emotions Are Made* (New York: Houghton Mifflin Harcourt, 2017), 167.

9. Ibid., 164–65.

10. 제9장을 참조하라. Rand Swenson, *Review of Clinical and Functional Neuroscience*, Dartmouth Medical School, 2006, www.dartmouth.edu.

11. Peter Farley, "A Theory Abandoned but Still Compelling," *Yale Medicine* (Autumn 2008).

12. Michael R. Gordon, "Ex-SovietPilot Still Insists KAL 007 Was Spying," *New York Times*, Dec. 9, 1996.

제2장 감정의 목적

1. 예를 들어 다음을 참조하라. Ellen Langer et al., "The Mindlessness of Ostensibly Thoughtful Action: The Role of 'Placebic' Information in Interpersonal Interaction," *Journal of Personality and Social Psychology* 36 (1978): 635–42.

2. "Black Headed Cardinal Feeds Goldfish," YouTube, July 25, 2010, www.youtube.com.

3. Yanfei Liu and K. M. Passino, "Biomimicry of Social Foraging Bacteria for Distributed Optimization: Models, Principles, and Emergent Behaviors,"

Journal of Optimization Theory and Applications 115(2002): 603–28.

4. Paul B. Rainey, "Evolution of Cooperation and Conflict in Experimental Bacterial Populations," *Nature* 425 (2003): 72; R. Craig MacLean et al., "Evaluating Evolutionary Models of Stress-Induced Mutagenesis in Bacteria," *Nature Reviews Genetics* 14 (2013): 221; Ivan Erill et al., "Aeons of Distress: An Evolutionary Perspective on the Bacterial SOS Response," *FEMS Microbiology Reviews* 31 (2007): 637–56.

5. Antonio Damasio, *The Strange Order of Things: Life, Feeling, and the Making of Cultures* (New York: Pantheon, 2018), 20.

6. Jerry M. Burger et al., "The Pique Technique: Overcoming Mindlessness or Shifting Heuristics?," *Journal of Applied Social Psychology* 37 (2007): 2086–96; Michael D. Santos et al., "Hey Buddy, Can You Spare Seventeen Cents? Mindful Persuasion and the Pique Technique," *Journal of Applied Social Psychology* 24, no. 9 (1994): 755–64.

7. Richard M. Young, "Production Systems in Cognitive Psychology," in *International Encyclopedia of the Social and Behavioral Sciences* (New York: Elsevier, 2001).

8. F. B. M. de Waal, *Chimpanzee Politics: Power and Sex Among Apes* (Baltimore: Johns Hopkins University Press, 1982).

9. Interview with Anderson, June 13, 2018.

10. Kaspar D. Mossman, "Profile of David J. Anderson," *PNAS* 106 (2009): 17623–25.

11. Yael Grosjean et al., "A Glial Amino-Acid Transporter Controls Synapse Strength and Homosexual Courtship in Drosophila," *Nature Neuroscience* 11, no. 1 (2008): 54–61.

12. G. Shohat-Ophir et al., "Sexual Deprivation Increases Ethanol Intake in Drosophila," *Science* 335 (2012): 1351–55.

13. Paul R. Kleinginna and Anne M. Kleinginna, "A Categorized List of Emotion Definitions, with Suggestions for a Consensual Definition," *Motivation and Emotion* 5 (1981): 345–79. 다음도 보라. Carroll E. Izard, "The Many

Meanings/Aspects of Emotion: Definitions, Functions, Activation, and Regulation," *Emotion Review* 2 (2010): 363–70.

14. 정확한 전문 용어는 "강화(reinforcing)"이다.

15. Stephanie A. Shields and Beth A. Koster, "Emotional Stereotyping of Parents in Child Rearing Manuals, 1915–1980," *Social Psychology Quarterly* 52, no. 1 (1989): 44–55.

제3장 몸과 마음의 관계

1. W. B. Cannon, *The Wisdom of the Body* (New York: W. W. Norton, 1932).

2. 예를 들어 다음을 보라. James A. Russell, "Core Affect and the Psychological Construction of Emotion," *Psychological Review* 110 (2003): 145–72; Michelle Yik, James A. Russell, and James H. Steiger, "A12-Point Circumplex Structure of Core Affect," *Emotion* 11 (2011): 705. 다음도 참조하라. Antonio Damasio, *The Strange Order of Things: Life, Feeling, and the Making of Cultures* (New York: Pantheon, 2018). 이 책에서 다마지오는 핵심 정서의 주요 효과가 무엇인지 설명했고, 이를 항상성 느낌(homeostatic feeling)이라고 불렀다.

3. Christine D. Wilson-Mendenhall et al., "Neural Evidence That Human Emotions Share Core Affective Properties," *Psychological Science* 24 (2013): 947–56.

4. Ibid.

5. Michael L. Platt and Scott A. Huettel, "Risky Business: The Neuroeconomics of Decision Making Under Uncertainty," *Nature Neuroscience* 11 (2008): 398–403; Thomas Caraco, "Energy Budgets, Risk, and Foraging Preferences in Dark-Eyed Juncos (*Junco hyemalis*)," *Behavioral Ecology and Sociobiology* 8 (1981): 213–17.

6. John Donne, *Devotions upon Emergent Occasions* (Cambridge, U.K.: Cambridge University Press, 2015), 98.

7. Damasio, *Strange Order of Things*, chap. 4.

8. Shadi S. Yarandi et al., "Modulatory Effects of Gut Microbiota on the Central Nervous System: How Gut Could Play a Role in Neuropsychiatric Health and Diseases," *Journal of Neurogastroenterology and Motility* 22 (2016): 201.

9. Tal Shomrat and Michael Levin, "An Automated Training Paradigm Reveals Long-Term Memory in Planarians and Its Persistence Through Head Regeneration," *Journal of Experimental Biology* 216 (2013): 3799–810.

10. Stephen M. Collins et al., "The Adoptive Transfer of Behavioral Pheno type via the Intestinal Microbiota: Experimental Evidence and Clinical Implications," *Current Opinion in Microbiology* 16, no. 3 (2013): 240–45.

11. Peter Andrey Smith, "Brain, Meet Gut," *Nature* 526, no. 7573 (2015): 312.

12. 예를 들면 다음을 참조하라. Tyler Halverson and Kannayiram Alagiakrishnan, "Gut Microbes in Neurocognitive and Mental Health Disorders," *Annals of Medicine* 52 (2020): 423–43.

13. Gale G. Whiteneck et al., *Aging with Spinal Cord Injury* (New York: Demos Medical Publishing, 1993), vii.

14. George W. Hohmann, "Some Effects of Spinal Cord Lesions on Experienced Emotional Feelings," *Psychophysiology* 3 (1966): 143–56.

15. 예를 들면 다음을 참조하라. Francesca Pistoia et al., "Contribution of Interoceptive Information to Emotional Processing: Evidence from Individuals with Spinal Cord Injury," *Journal of Neurotrauma* 32 (2015): 1981–86.

16. Nayan Lamba et al., "The History of Head Transplantation: A Review," *Acta Neurochirurgica* 158 (2016): 2239–47.

17. Sergio Canavero, "HEAVEN: The Head Anastomosis Venture Project Outline for the First Human Head Transplantation with Spinal Linkage," *Surgical Neurology International* 4 (2013): S335–S342.

18. Paul Root Wolpe, "A Human Head Transplant Would Be Reckless and Ghastly. It's Time to Talk About It," *Vox*, June 12, 2018, www.vox.com.

19. Rainer Reisenzein et al., "The Cognitive-Evolutionary Model of Surprise: A Review of the Evidence," *Topics in Cognitive Science* 11(2019): 50–74.

20. Shai Danziger et al., "Extraneous Factors in Judicial Decisions," *Proceedings of the National Academy of Sciences* 108 (2011): 6889–92.

21. Jeffrey A. Linder et al., "Time of Day and the Decision to Prescribe Antibiotics," *JAMA Internal Medicine* 174 (2014): 2029–31.

22. Shai Danziger et al., "Extraneous Factors in Judicial Decisions," *Proceedings of the National Academy of Sciences* 108 (2011): 6889–92.

23. Jing Chen et al., "Oh What a Beautiful Morning! Diurnal Influences on Executives and Analysts: Evidence from Conference Calls," *Management Science* (Jan. 2018).

24. Brad J. Bushman, "Low Glucose Relates to Greater Aggression in Married Couples," *PNAS* 111 (2014): 6254–57.

25. Christina Sagioglou and Tobias Greitemeyer, "Bitter Taste Causes Hostility," *Personality and Social Psychology Bulletin* 40 (2014): 1589–97.

제4장 감정은 어떻게 생각을 유도하는가

1. 디랙 이야기의 대부분은 그레이엄 파멜로의 책에서 가져왔다. Graham Farmelo, *The Strangest Man: The Hidden Life of Paul Dirac, Mystic of the Atom* (New York: Perseus, 2009), 252–63.

2. Ibid., 293.

3. Ibid., 438.

4. Barry Leibowitz, "Wis. Man Got Shot—ntentionally—in 'Phenomenally Stupid' Attempt to Win Back Ex-girlfriend," CBS News, July 28, 2011, www.cbsnews.com; Paul Thompson, "'Phenomenally Stupid' Man Has His Friends Shoot Him Three Times to Win Ex-girlfriend's Pity," *Daily Mail*, July 28, 2011.

5. Interview with Perliss, Perliss Law Center, Dec. 9, 2020.

6. John Tooby and Leda Cosmides, "The Evolutionary Psychology of the Emotions and Their Relationship to Internal Regulatory Variables," in *Handbook of Emotions*, 3rd ed., eds. Michael Lewis, Jeannette M. Haviland-Jones, and Lisa Feldman Barrett (New York: Guilford, 2008), 114–37 참조.

7. Eric J. Johnson and Amos Tversky, "Affect, Generalization, and the Perception of Risk," *Journal of Personality and Social Psychology* 45 (1983): 20.

8. Aaron Sell et al., "Formidability and the Logic of Human Anger," *Proceedings of the National Academy of Sciences* 106 (2009): 15073–78.

9. Edward E. Smith et al., *Atkinson and Hilgard's Introduction to Psychology*

(Belmont, Calif.: Wadsworth, 2003), 147; Elizabeth Loftus, *Witness for the Defense: The Accused, the Eyewitness, and the Expert Who Puts Memory on Trial* (New York: St. Martin's Press, 2015).

10. Michel Tuan Pham, "Emotion and Rationality: A Critical Review and Interpretation of Empirical Evidence," *Review of General Psychology* 11 (2007): 155.

11. Carmelo M. Vicario et al., "Core, Social, and Moral Disgust Are Bounded: A Review on Behavioral and Neural Bases of Repugnance in Clinical Disorders," *Neuroscience and Biobehavioral Reviews* 80 (2017): 185–200; Borg Schaich et al., "Infection, Incest, and Iniquity: Investigating the Neural Correlates of Disgust and Morality," *Journal of Cognitive Neuroscience* 20 (2008): 1529–46.

12. Simone Schnall et al., "Disgust as Embodied Moral Judgment,"*Personality and Social Psychology Bulletin* 34 (2008): 1096–109.

13. Kendall J. Eskine et al., "A Bad Taste in the Mouth: Gustatory Disgust Influences Moral Judgment," *Psychological Science* 22 (2011): 295–99.

14. Kendall J. Eskine et al., "The Bitter Truth About Morality: Virtue, Not Vice, Makes a Bland Beverage Taste Nice," *PLoS One* 7 (2012): e41159.

15. Mark Schaller and Justin H. Park, "The Behavioral Immune System (and Why It Matters)," *Current Directions in Psychological Science* 20 (2011): 99–103.

16. Dalvin Brown, " 'Fact Is I Had No Reason to Do It': Thousand Oaks Gunman Posted to Instagram During Massacre," *USA Today*, Nov.10, 2018.

17. Pham, "Emotion and Rationality."

18. 예를 들면 다음을 보라. Ralph Adolphs, "Emotion," *Current Biology* 13 (2010).

19. Alison Jing Xu et al., "Hunger Promotes Acquisition of Nonfood Objects," *Proceedings of the National Academy of Sciences* (2015): 201417712.

20. Seunghee Han et al., "Disgust Promotes Disposal: Souring the Status Quo" (Faculty Research Working Paper Series, RWP10-021, John F. Kennedy School of Government, Harvard University, 2010); Jennifer S. Lerner et al., "Heart Strings and Purse Strings: Carryover Effects of Emotions on Economic Decisions," *Psychological Science* 15 (2004): 337–41.

21. Laith Al-Shawafet al., "Human Emotions: An Evolutionary Psychological Perspective," *Emotion Review* 8 (2016): 173–86.

22. Dan Ariely and George Loewenstein, "The Heat of the Moment: The Effect of Sexual Arousal on Sexual Decision Making," *Journal of Behavioral Decision Making* 19 (2006): 87–98.

23. 다음을 참조하라. Martie G. Haselton and David M. Buss, "The Affective Shift Hypothesis: The Functions of Emotional Changes Following Sexual Intercourse," *Personal Relationships* 8 (2001): 357–69.

24. 다음을 보라. B. Kyu Kim and Gal Zauberman, "Can Victoria's Secret Change the Future? A Subjective Time Perception Account of Sexual-Cue Effects on Impatience," *Journal of Experimental Psychology: General* 142 (2013): 328.

25. Donald Symons, *The Evolution of Human Sexuality* (New York: Oxford University Press, 1979), 212–13.

26. Shayna Skakoon-Sparling et al., "The Impact of Sexual Arousal on Sexual Risk-Takingand Decision-Makingin Men and Women,"*Archives of Sexual Behavior* 45 (2016): 33–42.

27. Charmaine Borg and Peter J. de Jong, "Feelings of Disgust and Disgust-Induced Avoidance Weaken Following Induced Sexual Arousal in Women," *PLoS One* 7 (Sept. 2012): 1–7.

28. Hassan H. Lopez et al., "Attractive Men Induce Testosterone and Cortisol Release in Women," *Hormones and Behavior* 56 (2009): 84–92.

29. Sir Ernest Shackleton, *The Heart of the Antarctic* (London: Wordsworth Editions, 2007), 574.

30. Michelle N. Shiota et al., "Beyond Happiness: Building a Science of Discrete Positive Emotions," *American Psychologist* 72 (2017): 617–43.

31. Barbara L. Fredrickson and Christine Branigan, "Positive Emotions Broaden the Scope of Attention and Thought-Action Repertoires," *Cognition and Emotion* 19 (2005): 313–32.

32. Barbara L. Fredrickson, "The Role of Positive Emotions in Positive Psychology: The Broaden-and-Build Theory of Positive Emotions,"*American*

Psychologist 56 (2001): 218; Barbara L. Fredrickson, "What Good Are Positive Emotions?," *Review of General Psychology* 2 (1998): 300.

33. Paul Piff and Dachar Keltner, "Why Do We Experience Awe?," *New York Times*, May 22, 2015.

34. Samantha Dockray and Andrew Steptoe, "Positive Affect and Psychobiological Processes," *Neuroscience and Biobehavioral Reviews* 35(2010): 69–75.

35. Andrew Steptoe et al., "Positive Affect and Health-Related Neuroendocrine, Cardiovascular, and Inflammatory Processes," *Proceedings of the National Academy of Sciences* 102 (2005): 6508–12.

36. Sheldon Cohen et al., "Emotional Style and Susceptibility to the Common Cold," *Psychosomatic Medicine* 65 (2003): 652–57.

37. B. Grinde, "Happiness in the Perspective of Evolutionary Psychology," *Journal of Happiness Studies* 3 (2002): 331–54.

38. Chris Tkach and Sonja Lyubomirsky, "How Do People Pursue Happiness? Relating Personality, Happiness-Increasing Strategies, and Well-Being," *Journal of Happiness Studies* 7 (2006): 183–225.

39. Melissa M. Karnaze and Linda J. Levine, "Sadness, the Architect of Cognitive Change," in *The Function of Emotions*, ed. Heather C. Lench (New York: Springer, 2018).

40. Kevin Au et al., "Mood in Foreign Exchange Trading: Cognitive Processes and Performance," *Organizational Behavior and Human Decision Processes* 91 (2003): 322–38.

제5장 느낌은 어디에서 오는가

1. Anton J. M. De Craen et al., "Placebos and Placebo Effects in Medicine: Historical Overview," *Journal of the Royal Society of Medicine* 92 (1999): 511–15.

2. Leonard A. Cobb et al., "An Evaluation of Internal-Mammary-Artery Ligation by a Double-Blind Technic," *New England Journal of* Medicine 260 (1959): 1115–18; E. Dimond et al., "Comparison of Internal Mammary Artery Ligation

and Sham Operation for Angina Pectoris," *American Journal of Cardiology* 5 (1960): 483–86.

3. Rasha Al-Lamee et al., "Percutaneous Coronary Intervention in Stable Angina (ORBITA): A Double-Blind, Randomised Controlled Trial," *Lancet* 39 (2018): 31–40.

4. Gina Kolata, "'Unbelievable': Heart Stents Fail to Ease Chest Pain," *New York Times*, Nov. 2, 2017.

5. Michael Boiger and Batja Mesquita, "A Socio-dynamic Perspective on the Construction of Emotion," in *The Psychological Constructionof Emotions*, ed. Lisa Feldman Barrett and James A. Russell (New York: Guilford Press, 2015), 377–98.

6. Rainer Reisenstein, "The Schachter Theory of Emotion: Two Decades Later," *Psychological Bulletin* 94 (1983): 239–64; Randall L. Rose and Mandy Neidermeyer, "From Rudeness to Road Rage: The Antecedents and Consequences of Consumer Aggression," in *Advances in Consumer Research*, ed. Eric J. Arnould and Linda M. Scott (Provo, Utah: Association for Consumer Research, 1999), 12–17.

7. Richard M. Warren, "Perceptual Restoration of Missing Speech Sounds," *Science*, Jan. 23, 1970, 392–93; Richard M. Warren and Roselyn P. Warren, "Auditory Illusions and Confusions," *Scientific American* 223 (1970): 30–36.

8. Robin Goldstein et al., "Do More Expensive Wines Taste Better? Evidence from a Large Sample of Blind Tastings," *Journal of Wine Economics* 3, no. 1 (Spring 2008): 1–9.

9. William James, "The Physical Basis of Emotion," *Psychological Review* 1 (1894): 516–29.

10. J. S. Feinstein et al., "Fear and Panic in Humans with Bilateral Amygdala Damage," *Nature Neuroscience* 16 (2013): 270–72.

11. Lisa Feldman Barrett, "Variety Is the Spice of Life: A Psychological Construction Approach to Understanding Variability in Emotion," *Cognition and Emotion* 23 (2009): 1284–306.

12. Ibid.

13. Boiger and Mesquita, "Socio-dynamic Perspective on the Construction of Emotion."

14. R. I. Levy, *Tahitians: Mind and Experience in the Society Islands* (Chicago: University of Chicago Press, 1975).

15. James A. Russell, "Culture and the Categorization of Emotions," *Psychological Bulletin* 110 (1991): 426; James A. Russell, "Natural Language Concepts of Emotion," *Perspectives in Personality* 3 (1991): 119–37.

16. Ralph Adolphs et al., "What Is an Emotion?," *Current Biology* 29 (2019): R1060–R1064.

17. David Strege, "Elephant's Road Rage Results in Fatality," *USA Today*, Nov. 30, 2018.

18. Peter Salovey and John D. Mayer, "Emotional Intelligence," *Imagination, Cognition, and Personality* 9 (1990): 185–211.

19. Adam D. Galinsky et al., "Why It Pays to Get Inside the Head of Your Opponent: The Differential Effect of Perspective Taking and Empathy in Strategic Interactions," *Psychological Science* 19 (2008): 378–84.

20. Diana I. Tamir and Jason P. Mitchell, "Disclosing Information About the Self Is Intrinsically Rewarding," *Proceedings of the National Academy of Sciences* 109 (2012): 8038–43.

제6장 동기 : 원하기와 좋아하기

1. Sophie Roberts, "You Can't Eat It," *Sun*, May 16, 2017, www.thesun.co.uk.

2. Ella P. Lacey, "Broadening the Perspective of Pica: Literature Review," *Public Health Reports* 105, no. 1 (1990): 29.

3. Tom Lorenzo, "Michel Lotito: The Man Who Ate Everything," CBS Local, Oct. 1, 2012, tailgatefan.cbslocal.com.

4. Junko Hara et al., "Genetic Ablation of Orexin Neurons in Mice Results in Narcolepsy, Hypophagia, and Obesity," *Neuron* 30 (2001): 345–54.

5. Robert G. Heath, "Pleasure and Brain Activity in Man," *Journal of Nervous and*

Mental Disease 154 (1972): 3–17.

6. 다음을 참조하라. Robert Colville, "The 'Gay Cure' Experiments That Were Written out of Scientific History," *Mosaic*, July 4, 2016, mosaicscience.com; Judith Hooper and Dick Teresi, *The Three-Pound Universe* (New York: Tarcher, 1991), 152–61; Christen O'Neal et al., "Dr. Robert G. Heath: A Controversial Figure in the History of Deep Brain Stimulation," *Neurosurgery Focus* 43 (2017): 1–8; John Gardner, "A History of Deep Brain Stimulation: Technological Innovation and the Role of Clinical Assessment Tools," *Social Studies of Science* 43 (2013): 707–28.

7. Dominik Gross and Gereon Schäfer, "Egas Moniz (1874–1955) and the 'Invention' of Modern Psychosurgery: A Historical and Ethical Reanalysis Under Special Consideration of Portuguese Original Sources," *Neurosurgical Focus* 30, no. 2 (2011): E8.

8. Elizabeth Johnston and Leah Olsson, *The Feeling Brain: The Biology and Psychology of Emotions* (New York: W. W. Norton, 2015), 125; Bryan Kolb and Ian Q. Whishaw, *An Introducton to Brain and Behavior*, 2nd ed. (New York: Worth Publishers, 2004), 392–94; Patrick Anselme and Mike J. F. Robinson, "'Wanting,' 'Liking,' and Their Relation to Consciousness," *Journal of Experimental Psychology: Animal Learning and Cognition* 42 (2016): 123–40.

9. Johnston and Olsson, *Feeling Brain*, 125.

10. Daniel H. Geschwind and Jonathan Flint, "Genetics and Genomics of Psychiatric Disease," *Science* 349 (2015): 1489–94; T. D. Cannon, "How Schizophrenia Develops: Cognitive and Brain Mechanisms Underlying Onset of Psychosis," *Trends in Cognitive Science* 19 (2015): 744–56.

11. Peter Milner, "Peter M. Milner," *Society for Neuroscience*, www.sfn.org.

12. Lauren A. O'Connell and Hans A. Hofmann, "The Vertebrate Mesolimbic Reward System and Social Behavior Network: A Comparative Synthesis," *Journal of Comparative Neurology* 519 (2011): 3599–639.

13. Anselme and Robinson, "'Wanting,' 'Liking,' and Their Relation to Consciousness," 123–40.

14. Amy Fleming, "The Science of Craving," *Economist*, May 7, 2015; Anselme and Robinson, "'Wanting,' 'Liking,' and Their Relation to Consciousness."

15. Kent C. Berridge, "Measuring Hedonic Impact in Animals and Infants: Microstructure of Affective Taste Reactivity Patterns," *Neuroscience and Biobehavioral Reviews* 24 (2000): 173–98.

16. 베리지의 초기 연구와 개념을 알아보려면 다음 논문을 살펴보라. Terry E. Robinsonand Kent C. Berridge, "The Neural Basis of Drug Craving: An Incentive-Sensitization Theory of Addiction," *Brain Research Reviews* 18 (1993): 247–91.

17. Kent C. Berridge and Elliot S. Valenstein, "What Psychological Process Mediates Feeding Evoked by Electrical Stimulation of the Lateral Hypothalamus?," *Behavioral Neuroscience* 105 (1991).

18. Anselme and Robinson, "'Wanting,' 'Liking,' and Their Relation to Consciousness," 123–40; Berridge website, and Johnston and Olsson, *Feeling Brain*, 123–43도 참조하라.

19. 다음을 보라. Kent C. Berridge and Morten L. Kringelbach, "Neuroscience of Affect: Brain Mechanisms of Pleasure and Displeasure," *Current Opinion in Neurobiology* 23 (2013): 294–303; Anselme and Robinson, "'Wanting,' 'Liking,' and Their Relation to Consciousness," 123–40.

20. Ab Litt, Uzma Khan, and Baba Shiv, "Lusting While Loathing: Parallel Counterdriving of Wanting and Liking," *Psychological Science* 21, no. 1 (2010): 118–25, dx.doi.org/10.1177/0956797609355633.

21. M. J. F. Robinson et al., "Roles of 'Wanting' and 'Liking' in Motivating Behavior: Gambling, Food, and Drug Addictions," in *Behavioral Neuroscience of Motivation*, eds. Eleanor H. Simpson and Peter D. Balsam (New York: Springer, 2016), 105–36.

22. Xianchi Dai, Ping Dong, and Jayson S. Jia, "When Does Playing Hard to Get Increase Romantic Attraction?," *Journal of Experimental Psychology: General* 143 (2014): 521.

23. *The History of Xenophon*, trans. Henry Graham Dakyns (New York: Tandy-

Thomas,1909), 4: 64–71.

24. Fleming, "Science of Craving."

25. Anselme and Robinson, "'Wanting,' 'Liking,' and Their Relation to Consciousness," 123–40.

26. Wilhelm Hofmann et al., "Desire and Desire Regulation," in *The Psychology of Desire*, ed. Wilhelm Hofmann and Loran F. Nordgren (New York: Guilford Press, 2015).

27. Anselme and Robinson, "'Wanting,' 'Liking,' and Their Relation to Consciousness," 123–40; Todd Love et al., "Neuroscience of Internet Pornography Addiction: A Review and Update," *Behavioral Sciences* 5, no. 3 (2015): 388–433. 측좌핵은 복측피개 영역에서 나오는 도파민 신호를 받는다. 남용 약물은 모두 복측피개 영역에서 측좌핵에 이르는 '중변연계 도파민(DA) 경로'에 영향을 미친다.

28. Morton Kringelbach and Kent Berridge, "Motivation and Pleasure in the Brain," in Hofmann and Nordgren, *Psychology of Desire*.

29. Wendy Foulds Mathes et al., "The Biology of Binge Eating," *Appetite* 52 (2009): 545–53.

30. "Sara Lee Corp.," *Advertising Age*, Sept. 2003, adage.com.

31. Paul M. Johnson and Paul J. Kenny, "Addiction-Like Reward Dysfunction and Compulsive Eating in Obese Rats: Role for Dopamine D2 Receptors," *Nature Neuroscience* 13 (2010): 635.

32. 기록에 따르면 사라 리 클래식 뉴욕 치즈케이크에는 다음과 같은 서른 가지 첨가물이 들어 있다. 크림치즈, 설탕, 달걀, 강화 밀가루, 고과당 콘 시럽, 부분경화 식물유(대두 및 면실유), 포도당, 말토덱스트린, 통밀가루, 물, 배양 탈지유, 크림, 옥수수 전분, 탈지유, 소금, 팽창제(염산 피로인산나트륨, 베이킹 소다, 인산일칼슘, 황산칼슘), 변성 옥수수 전분, 타피오카 전분, 검(잔탄검, 캐러브콩검, 구아검), 바닐린, 당밀, 계피, 카라기난, 염화칼륨, 대두분이다.

33. Michael Moss, "The Extraordinary Science of Addictive Junk Food," *New York Times*, Feb. 20, 2013.

34. Ashley N. Gearhardt et al., "The Addiction Potential of Hyperpalatable Foods,"

Current Drug Abuse Reviews 4 (2011): 140–45.

35. Robinson et al., "Roles of 'Wanting' and 'Liking' in Motivating Behavior."

36. Bernard Le Foll et al., "Genetics of Dopamine Receptors and Drug Addiction: A Comprehensive Review," *Behavioural Pharmacology* 20 (2009): 1–17.

37. Nikolaas Tinbergen, *The Study of Instinct* (New York: Oxford University Press, 1951); Deirdre Barrett, *Supernormal Stimuli: How Primal Urges Overran Their Evolutionary Purpose* (New York: W.W.Norton, 2010).

38. Gearhardt et al., "Addiction Potential of Hyperpalatable Foods."

39. Moss, "Extraordinary Science of Addictive Junk Food."

40. K. M. Flegal et al., "Estimating Deaths Attributable to Obesity in the United States," *American Journal of Public Health* 94 (2004): 1486–89.

제7장 결단력

1. The account is from John Johnson and Bill Long, *Tyson-Douglas: The Inside Story of the Upset of the Century* (Lincoln, Neb.: Potomac Books, 2008), and Joe Layden, *The Last Great Fight: The Extraordinary Tale of Two Men and How One Fight Changed Their Lives Forever* (New York: Macmillan, 2008); Martin Domin, "Buster Douglas Reveals His Mum Was the Motivation for Mike Tyson Upset as Former World Champion Recalls Fight 25 Years On," *Mail Online*, Feb. 11, 2015, www.dailymail.co.uk.

2. Muhammad Ali, *The Greatest: My Own Story*, with Richard Durham (New York: Random House, 1975).

3. Martin Fritz Huber, "A Brief History of the Sub-4-Minute Mile,"*Outside*, June 9, 2017, www.outsideonline.com.

4. William Shakespeare, *The Tragedy of Hamlet, Prince of Denmark*, act 3, scene 1.

5. David D. Daly and J. Grafton Love, "Akinetic Mutism," *Neurology* 8 (1958).

6. William W. Seeley et al., "Dissociable Intrinsic Connectivity Networks for Salience Processing and Executive Control," *Journal of Neuroscience* 27 (2007): 2349–56.

7. Emily Singer, "Inside a Brain Circuit, the Will to Press On," *Quanta Magazine*,

Dec. 5, 2013, www.quantamagazine.org.

8. Josef Parvizi et al., "The Will to Persevere Induced by Electrical Stimulation of the Human Cingulate Gyrus," *Neuron* 80 (2013): 1259–367.

9. Singer, "Inside a Brain Circuit, the Will to Press On."

10. Erno J. Hermans et al., "Stress-Related Noradrenergic Activity Prompts Large-Scale Neural Network Reconfiguration," *Science* 334 (2011): 1151–53; Andrea N. Goldstein and Matthew P. Walker, "The Role of Sleep in Emotional Brain Function," *Annual Review of Clinical Psychology* 10 (2014): 679–708.

11. Tingting Zhou et al., "History of Winning Remodels Thalamo-PFC Circuit to Reinforce Social Dominance," *Science* 357 (2017): 162–68.

12. 다음을 참조하라. M. C. Pensel et al., "Executive Control Processes Are Associated with Individual Fitness Outcomes Following Regular Exercise Training: Blood Lactate Profile Curves and Neuroimaging Findings," *Science Reports* 8 (2018): 4893; S. F. Sleiman et al., "Exercise Promotes the Expression of Brain Derived Neurotrophic Factor (BDNF) Through the Action of the Ketone Body β-hydroxybutyrate," *eLife* 5 (2016): e15092.

13. Y. Y. Tang et al., "Brief Meditation Training Induces Smoking Reduction," *Proceedings of the National Academy of Sciences*, USA 110 (2013): 13971–75.

14. Robert S. Marin, Ruth C. Biedrzycki, and Sekip Firinciogullari, "Reliability and Validity of the Apathy Evaluation Scale," *Psychiatry Research* 38 (1991): 143–62; Robert S. Marin and Patricia A. Wilkosz, "Disorders of Diminished Motivation," *Journal of Head Trauma Rehabilitation* 20 (2005): 377–88; Brendan J. Guercio, "The Apathy Evaluation Scale: A Comparison of Subject, Informant, and Clinician Report in Cognitively Normal Elderly and Mild Cognitive Impairment," *Journal of Alzheimer's Disease* 47 (2015): 421–32; Richard Levy and Bruno Dubois, "Apathy and the Functional Anatomy of the Prefrontal Cortex-Basal Ganglia Circuits," *Cerebral Cortex* 16 (2006): 916–28.

15. Goldstein and Walker, "Role of Sleep in Emotional Brain Function."

16. Ibid.

17. Matthew Walker, *Why We Sleep: Unlocking the Power of Sleep and Dreams* (New

York: Scribner, 2017), 204.

제8장 감정 유형

1. 다음을 참조하라. Richard J. Davidson, "Well-Beingand Affective Style: Neural Substrates and Biobehavioural Correlates," *Philosophical Transactions of the Royal Society of London, Series B: Biological Sciences* 359 (2004): 1395–411.

2. Mary K. Rothbart, "Temperament, Development, and Personality," *Current Directions in Psychological Science* 16 (2007): 207–12.

3. Richard J. Davidson and Sharon Begley, *The Emotional Life of Your Brain* (New York: Plume, 2012), 97–102.

4. Greg Miller, "The Seductive Allure of Behavioral Epigenetics," *Science* 329 (2010): 24–29.

5. June Price Tangney and Ronda L. Dearing, *Shame and Guilt* (New York: Guilford Press, 2002), 207–14.

6. 대조군의 실험 결과는 다음을 참고하라. Giorgio Coricelli, Elena Rusconi, and Marie Claire Villeval, "Tax Evasion and Emotions: An Empirical Test of Re-integrative Shaming Theory," *Journal of Economic Psychology* 40 (2014): 49–61; Jessica R. Petersand Paul J. Geiger, "Borderline Personality Disorder and Self-Conscious Affect: Too Much Shame but Not Enough Guilt?," *Personality Disorders: Theory, Research, and Treatment* 7, no. 3 (2016): 303; Kristian L. Alton, "Exploring the Guilt-Pronenessof Non-traditional Students" (master's thesis, Southern Illinois University at Carbondale, 2012); Nicolas Rusch et al., "Measuring Shame and Guilt by Self-Report Questionnaires: A Validation Study," *Psychiatry Research* 150, no. 3 (2007): 313–25.

7. Tangney and Dearing, *Shame and Guilt.*

8. 다음을 참조하라. Souheil Hallit et al., "Validation of the Hamilton Anxiety Rating Scale and State Trait Anxiety Inventory A and B in Arabic Among the Lebanese Population," *Clinical Epidemiology and Global Health* 7 (2019): 464–70; Ana Carolina Monnerat Fioravanti-Bastos, Elie Cheniaux, and J. Landeira-Fernandez,"Development and Validation of a Short-Form Version of

the Brazilian State-Trait Anxiety Inventory," *Psicologia: Reflexão e Crítica* 24 (2011): 485–94.

9. Konstantinos N. Fountoulakis et al., "Reliability and Psychometric Properties of the Greek Translation of the State-Trait Anxiety Inventory Form Y: Preliminary Data," *Annals of General Psychiatry* 5, no. 2 (2006): 6.

10. 다음을 보라. ibid.; Tracy A. Dennis, "Interactions Between Emotion Regulation Strategies and Affective Style: Implications for Trait Anxiety Versus Depressed Mood," *Motivation and Emotion* 31 (2007): 203.

11. Arnold H. Buss and Mark Perry, "The Aggression Questionnaire," *Journal of Personality and Social Psychology* 63 (1992): 452–59.

12. Judith Orloff, *Emotional Freedom* (New York: Three Rivers Press, 2009), 346.

13. Peter Hills and Michael Argyle, "The Oxford Happiness Questionnaire: Compact Scale for the Measurement of Psychological Well-Being,"*Personality and Individual Differences* 33 (2002): 1073–82.

14. 옥스퍼드 행복 설문지의 평균값은 전 세계 다양한 직업군을 대상으로 연구한 결과와 놀랄 만큼 비슷했다. 예를 들면 다음과 같다. Ellen Chung, Vloreen Nity Mathew, and Geetha Subramaniam, "In the Pursuit of Happiness: The Role of Personality,"*International Journal of Academic Research in Business and Social Sciences* 9 (2019): 10–19; Nicole Hadjiloucas and Julie M. Fagan, "Measuring Happiness and Its Effect on Health in Individuals That Share Their Time and Talent While Participating in 'Time Banking'" (2014); Madeline Romaniuk, Justine Evans, and Chloe Kidd, "Evaluation of an Equine-Assisted Therapy Program for Veterans Who Identify as 'Wounded, Injured, or Ill' and Their Partners," *PLoS* One 13 (2018); Leslie J. Francis and Giuseppe Crea, "Happiness Matters: Exploring the Linkages Between Personality, Personal Happiness, and Work-Related Psychological Health Among Priests and Sisters in Italy," *Pastoral Psychology* 67 (2018): 17–32; Mandy Robbins, Leslie J. Francis, and Bethan Edwards, "Prayer, Personality, and Happiness: A Study Among Undergraduate Students in Wales," *Mental Health, Religion, and Culture* 11 (2008): 93–99.

15. Ed Diener et al., "Happiness of the Very Wealthy," *Social Indicators Research* 16 (1985): 263–74.

16. Kennon M. Sheldon and Sonja Lyubomirsky, "Revisiting the Sustainable Happiness Model and Pie Chart: Can Happiness Be Successfully Pursued?," *Journal of Positive Psychology* (2019): 1–10.

17. Sonja Lyubomirsky, *The How of Happiness: A Scientific Approach to Getting the Life You Want* (New York: Penguin Press, 2008).

18. R. Chris Fraley, "Information on the Experiences in Close Relationships-Revised (ECR-R) Adult Attachment Questionnaire," labs.psychology.illinois. edu.

19. Semir Zeki, "The Neurobiology of Love," *FEBS Letters* 581 (2007): 2575–79.

20. T. Joel Wade, Gretchen Auer, and Tanya M. Roth, "What Is Love: Further Investigation of Love Acts," *Journal of Social, Evolutionary, and Cultural Psychology* 3 (2009): 290.

21. Piotr Sorokowski et al., "Love Influences Reproductive Success in Humans," *Frontiers in Psychology* 8 (2017): 1922.

22. Jeremy Axelrod, "Philip Larkin: 'An Arundel Tomb,' " www.poetryfoundation. org.

제9장 감정 관리

1. Robert E. Bartholomew et al., "Mass Psychogenic Illness and the Social Network: Is It Changing the Pattern of Outbreaks?," *Journal of the Royal Society of Medicine* 105 (2012): 509–12; Donna M. Goldstein and Kira Hall, "Mass Hysteria in Le Roy, New York," *American Ethologist* 42 (2015): 640–57; Susan Dominus, "What Happened to the Girls in Le Roy," *New York Times*, March 7, 2012.

2. L. L. Langness, "Hysterical Psychosis: The Cross-Cultural Evidence,"*American Journal of Psychiatry* 124 (Aug. 1967): 143–52.

3. Adam Smith, *The Theory of Moral Sentiments* (1759; New York: Augustus M. Kelley, 1966).

4. Frederique de Vignemont and Tania Singer, "The Empathic Brain: How, When, and Why?," *Trends in Cognitive Sciences* 10 (2006): 435–41.

5. Elaine Hatfield et al., "Primitive Emotional Contagion," *Review of Personality and Social Psychology* 14 (1992): 151–77.

6. W. S. Condon and W. D. Ogston, "Sound Film Analysis of Normal and Pathological Behavior Patterns," *Journal of Nervous Mental Disorders* 143 (1966): 338–47.

7. James H. Fowler and Nicholas A. Christakis, "Dynamic Spread of Happiness in a Large Social Network: Longitudinal Analysis over 20 Years in the Framingham Heart Study," *BMJ* 337 (2008): a2338.

8. Adam D. I. Kramer, Jamie E. Guillory, and Jeffrey T. Hancock, "Experimental Evidence of Massive-Scale Emotional Contagion Through Social Networks," *Proceedings of the National Academy of Sciences* 111 (2014): 8788–90.

9. Emilio Ferrara and Zeyao Yang, "Measuring Emotional Contagion in Social Media," *PLoS One* 10 (2015): e0142390.

10. Allison A. Appleton and Laura D. Kubzansky, "Emotion Regulation and Cardiovascular Disease Risk," in *Handbook of Emotion Regulation,* ed. J. J. Gross (New York: Guilford Press, 2014), 596–612.

11. James Stockdale, "Tranquility, Fearlessness, and Freedom" (a lecture given to the Marine Amphibious Warfare School, Quantico, Va., April 18, 1995); "Vice Admiral James Stockdale," obituary, *Guardian,* July 7, 2005.

12. Epictetus, *The Enchiridion* (New York: Dover, 2004), 6.

13. Ibid., 1; 여기에서 "통제"는 "권력"으로 번역된다.

14. J. McMullen et al., "Acceptance Versus Distraction: Brief Instructions, Metaphors, and Exercises in Increasing Tolerance for Self-Delivered Electric Shocks," *Behavior Research and Therapy* 46 (2008): 122–29.

15. Amit Etkin et al., "The Neural Bases of Emotion Regulation," *Nature Reviews Neuroscience* 16 (2015): 693–700.

16. Grace E. Giles et al., "Cognitive Reappraisal Reduces Perceived Exertion During Endurance Exercise," *Motivation and Emotion* 42 (2018): 482–96.

17. Mark Fenton-O'Creevy et al., "Thinking, Feeling, and Deciding: The Influence of Emotions on the Decision Making and Performance of Traders," *Journal of Organizational Behavior* 32 (2010): 1044–61.

18. Daniel Kahneman, *Thinking, Fast and Slow* (New York: Farrar, Straus and Giroux, 2011).

19. Matthew D. Lieberman et al., "Subjective Responses to Emotional Stimuli During Labeling, Reappraisal, and Distraction," *Emotion* 11 (2011): 468–80.

20. Andrew Reiner, "Teaching Men to Be Emotionally Honest," *New York Times*, April 4, 2016.

21. Matthew D. Lieberman et al., "Putting Feelings into Words," *Psychological Science* 18 (2007): 421–28.

22. Rui Fan et al., "The Minute-Scale Dynamics of Online Emotions Reveal the Effects of Affect Labeling," *Nature Human Behaviour* 3 (2019): 92.

23. William Shakespeare, *Macbeth*, act 4, scene 3.

역자 후기

"나는 왜 이렇게 감정적일까? 그 일을 왜 그렇게 감정적으로 처리했을까?"

"감정적"이라는 말이 긍정적으로 사용되는 일은 그리 많아 보이지 않는다. 이성적이고 합리적인 말 대신에 감정적이라는 평가를 받고서 좋아할 사람은 아무도 없을 것 같다. 감정이란 성숙한 인간이라면 억누르고 다스려야 할 속성으로 여겨지기 때문이다. 우리는 때로 생각과 행동을 제멋대로 조종하며 날뛰는 이성 저 너머의 감정에 대해 끊임없이 궁금해한다. 하지만 다른 사람의 감정은 물론 자신의 감정조차 그 근원을 파악하기는 쉽지 않다. 자신의 내면을 속속들이 알고 싶은 욕망에 우리는 혈액형이나 MBTI 같은 도구에 기대어 자신의 성향을 파악하려 애쓰기도 한다. 나는 내 마음과 달리 왜 그렇게 생각하고 행동할까? 나는 왜 그런 결정을 내렸을까? 앞으로 나는 어떻게 생각하고 행동해야 할까? 이 모든 질문에 답을 주는 것은 논리적인 이성이 아니라 알 수 없고 비밀스러운 "감정"이다.

아침에 일어나 무엇을 먹을지, 어떤 옷을 입고 출근할지와 같은 사소한 결정에서부터 이 사람과 결혼할지, 어디에 집을 구입할지와 같은 일생일대의 결정을 내릴 때 우리는 흔히 냉철한 이성을 바탕으로 모든 상황을 철두철미하게 고려해서 최선의 결정을 내리려고 하지만, 사실 그 결정의 밑바탕에는 "보이지 않는 손"인 감정이 있다. 인류가 진화하며 우리 뇌 구조 속 깊이 박힌 감정 시스템은 어릴 적 경험이나 말과 행동은 물론, 배가 고프거나 피곤한 몸 상태 같은 사소한 상황에 민감하게 반응해 우리의 사고와 판단에 영향을 미친다. 때로 감정은 오히려 이성보다 훨씬 큰 힘을 발휘해서, 감정에 의존해 내린 결정이 훨씬 나 자신에 가깝고 올바른 결정일 때도 있다.

그렇다면 나 자신을 파악하고 더 나은 방향으로 이끌기 위해서 좀 더 과학적이고, 좀더 근본적인 내면의 소리인 내 "감정"을 살피는 편이 더 합리적(아니, 이 책의 원제대로 감정적emotional)이지 않을까? 저자 믈로디노프는 심리학과 신경과학의 놀라운 발전 덕택에 과학적으로도 감정을 제대로 살필 수 있게 되었다고 말하며, 감정은 "자연이 준 가장 위대한 선물"이라고 칭송한다. 감정의 근원을 파악하고, 조절하고, 더 좋은 방향으로 이끌면 "감정 때문에"가 아니라 "감정 덕분에" 우리의 삶이 더 나아질 수 있다는 말이다.

저자는 아우슈비츠 트라우마로 평생 감정 문제를 겪으며 살아온 어머니 슬하에서 자랐고, 자신이 책을 쓰는 동안 나이가 들며 감정이라는 소중한 인격의 한 부분을 잃어가는 어머니를 곁에서 지켜보고, 책을 마무리하는 동안 어머니를 떠나보내는 격한 감정적 사건을 겪으며 평생 감정이라는 문제를 스스로 어떻게 다루어왔는지 솔직하게 드러낸다. 번역하는 동안 이 평범하고도 솔직한 고백에 공감하며 나 또

한 크고 작은 감정 문제에 어떻게 대처해왔는지 되돌아볼 수 있었다.

　대체로 사람들은 감정 문제가 있을 때 드러내지 않고 그저 덮어두는 편을 택한다. 그렇게 하면 감정의 원인을 살피고 스스로 감정을 적절히 표현하는 것은 물론이고, 다른 사람과 솔직하게 공유하기는 더더욱 어렵다. 하지만 마음속에 쌓인 감정 문제는 속에서 곪아 언젠가는 툭 터져버리기도 한다. 그래서인지 요즘에는 자신의 내면을 들여다보며 감정을 보듬고, 해결되지 않은 감정 문제를 드러내면서 함께 해결책을 모색해나가는 일이 더욱 건강하고 자연스럽게 받아들여지고 있다. 감정을 긍정하고 자신의 일부로 받아들이는 분위기가 널리 퍼진 것은 정말 다행스러운 일이다.

　저자의 경력은 독특하게도 심리학자나 정신분석학자가 아니다. 이론물리학자이자 수학자인 믈로디노프는 양자 이론 연구로 유명하며, 스티븐 호킹과 『짧고 쉽게 쓴 시간의 역사』를 공동 저술하기도 했다. 하지만 대중에게는 「스타 트렉」이나 「맥가이버」 같은 TV 시리즈 시나리오 작가로 더 유명하다. 우주의 신비를 푸는 이론물리학자가 어째서 감정과 무의식을 연구하는 길로 접어들었는지는 알 수 없지만, 인간이라는 우주를 제어하는 감정과 암흑 속 저 너머 우주는 아직 풀리지 않은 많은 신비로 남아 있다는 점에서 닮았다. 우주와 생명이 남긴 질문에 답하는 연구에서 인간의 감정 문제로 넘어가, 의식이 어떻게 감정과 무의식의 지배를 받는지, 유연한 사고로 어떻게 세상의 변화에 대처해야 하는지에 관한 질문으로 나아가는 길은 그다지 멀지 않아 보인다.

이 책은 과학적 발견의 최전선에서 가장 "비이성적인" 인간의 측면이라고 여겨졌던 "감정"을 과학적으로 다루며, 감정을 이성과 대립하지 않는 우리 자신의 한 측면으로 받아들이라고 조언한다. 감정은 주의를 흐트러뜨리고 이성을 방해하는 걸림돌이 아니라, 마음속 목소리에 귀를 기울이고 세상에 대처하는 방법을 알려주는 안내자이다. 특히 이 책은 감정이 나아가는 방향을 우리의 노력을 통해서 긍정적인 방향으로 이끌 수 있다고 주장한다. 그런 점에서 이 책은 몹시 희망적이다.

영화 「인사이드 아웃」에서 머릿속의 다섯 가지 감정은 좌충우돌하지만, 결국 주인공은 성장하며 더욱 다양해진 감정을 다스릴 새 제어판을 가지게 된다. 감정을 배척하지 않고 선물로 받아들이는 이 책의 여정을 함께하며 마음속 감정을 다독이고 더 커진 감정 제어판을 스스로 제어할 수 있게 되기를 바란다.

2022년 8월
역자 장혜인

인명 색인